Bryan Sykes

Darwins Hund

Die Geschichte des Menschen
und seines besten Freundes

Aus dem Englischen
von Anne Emmert

Klett-Cotta

Klett-Cotta

www.klett-cotta.de

Die Originalausgabe erschien unter dem Titel
»The Wolf Within. The Astonishing Evolution of the Wolf into
Man's Best Friend« im Verlag William Collins, London
© 2018 by Bryan Sykes
Für die deutsche Ausgabe
© 2019 by J. G. Cotta'sche Buchhandlung
Nachfolger GmbH, gegr. 1659, Stuttgart
Alle deutschsprachigen Rechte vorbehalten
Printed in Germany
Cover: Rothfos & Gabler, Hamburg
unter Verwendung einer Abbildung von
© shutterstock/james weston, Miceking
Gesetzt von C.H.Beck.Media.Solutions, Nördlingen
Gedruckt und gebunden von GGP Media GmbH, Pößneck
ISBN 978-3-608-96448-6

Zweite Auflage, 2020

Für Sergio und Ulla

Inhalt

Vorwort

Im vorliegenden Buch will ich der Frage nachgehen, wie aus Wölfen Hunde wurden. Diese denkwürdige Entwicklung gehört zugleich zu den wichtigsten und am wenigsten beachteten in der Geschichte nicht einer, sondern gleich zweier Arten. Aus dem Wolf, einem höchst erfolgreichen unabhängigen Fleischfresser, entwickelte sich der Hund, ein höchst erfolgreicher, aber gänzlich abhängiger Vasall mit einer verblüffenden Formenvielfalt. Die zweite Art, um die es geht, ist natürlich der Mensch.

Alle Belege, die wir in diesem Buch betrachten, ordnen den Beginn dieser Entwicklung einer Zeit vor rund 40 000 Jahren zu, irgendwo in Osteuropa. Wie in allen polarnahen Regionen der Erde hatten dort seit Jahrmillionen Wölfe gelebt. Unsere Vorfahren von der Art *Homo sapiens* betraten die Szene erst viel später, denn sie wanderten vor wenigen 10 000 Jahren aus Afrika zu. Die Bühne stand bereit für eine Begegnung, die die Welt veränderte.

Schauplatz der Ereignisse war eine steile Flussschlucht in den Karpaten, im heutigen Rumänien gelegen. In dieser Region fand man zahlreiche Zeugnisse menschlicher Besiedelung von der Zeit der Neandertaler bis zum Eintreffen unseres Vorfahren *Homo sapiens*. Umfangreiche Tierfossilienfunde vervollständigen das Bild.[1]

Die Schilderung dieses Zusammentreffens in Kapitel 1 ist selbstredend mit einer großzügigen Portion Fantasie ausgeschmückt, der freien Lauf zu lassen ich zunächst zögerte. Doch dann las ich *So kam der Mensch auf den Hund,* ein Buch des Biologen und Nobelpreisträgers Konrad Lorenz. Er beschrieb eine ähnliche erdachte Szene, wenn auch an einem anderen Ort und mit anderen Akteuren.[2] Ich hoffe, ich kann mit meiner Schilderung die entsprechenden Bilder heraufbeschwören.

Im Jahr 2009 wurde der charismatische Schauspieler Mickey Rourke für seine Hauptrolle in dem Film *The Wrestler* für einen Oscar nominiert und mit dem Golden Globe ausgezeichnet. Als abgetakelter Wrestler Randy »The Ram« Robinson versucht er in dem Film ein Comeback. Beim Publikum kam Rourkes Nominierung wegen der verblüffenden Parallelen zwischen dem abgehalfterten Hauptdarsteller und der von ihm gespielten Figur besonders gut an, hieß es damals. In einem Interview mit der Fernsehmoderatorin Barbara Walters anlässlich des Filmstarts sagte Rourke über seine Vergangenheit:

Ich habe mich sozusagen selbst zerstört, und vor etwa vierzehn Jahren löste sich alles auf … meine Frau hatte mich verlassen, die Karriere war am Ende, das Geld weg. Die Hunde blieben bei mir, sonst war niemand mehr da.

Auf Barbara Walters' Frage, ob er an Selbstmord gedacht hätte, antwortete er:

Ja, ich wollte nicht mehr hier sein, aber umbringen wollte ich mich auch nicht. Ich wollte einfach nur auf einen Knopf drücken und verschwinden … Ich glaube, ich hatte das Haus vier oder fünf Monate nicht verlassen, ich saß im Abstellraum, schlief sogar im Abstellraum, ich weiß auch nicht, warum. Es ging mir dreckig, und ich weiß noch, dass ich dachte: »O Mann, und wenn ich es jetzt tue?« Dann sah ich meinen Hund Beau Jack an, und der machte so ein Geräusch, ein fast schon menschliches Geräusch. Ich habe keine Kinder. Die Hunde waren mittlerweile alles für mich.

Der Hund sah mich an, als wollte er sagen: »Und wer kümmert sich dann um mich?«

Solche Geschichten gibt es zu Zigtausenden. Geschichten von erwachsenen Männern und Frauen, die völlig am Ende sind und von ihren Hunden gerettet werden.

Ich bin Wissenschaftler und Genetiker, und meine Forschung dreht sich um die Vergangenheit des Menschen und seine Evolution vom aufrecht gehenden Primaten zum Herrscher über das Universum – so sehen wir uns jedenfalls gern. Für mich war es daher naheliegend, dass ich mir über die nicht weniger spannende Evolution des Hundes Gedanken machte, die so frappierend eng mit unserer eigenen verknüpft ist.

Allerdings will ich gleich am Anfang die Karten auf den Tisch legen: Ich bin kein »Hundemensch«. Die Schuld für diesen bedauerlichen Umstand lege ich ohne Wenn und Aber auf die muskelbepackten Schultern des »Hundes von Baskerville«, eines riesigen Boxers, der in meiner Kindheit im Südosten Londons ein paar Häuser weiter wohnte. Ab meinem achten Lebensjahr führte mich mein Schulweg unweigerlich an seinem Haus vorbei, und Tag für Tag warf sich dieses Ungetüm knurrend und zähnefletschend gegen das Tor, die Ohren auf dem gigantischen Kopf flach nach hinten gelegt. Es war, als hätte sich der Höllenhund höchstpersönlich in dem Londoner Vorort eingenistet.

Als man mir Jahrzehnte später vorschlug, ein Buch über die Evolution der Hunde zu schreiben, kam die Erinnerung an dieses Ungeheuer wieder hoch. »Auf keinen Fall«, antwortete ich matt. Doch als ich im Lauf der folgenden Wochen ein wenig recherchierte, wurde mir bewusst, wie faszinierend das Thema war und was für ein Wunder es eigentlich ist, dass man jeden Tag Menschen mit ihren Hunden spazieren gehen sieht. Ein hoch entwickelter Primat und ein wilder Fleischfresser, deren Vorfahren einstmals Todfeinde waren, leben Seite an Seite, als wäre es das Natürlichste von der

Welt. Mein Sinneswandel hat allerdings seine Grenzen, und meine Leserschaft möge daher bitte keine Kindheitserinnerungen an verspielte Welpen von mir erwarten, mit denen ich in der Sonne über den Strand tollte, oder herzerweichende Geschichten über die kleine Bella, ohne die ich den Verlust meiner Lieblingstante nie verkraftet hätte. Meine Haltung erlaubt mir eine gewisse Objektivität, auch wenn mich leichtes Unbehagen beschleicht, weil ich, soweit ich das beurteilen kann, wohl der einzige Autor eines Hundebuches bin, der nicht hoffnungslos in diese Tiere vernarrt ist.

Darwins Hund ist in erster Linie ein Buch über die Evolution der Hunde und die Kräfte, die diese erstaunliche Transformation herbeiführten, vom wilden Fleischfresser zum domestizierten Hund mit seiner breiten Palette vergleichsweise sanftmütiger Tiere. Es betrachtet aber auch die andere Seite, wie es nämlich dazu kam, dass unsere eigene Art *Homo sapiens*, ein gleichermaßen aggressiver Fleischfresser, mit dem oberflächlich betrachtet ungleichen Verbündeten eine so außergewöhnliche Beziehung einging. Ich stelle die Behauptung auf, dass es sich hier nicht einfach um die Unterwerfung einer Art durch eine andere handelt, sondern um ein hervorragendes Beispiel für die Koevolution zweier Arten zum beiderseitigen Nutzen. Diese Koevolution, so meine Schlussfolgerung in *Darwins Hund,* trug sogar entscheidend dazu bei, dass *Homo sapiens* im Wettbewerb mit anderen Hominiden wie dem Neandertaler die Oberhand gewann, aus seiner kleinen Nische heraus eine überwältigende zahlenmäßige Überlegenheit erreichte und den Einfluss erlangte, den wir heute genießen.

Wissenschaftlich greift dieses Buch auf die detaillierten Erkenntnisse über das Menschen- und Hundegenom zurück, die in den letzten 20 Jahren gesammelt wurden. Dank dieser Forschungsergebnisse können wir für die Abstammung beider Spezies klare Entwicklungslinien erkennen und Fragen beantworten, die den Wissenschaftlern seit zwei Jahrhunderten Kopfzerbrechen bereiten. Weiter gehe ich auf Geschichte und Praxis der Hundezüchtung ein und zeige auf, wie sie sich auf Gesundheit und Wohlbefinden von Rassehunden auswirkt. In Interviews mit Besitzern von Hunden verschiedener Rassen beleuchte ich die besondere Beziehung zwischen Mensch und Hund, und schließlich zeige ich auf, dass manch ein Zeitgenosse sogar auf die Klontechnik zurückgreift, um sein Lieblingstier unsterblich zu machen.

Wir denken uns, wie gesagt, heute nichts dabei, wenn uns ein Hund mit Herrchen oder Frauchen beim Spaziergang begegnet. Doch wie kam es zu dieser alltäglichen Konstellation? Schon seit geraumer Zeit wird vermutet, dass die Hunde vom Wolf abstammen. Wir wissen, dass die Vorfahren heutiger Hunde eine enge Beziehung zum Menschen knüpften, doch über die Beschaffenheit einer für beide Spezies verträglichen sozialen Organisation gibt es verschiedenste Theorien. Keine von ihnen ist für einen Genetiker wie mich auch nur annähernd geeignet, diese sehr spezielle Situation zu erklären. Immerhin werden in der rauhen Welt der natürlichen Selektion nur vorteilhafte Merkmale von einer Generation an die nächste weitergegeben.

Viele Hundebesitzer, die für dieses Buch interviewt wurden, sind voll des Lobes über die Treue und Kameradschaft ihres Tiers. Das mag heute zutreffen, doch in einer Phase unserer Evolution, in der wir ohne jeden Luxus stets das Verhungern vor Augen hatten, können diese Eigenschaften den Aufstieg des Hundes nicht erklären. Nein, die Hundehaltung muss einen triftigen evolutionären Vorteil mit sich gebracht haben, um nicht zuletzt den zusätzlichen Aufwand der Fütterung wettzumachen.

Auch ein anderes Problem gilt es zu lösen. Die »Domestizierung« (eine meiner Ansicht nach völlig unpassende Bezeichnung, die uns aber einstweilen genügen soll) fällt in eine Zeit, in der alle Menschen Jäger und Sammler waren, vorwiegend aber Jäger. Dieser Lebensstil hatte sich über mindestens 20 000 Jahre nicht sonderlich verändert. Es gab jede Menge Wölfe, Hyänen, Schakale und Füchse, die den Ahnenbestand des Hundes hätten bilden können, und doch fehlt bis in die Zeit vor 50 000 Jahren jeglicher Hinweis auf eine »Domestizierung«.

Zu der Frage, wie *Homo sapiens* als zahlenmäßig zunächst unbedeutender mittelgroßer Primat zu der vollständigen Vorherrschaft gelangte, die wir heute genießen, liegen zahlreiche Theorien vor. Die Kontrolle über das Feuer, die Entwicklung der Sprache und die Erfindung der Landwirtschaft sind drei hervorstechende Beispiele. Ich würde ein viertes hinzufügen: die Transformation des Wolfs in einen multifunktionalen Helfer und Begleiter, den Hund. Wir verdanken unser Überleben den Hunden. Und sie verdanken ihr Überleben uns.

Lupa

Die mächtige Donau donnerte durch das Trajanstor,[*] die engste Stelle einer schmalen Schlucht, die sich der Fluss durch die Kalksteinfelsen der Karpaten gegraben hatte. Am oberen Rand der Schlucht stand die Wölfin Lupa und beobachtete die kleinen Gestalten, die hundert Meter unter ihr flussaufwärts marschierten. Der Anblick war für sie kein Anlass zur Aufregung. Die Menschen wanderten am Fluss entlang, seit sie denken konnte. Doch obwohl sie und ihr Rudel nichts mit ihnen zu schaffen hatten, behielt Lupa sie, solange sie sich in ihrem Revier aufhielten, lieber im Auge. Sie kannte sie als mutige Jäger, die sich aber viel zu langsam bewegten, als dass sie viel hätten ausrichten können. Sie aßen alles, was sich bewegte, auch einen Wolf, wenn sie einen erwischten. Das geschah allerdings eher selten, nur dann, wenn ein Tier krank oder verletzt war. Vor einiger Zeit hatte Lupa beobachtet, wie die Menschen einem jungen Mammut auflauerten und es töteten, indem sie es über die Klippe jagten. Das war allerdings ein ungewöhnlicher Jagderfolg, und meist kamen sie nur mit Mühe über die Runden. Lupa achtete darauf, Abstand zu halten und unnötige Begegnungen zu vermeiden.

Als sich mit den ersten Strahlen der Morgensonne der Nebel über dem Fluss auflöste, konnte Lupa die nahenden Menschen bes-

[*] Benannt nach dem römischen Kaiser Trajan (Regierungszeit 98–117 u. Z.), markiert es die Nordgrenze des Römischen Reichs.

ser sehen. Dank ihrer hervorragenden Beobachtungsgabe fiel ihr gleich auf, dass sich diese Zweibeiner von denen, die sie schon kannte, unterschieden. Sie waren etwas größer, vielleicht auch etwas schlanker und bewegten sich – wie ließ sich das am besten beschreiben – *anmutiger*. Wahrscheinlich hat das gar nichts zu bedeuten, dachte sie. Trotzdem behalte ich sie besser genau im Auge. Lupa machte kehrt und trottete über das vom Rauhreif weiß getupfte hügelige Grasland zu ihrem Rudel zurück. Es war Oktober, der Winter nicht mehr fern. Der Fluss überfror schon manchmal, und die letzten Rentiere waren von den Hochebenen zu den Winterweiden im Donaudelta zurückgekehrt. Für Lupas Rudel war die Zeit gekommen, ihnen zu folgen. Am nächsten Tag führte sie es den langen Weg flussabwärts zum Schwarzen Meer.

Im Rudel lebten neben Lupa und ihrem Partner der letzten beiden Jahre vier Jungwölfe, zwei aus dem Wurf dieses Frühjahrs, zwei aus dem Vorjahr. Die Welpen, die im Juni zur Welt gekommen waren, lernten gerade erst das Jagen. Zuvor war das Rudel zu klein gewesen, um sich ausreichend Fleisch zu verschaffen, und über den Sommer hatte sie nur mit Mühe alle Wölfe satt bekommen. Lupa organisierte die Jagd. Sie legte fest, welche Beute und sogar welches Tier sie angriffen. Die Verfolgungsjagd plante sie so, dass sie die Landschaft zu ihrem Vorteil nutzen konnten, und sie entschied auch, wo das Rudel der Beute auflauerte. Die anderen Wölfe waren vollständig auf ihre Jagdkunst und Führung angewiesen.

Die Menschen am Fuß der Schlucht wussten nicht, dass sie beobachtet wurden. Sie kannten die Wölfe natürlich; hin und wieder begegneten sie einem im Wald, und das Heulen, mit dem sich die Rudelmitglieder verständigten, war ihnen vertraut. Doch Menschen und Wölfe blieben für sich. Die neuen Menschwesen, *Homo sapiens*, die Lupa vom oberen Rand der Schlucht aus beobachtete, hatten ohnehin anderes im Kopf. Vor allem beschäftigte sie, dass in der Schlucht auch Neandertaler hausten. Diese unterschieden sich äußerlich deutlich von ihnen, waren mit ihrem schwereren

Körperbau stärker, dafür aber nicht so wendig. Neandertaler und moderne Menschen duldeten einander und pflanzten sich sogar gelegentlich miteinander fort. Der größte Unterschied zwischen den beiden menschlichen Spezies aber war unsichtbar: Die Neandertaler waren nicht so intelligent und einfallsreich. Sie hatten ihre Jagdmethoden und Waffen seit mindestens 200 000 Jahren nicht weiterentwickelt und machten auch keinerlei Anstalten in diese Richtung. Die modernen Menschen dagegen dachten sich dauernd etwas Neues aus. Sie verbesserten Steinwerkzeuge, entwickelten Pfeil und Bogen weiter, erfanden die Speerschleuder und entwarfen alle möglichen persönlichen Schmuckgegenstände. Im Lauf der Zeit sollten diese Innovationen das Ende der Neandertaler besiegeln, und zunächst stand eine weitere folgenschwere Neuerung an: ein Bündnis zwischen Wolf und Mensch, das kein Neandertaler überhaupt je in Betracht gezogen hatte.

In den Höhlen am Trajanstor überwinterte eines der meistgefürchteten Tiere des Jungpaläolithikums, der Höhlenbär *Ursus spelaeus*. Er hatte die doppelte Größe eines Braunbären, und sein unersättlicher Appetit des Allesfressers schloss als Nahrung gelegentlich Hominiden ein, Neandertaler wie auch moderne Menschen. Während die Neandertaler den Schutz der Höhlen verließen, sobald sie einen Bären witterten oder hörten, hatten die modernen Menschen gelernt, die Höhlen im Herbst zu verlassen und einige Wochen später, wenn die Bären ihre Winterruhe hielten, zurückzukehren und sie im Schlaf zu töten. So konnten sie, wenn sie bleiben wollten, den frei werdenden Raum nutzen und hatten genug Fleisch für den Winter.

Anfang März wurden die Tage wieder länger, wenn auch nicht spürbar wärmer. Für das Wolfsrudel war es an der Zeit, wieder in höhere Gefilde zu wandern. Den Winter hatte es mit der Jagd auf Rentiere und Wildpferde überstanden, die im Donaudelta überwinterten. Doch vor dem Aufbruch stand für Lupa noch die Paarung an. Nur fünf Tage im Jahr war sie für das Alpha-Männchen empfängnisbereit. Diese Zeit reichte aus, um trächtig zu werden. So konnte sie rechtzeitig vor der Geburt die Höhlen in den Bergen erreichen. Eines frühen Morgens, der Rauhreif zierte noch die getrockneten Schilfrohrstengel aus dem letzten Jahr, führte sie ihr Rudel aus dem Delta nach Westen in die Berge.

Früher war Lupas Rudel immer vor den Neandertalern, die den Winter ebenfalls in den Niederungen verbracht hatten, in der Schlucht angekommen. Dieses Mal stellte sie überrascht fest, dass bereits Menschen da waren, als sie mit den anderen Wölfen dort eintraf. Sie wanderte zu ihrer gewohnten Geburtshöhle, einer kleinen Gruft, die sich hoch oben im Steilhang der Schlucht hinter Geröll verbarg. Zehn Tage vor der Geburt zog sie sich in die Höhle zurück und wartete. Solange sie die Höhle nicht verlassen konnte, führte das Alpha-Männchen das Rudel an. Alle Wölfe brachten Lupa Nahrung, die sie vor der Höhle ablegten.

Lupa gebar vier noch blinde Welpen. Ein Jungtier, das schwächste, starb kurz nach der Geburt, doch die anderen drei entwickelten sich gut. Nach zwei Wochen öffneten sie die Augen, und eine Woche später fraßen sie schon vorgekautes Fleisch. Einige Tage darauf ging Lupa mit ihren Jungen zum ersten Mal vor die Höhle und ließ sie unter ihrer Aufsicht spielen. Die anderen Wölfe, die sie nach der Geburt mit Fleisch versorgt hatten, beteiligten sich nun auch an der Beaufsichtigung der Welpen. Das verschaffte Lupa die eine oder andere wohlverdiente Pause.

Der erste Ausflug, den sie allein unternahm, führte sie zu ihrem bevorzugten Aussichtspunkt am Rand der Schlucht, von wo aus sie beobachten konnte, was die Zweibeiner so trieben. Sie sah ein paar Menschen, die durch den Fluss wateten, mit beiden Händen ins eiskalte Wasser griffen, Steine umdrehten und gelegentlich einen Flusskrebs hervorzogen. So etwas hatten die Neandertaler nie gemacht. Doch die größte Überraschung stand noch aus. Auf dem Rückweg zur Höhle fiel ihr auf dem Hochplateau eine Gruppe ins Auge, die offenbar jagte. Die Neandertaler hatten die Schlucht nicht verlassen. Diese merkwürdigen neuen Zweibeiner gehörten der schlankeren Sorte an, die sie schon im Vorjahr gesehen hatte. Da Lupa nicht sicher war, was sie von ihnen halten sollte, duckte sie sich hinter einem Büschel Krautweide flach auf den Boden.

Im Sommer bekamen Lupa und ihr Rudel oben auf der Hochebene immer häufiger Menschen zu Gesicht.

Einmal beobachtete Lupa, wie sie ein Wildpferd in einen Hinterhalt lockten, nachdem sie es gezielt von der Herde getrennt hatten. Sie trieben es an eine sumpfige Stelle unterhalb eines niedrigen Felsvorsprungs, wo es im Matsch stecken blieb. Zwei Jäger – es waren insgesamt sechs – kletterten mit ihren Speeren auf den Felsen. Während die anderen brüllend und mit ausgebreiteten Armen das Pferd einkreisten, um es an der Flucht zu hindern, schleuderten die beiden von oben ihre Speere auf das verängstigte Tier. Zitternd brach es zusammen. Alle sechs Menschen versammelten sich um das geschwächte Pferd und stießen ihm ihre Speere tief in die Brust. Als es tot war, öffneten sie mit Steinmessern den Bauch und teilten sich die Leber. Dann zerlegten sie den Rest des Kadavers und traten den Rückweg in die Schlucht an. Nicht alle Jagdgänge waren jedoch so erfolgreich, und Lupa beobachtete in diesem Sommer mehr als einmal, wie die erschöpften Menschen mit leeren Händen ins Tal zurückkehrten.

Auf der Hochebene fiel im August der erste Schnee, und die Rentiere zogen wieder ins Tiefland. Mit dem ersten Schneegestöber begannen für die Wölfe die besten Jagdzüge des Jahres. Die im Mai geborenen Kälber waren fast ausgewachsen, aber noch unerfahren. Die Wölfe wussten, welchen Weg über die hügelige Hochebene die Tiere nehmen würden, und wollten ihnen unterwegs in einem sumpfigen Gebiet auflauern. Lupa führte das nunmehr neun Wölfe starke Rudel von der Höhle unterhalb der Schluchtkante mehrere Kilometer weit bis zur Stelle des geplanten Hinterhalts. Doch sie war unruhig. Immer wieder blieb sie stehen und schnupperte. Da war er wieder, der Geruch, den sie zum ersten Mal wahrgenommen hatte, als die Menschen ein paar Wochen zuvor das Wildpferd getötet und zerlegt hatten. Lupa hatte nicht nur eine hervorragende Nase, sondern konnte sich eine Witterung auch monateoder sogar jahrelang merken. Die stechenden Ausdünstungen der Neandertaler kannte sie gut, doch diese Zweibeiner rochen anders, ebenfalls stark, aber etwas süßlicher. Da sie sich auf ihre Nase unbedingt verlassen konnte, würde sie die neuen Menschen von nun an nicht nur am Aussehen, sondern auch immer am Geruch erkennen. Sie spähte zum Horizont, konnte aber keine Zweibeiner sehen. So führte sie ihr Rudel weiter.

Plötzlich brach 20 Meter vor ihr ein riesiger Auerochsbulle aus einer kleinen Birkengruppe hervor. Diese riesenhaften Tiere, Vorfahren der Hausrinder, waren reizbar und gegenüber Wölfen überaus aggressiv. Einzelne Bullen wie dieser waren am schlimmsten. Die Wölfe wussten genau, dass sie es mit einem wütenden Auerochsen nicht aufnehmen konnten. Um solch einen Riesen zu bezwingen und zu töten, hätte das Rudel viel größer sein müssen. Ehe Lupa Zeit hatte, den Rest des Rudels in Sicherheit zu bringen, ging das Tier auch schon auf sie los. Beim ersten Angriff konnte sie den tödlichen Hörnern gerade noch ausweichen. Als der Rest des Rudels ihre Notlage bemerkte, gehorchte es dem ersten Instinkt, seine Anführerin zu beschützen. Der Alpha-Wolf stürzte sich von der Seite auf den angreifenden Bullen und versuchte, ihm die langen Fangzähne in den massigen Hals zu schlagen, doch mit einer ruckartigen Bewegung des Kopfes spießte der Auerochs das Tier auf das linke Horn. Dann schüttelte er erneut den Kopf und schleuderte den blutenden Körper zu Boden. Nun eilten auch die anderen Wölfe Lupa zu Hilfe und griffen den Auerochsen an. Der rasende Bulle traf eins der diesjährigen Jungen mit dem Hinterbein in die Brust, machte kehrt, trampelte das sich windende und wimmernde Tier nieder und ließ es sterbend auf dem Moos zurück. Lupa warf sich wieder in die Schlacht, wohl wissend, dass ihr Rudel im Falle ihres Todes erledigt war.

Da tauchten in Windrichtung auf einem flachen Hügel zwei Menschen auf. Sie hatten den Auerochsen verfolgt und den Tumult gehört, dessen Ursache sie jetzt sahen. Mit gebührendem Abstand gingen sie in Stellung und schleuderten ihre Speere gegen den schnaubenden Bullen. Die Feuersteinspitzen trafen ihr Ziel. Ein Speer blieb in der Flanke stecken, während ein anderer tief in die Brust des Bullen eindrang und mit seiner rasiermesserscharfen Spitze die Aorta durchtrennte. Blut spritzte aus der Wunde, und das Tier knickte mit den Vorderbeinen ein. Bebend brach es zusammen, und innerhalb von Minuten war es tot.

Die beiden Menschen gingen mit gezücktem Messer zu dem Kadaver. Sie erwarteten wohl, dass sich die Wölfe zurückzogen, doch die wichen nicht von der Stelle, sondern beobachteten, was nun geschah. Die Jäger öffneten das Tier und entnahmen die dampfenden Eingeweide. Sie schnitten sich aus der noch warmen Leber Scheiben ab und begannen zu essen. Als sie ihre Ration verspeist hatten, zögerte der Jüngere der beiden, mit dem Zerlegen des Kadavers zu beginnen. Er hatte schon früher beobachtet, wie Wölfe ihre Beute über weite Strecken verfolgten, bis sich das Tier, geschwächt und erschöpft, nicht mehr zur Wehr setzen konnte. Wenn die Wölfe sicher waren, dass ihre Beute mit dem Tode rang und sie nicht mehr ernsthaft verletzen konnte, umringten sie das sterbende Tier, bissen ihm in den ungeschützten Bauch und weideten es aus. In dem Jäger keimte eine Idee.

Er griff in den Brustkorb des toten Auerochsen, riss ihm das noch pochende Herz aus und warf es dem Rudel hin, sehr zum Ärger seines älteren Jagdgefährten. Die Wölfe blieben vorerst, wo sie waren, die bernsteinfarbenen Augen fest auf die Menschen geheftet. Nach fünf Minuten rührte sich Lupa als Erste und ging unter den aufmerksamen Blicken der anderen Wölfe vorsichtig zu dem dargebotenen Herzen. Sie schnupperte, riss mit den scharfen Fangzähnen einen Brocken aus der linken Herzkammer und verschlang ihn. Noch immer unternahmen die anderen nichts. Nach weiteren fünf

Minuten gab Lupa mit einem fast unsichtbaren Zucken ihrer Ohren dem Rest des Rudels ein Zeichen. Die Tiere gesellten sich zu ihr und rissen den Rest des Herzens in Fetzen.

Als sich nach den Menschen auch die Wölfe mit den Innereien des Tiers den Bauch vollgeschlagen hatten, saßen sie einander gegenüber und blickten sich an. Zwischen ihnen ging etwas hin und her. War es eine Art Gedankenübertragung? War es die gegenseitige Anerkennung unter Jägern? Hatten sie eine Ahnung davon, was soeben geschehen war?

In den folgenden Jahren kamen sich Wolf und Mensch näher. Als im nächsten Frühjahr die Rentierherden über die lila getupften Krokus- und Enzianwiesen zu den Sommerweiden wanderten, folgten ihnen Wolf und Mensch, um einzelne Nachzügler zu erlegen. Immer unbefangener duldeten sie die Nähe des jeweils anderen, und schon bald begannen sie, gemeinschaftlich zu jagen. Lupa, die ein Gespür für schwache Tiere hatte, suchte aus, welches Herdenmitglied gejagt werden sollte. Das Rudel hetzte es, und die Menschen folgten ihm, so gut es ging. Wenn das von der Herde getrennte Tier müde wurde, kesselten die Wölfe es ein, bis die Menschen eintrafen und es mit ihren Speeren töteten. Weil die Wölfe ihre Beute nicht mehr bis zur völligen Erschöpfung hetzen mussten, um Verletzungen zu vermeiden, war die Jagd schneller vorüber. Die Menschen wiederum konnten mit ihren Speeren besser zielen. Alle teilten sich anschließend die Beute.

Wolf und Mensch profitierten von dieser partnerschaftlichen Jagd, und in den folgenden Jahren, lange nach Lupas Tod, entwickelten beide Gruppen sie weiter. Die Wölfe zeigten mit einem tiefen Heulen mögliche Beute an, und eine Gruppe von Jägern machte sich auf dieses Signal hin auf den Weg zu ihnen. Wölfe und Menschen, die gemeinsam jagten, gediehen auf Kosten derer, die das nicht taten. So wuchs ihr Bestand, und im Lauf der Zeit breitete sich diese Symbiose unter dem unaufhaltsamen Druck der natürlichen Selektion über den Rest Europas aus. Irgendwann lebten die

Diese künstlerische Darstellung zeigt, wie die gemeinschaftliche Jagd ausgesehen haben könnte. Während die Wölfe den Auerochsen bedrängen und ermüden, fügen ihm die Menschen aus sicherer Entfernung die tödlichen Wunden zu.

ersten Wölfe mit den Menschen zusammen, erst zeitweise, dann dauerhaft. Ihr Bestand nahm weiter zu, und nach und nach begann die Evolution der Hunde.

All das geschah vor langer Zeit im wilden Hochland über dem Trajanstor. Das war der Anfang. Ein Ende ist nicht absehbar.

2

Darwins Dilemma

Der Zeitpunkt, an dem die Menschen die Entwicklung ihrer Spezies, der anderen Tiere und der Pflanzen plötzlich mit völlig neuen Augen sahen, lässt sich genau bestimmen. Am 24. November 1859 veröffentlichte der Naturforscher Charles Darwin sein Buch *Der Ursprung der Arten durch natürliche Selektion oder Die Erhaltung begünstigter Rassen im Existenzkampf*.[1] Das Werk war mit seiner Hauptaussage, dass Arten nichts Beständiges seien, sondern sich vielmehr mit der Zeit verändern können, ein Frontalangriff auf die vorherrschende Sicht der Kirche, nach der die gesamte Natur ein Ergebnis der sorgfältig überlegten Schöpfung Gottes sei. Da Gott den Menschen nach seinem Vorbild geschaffen habe, nehme der Mensch einen besonderen Rang über allen Tieren ein. Der Einfluss der anglikanischen »Naturtheologie« auf die naturwissenschaftliche Anschauung war damals umso stärker, als sämtliche Naturforscher der beiden wichtigsten Universitäten Oxford und Cambridge gleichzeitig Geistliche der Kirche sein mussten. Jeder Widerspruch kam der Ketzerei gefährlich nahe.

Im Mittelpunkt von Darwins Theorie der »natürlichen Selektion« stand die Vorstellung, dass sich die Individuen einer Art darin unterschieden, wie gut sie überleben und sich fortpflanzen können. Diejenigen, die im »Kampf ums Dasein« Erfolg haben, geben ihre Stärken an den Nachwuchs weiter, der dann besser für diesen Kampf gerüstet ist. Mit der Zeit entwickeln sich so neue Arten, andere sterben aus.

Darwin war in vielerlei Hinsicht ganz anders als Biologen heute. Er wusste nichts über Genetik, deren Grundprinzipien erst lange nach seinem Tod im Jahr 1882 entdeckt wurden. Auch arbeitete er nicht im Labor. Stattdessen stützte er sich auf ausführliche Briefwechsel mit Hunderten von Zeitgenossen in aller Welt, die ihn mit Informationen versorgten und die er manchmal auch bat, Proben für ihn zu nehmen oder zu untersuchen. Da er auf diese Weise Erfahrungen und ein unglaublich breit gefächertes Wissen ansammelte, ist die Lektüre seiner Schriften eine wahre Freude. Für die Entwicklung und Verfeinerung seiner Evolutionstheorie brauchte er Jahrzehnte, in denen er eine große Bandbreite an Beispielen zusammentrug, ehe er schließlich bereit war, sie zu veröffentlichen.

Einen wichtigen Bestandteil seines Werks bildeten die Beobach-

Charles Darwins *Der Ausdruck der Gemütsbewegungen bei dem Menschen und den Tieren* erschien 1872. Das Buch zählt zu den nachhaltigsten Beiträgen zur Psychologie aus dem 19. Jahrhundert und dokumentiert Darwins Faszination für Hunde. Zu der linken Abbildung eines »Halbblut-Schäferhunds« heißt es: »Hund, der sich einem anderen Hund in feindseliger Absicht nähert.« Die Bildunterschrift zur rechten Illustration lautet: »Derselbe Hund seinen Herrn liebkosend.« Die Zeichnungen stammen von A. May.[2]

tungen zur Schaffung neuer Formen durch gezielte Züchtung, die er als »künstliche Selektion« bezeichnete.[3] Als Beispiel führte er gern die von Liebhabern gezüchteten extravaganten Haustauben-rassen an, weil er sich recht sicher war, dass sie alle von nur einer wilden Art abstammten, der Felsentaube *Columba livia*. Wie in Darwins gesamtem Werk sind auch seine Forschungen zur Taube von großer Gründlichkeit und Sorgfalt geprägt. Die wichtigsten Taubenrassen hielt er bei sich zu Hause, und dank seines großen Netzwerks sammelte er zahlreiche Bälge aus aller Welt.[4] Er hielt sich tagelang in den Sammlungen des Britischen Museums auf und trat sogar zwei Londoner Taubenzüchtervereinen bei.

Neben Tauben erforschte Darwin auch Schweine, Rinder, Schafe, Ziegen, Pferde und Esel, Kaninchen, Hühner, Truthähne, Enten und sogar Goldfische, von den vielen verschiedenen Pflanzen ganz zu schweigen. Und vor allem, wichtig für uns: Hunde. Das erste Kapitel seiner Gedanken zur Evolution durch künstliche Selektion, das 1868 im Original und im gleichen Jahr in Victor Carus' Über-setzung unter dem Titel *Das Variiren der Tiere und Pflanzen im Zustande der Domestication* erschien, ist ausschließlich den Hun-den gewidmet.

Gleich zu Beginn stellte Darwin die grundlegende Frage zur Ab-stammung dieser Tiere:

Der erste und hauptsächlichste Punkt von Interesse in diesem Capitel ist, ob die zahlreichen domesticirten Varietäten des Hundes von einer einzigen oder von mehreren wilden Arten abstammen. Einige Zoologen glauben, dass alle vom Wolf oder dem Schakal oder einer unbekannten und ausgestorbenen Art abstammen; andere wiederum glauben, und dies ist neuerdings Mode geworden, dass sie von mehreren ausgestorbenen sowohl, als jetzt lebenden Arten abstammen, die sich mehr oder weniger mit einander vermischt haben.[5]

Und er fügt hinzu: »Wir werden wahrscheinlich niemals im Stande sein, ihren Ursprung mit Sicherheit zu bestimmen […].«

Mehr als 120 Jahre lang blieben Darwins Fragen nach der Abstammung der Hunde unbeantwortet, bis sich die neue Wissenschaft der Molekulargenetik dafür zu interessieren begann. In den folgenden Kapiteln werden wir erkunden, was diese neue Wissenschaft über die Evolution der Hunde herausgefunden hat, und erkennen, dass sie Darwin ausnahmsweise einmal widerlegt. Wir sind nämlich doch imstande, die Abstammung der Hunde mit Sicherheit zu bestimmen.

3

Ein Wandrer kam aus einem alten Land

Diese Zeile aus Percy Bysshe Shelleys Gedicht »Osymandias« kapere ich nicht zum ersten Mal.[1] Sie vermittelt vortrefflich die Ehrfurcht vor dem Vergangenen und der zeitlosen Kontinuität, die mich jedes Mal erfasst, wenn ich mich von meinem Lieblingslotsen in unsere Vorgeschichte führen lasse: der mitochondrialen DNA.

Um diese Begeisterung zu erklären, müssen wir 30 Jahre zurückgehen zu einem bahnbrechenden Aufsatz in der wissenschaftlichen Fachzeitschrift *Nature,* verfasst von dem in Neuseeland geborenen Evolutionsbiologen Allan Wilson von der University of California, Berkeley.[2] Wilson und sein Team hatten aus Plazentagewebe oder Zelllinien von 147 Frauen aus aller Welt mitochondriale DNA isoliert. Mitochondrien befinden sich im Cytoplasma, dem Teil der Zelle, der den Zellkern umgibt, aber noch innerhalb der Zellmembran liegt. Obwohl sie fest zur Zelle gehören, haben sie doch einen unabhängigen Ursprung. In der fernen Vergangenheit lebten sie zunächst als freie Algen, ehe sie irgendwann von einer primitiven Zelle umschlossen wurden. Da Mitochondrien ursprünglich selbständige Organismen waren, haben sie noch eigene Erbsubstanz. Das Besondere an ihnen ist, dass sie es der Zelle ermöglichen, mittels Sauerstoff Nahrung zu verbrennen. Ehe Zellen Mitochondrien enthielten, verfügten sie nur über einen Mechanismus für den anaeroben Stoffwechsel und kamen daher mit dem

Sauerstoff in der Atmosphäre nicht zurecht. Mithilfe ihrer neu erworbenen Mitochondrien jedoch konnten Zellen aus derselben Nahrungsmenge bis zu neunmal so viel Energie gewinnen. In der frühen Atmosphäre wirkte Sauerstoff noch toxisch, ehe die Mitochondrien ihn in den lebensspendenden Stoff verwandelten, auf den heute sämtliche Tierarten angewiesen sind.

Die zweite ungewöhnliche Eigenschaft der Mitochondrien ist, dass sie nur über die weibliche Linie vererbt werden. Eizellen sind voller Mitochondrien, wohingegen Spermien keine nennenswerten Mengen enthalten. Genauer gesagt: Die wenigen, die sich im Spermium befinden, können im befruchteten Ei nicht überleben. Diese Eigenschaft hatte es Wilson und seinem Team angetan. Alle Tiere erben die mitochondriale DNA ihrer Mutter, die sie wiederum von ihrer Mutter geerbt hat, und so weiter und so fort. Sowohl männliche als auch weibliche Tiere besitzen mitochondriale DNA – sie müssen ja alle Sauerstoff atmen –, aber nur die weiblichen vererben sie an ihren Nachwuchs.

Ganz anders als die mitochondriale DNA wird die DNA im Zellkern in etwa gleichen Teilen von beiden Eltern vererbt. Diese Kern-DNA steuert die meisten Körperfunktionen, mit der wichtigen Ausnahme des aeroben Stoffwechsels, der in der Verantwortung der Mitochondrien und ihrer DNA bleibt. Leider werden Erbbeziehungen, die man über die Kern-DNA zurückverfolgt, sehr schnell extrem kompliziert. Wir alle haben zwei Eltern, vier Großeltern, acht Urgroßeltern, 16 Ururgroßeltern und so weiter. Die Zahl der Vorfahren verdoppelt sich mit jeder Generation, die man zurückgeht, sodass wir, wenn wir 20 Generationen – beim Menschen sind das etwa 400 Jahre – zurückrechnen, schon auf mehr als 1 Million Vorfahren kommen. Wegen der willkürlichen Mischung der Kern-DNA in jeder Generation, auf die ich später noch eingehen werde, ist es sehr unwahrscheinlich, dass wir von allen diesen Vorfahren DNA geerbt haben. Dennoch besitzen wir wohl Erbanlagen von sehr vielen von ihnen, doch von wem genau, werden wir nie erfahren. Im Gegensatz zu diesem genetischen Kuddelmuddel gab es in jeder Generation immer nur eine Frau, die unsere mitochondriale Vorfahrin ist, deren Mitochondrien-DNA wir also geerbt haben. Diese Einfachheit veranlasste Allan Wilson dazu, in seiner repräsentativen Stichprobe der Weltbevölkerung nicht die Kern-DNA, sondern die Mitochondrien-DNA (kurz mtDNA) zu untersuchen.

In seiner Arbeit gelangte er zu einem verblüffenden Ergebnis. Wenn man nur weit genug zurückgeht, hat jede und jeder auf diesem Planeten ihre oder seine mtDNA von einer einzigen Frau geerbt. Wilson nahm an, dass sie vor etwa 200 000 Jahren in Afrika lebte; wie er dazu kam, werden wir noch sehen. Er nannte sie, wenig überraschend, »mitochondriale Eva«. Seine Ergebnisse wiesen auch eine klare Verbindung zwischen Afrikanern und allen anderen Menschen nach, was darauf hindeutet, dass die modernen Menschen lange Zeit in Afrika lebten, ehe einige von ihnen den Kontinent verließen und den Rest der Welt bevölkerten. Wir dürfen hier allerdings nicht vergessen, dass wir nur die strenge Erbfolge in der weiblichen Linie von Frau zu Frau betrachten und vorerst die DNA von Männern unberücksichtigt lassen.

Es war ein herrlich einfaches Ergebnis, auch wenn manche es bis heute verwirrend finden. Eva war gewiss nicht die einzige Frau, die damals lebte, sondern nur die einzige mit heute lebenden matrilinearen Nachkommen. Ein Paar kann damals wie heute ausschließlich Söhne oder auch gar keine Kinder haben, doch nur Töchter können mitochondriale DNA an die nächste Generation weitergeben. Daraus folgt, dass in den etwa 10 000 Generationen seit Eva eine einzige bis in die Gegenwart fortbestehende mtDNA über eine ununterbrochene Erbfolge in der weiblichen Linie vererbt wurde, während sich die mtDNA vieler ihrer Zeitgenossinnen irgendwann unterwegs verlor.

Zwar wurden die Ergebnisse in den folgenden 30 Jahren noch modifiziert, doch insgesamt hat sich das Konzept der mitochondrialen Eva bewährt. Wilsons Aufsatz aus dem Jahr 1987 wurde zum Vorbild für alle späteren molekularen Stammbäume, die unser Wissen über die Ursprünge des Menschen revolutioniert haben. Ich analysiere Mitochondrien-DNA aus aller Welt und staune über jede einzelne Probe. In einer ununterbrochenen Ahnenreihe haben sich diese Erbinformationen über Zehntausende von Jahren unsichtbar in den Zellen fortgesetzt, bis heute, da sie ihre Geheimnisse im Labor enthüllen.

Es vergingen etwa zehn Jahre, bis die Biologen Robert Wayne und Carles Vilà eine entsprechende Genanalyse für den Hund veröffentlichten.[3] Wie Wilson untersuchten auch sie mitochondriale DNA, allerdings mit einer moderneren Technik, die auf die DNA-Sequenzen selbst zurückgriff und nicht auf die begrenzte Kurzversion, wie sie Wilson ein Jahrzehnt vorher zur Verfügung gestanden hatte. Ich werde später genauer erklären, was DNA-Sequenzen sind und wie man sie liest, doch zunächst wollen wir bei den Hunden bleiben.

Wayne und sein Team sammelten eine beeindruckende Vielzahl von Proben. Zusätzlich zu 140 Haushunden 67 unterschiedlicher Rassen berücksichtigten sie in ihren Analysen auch Wölfe, Kojoten und Schakale. Die Wolfssammlung umfasste 162 Tiere von 27 Standorten weltweit. Zusätzlich nahm Wayne auch fünf Kojoten und zwölf Schakale auf, weil sie als mögliche Vorfahren der modernen Hunde im Gespräch waren: zwei Goldschakale, zwei Schabrackenschakale und acht Äthiopische Schakale. Die mtDNA-Sequenzen all dieser Tiere wurden nun auf einem Molekularstammbaum angeordnet, vergleichbar dem, den Wilson zuvor für die mitochondriale Herkunft des Menschen erstellt hatte. Die Ähnlichkeiten zwischen dem sogenannten Wayne-Stammbaum und Wilsons Vorbild stachen sofort ins Auge.

Wilsons menschlicher Stammbaum (siehe obere Abbildung, Seite 33) teilte die Weltbevölkerung in zwei Hauptgruppen: Die eine erfasste afrikanische Menschen, die andere einige afrikanische sowie alle anderen Menschen außerhalb Afrikas. Die Afrika-Gruppe leitet sich aus einer einzigen matrilinearen Vorfahrin ab, der »mitochondrialen Eva«. Der Hunde-DNA-Stammbaum Waynes mündete in vier Hauptgruppen mit einer jeweils anderen Vorfahrin, die aber eng miteinander verwandt waren. Die meisten Tiere befanden sich in der Hauptgruppe I, die neben verbreiteten Rassen auch einige sogenannte »Urhunde« wie den Dingo, den Neuguinea-Dingo, den Basenji und den Greyhound enthielt. In Gruppe II fanden sich Tiere zweier skandinavischer Rassen, des Norwegischen und des Schwedischen Elchhunds, während Gruppe III Vertreter sehr unterschiedlicher Rassen enthielt, etwa einen Deutschen Schäferhund, einen Siberian Husky und einen Mexikanischen Nackthund. Der Gruppe IV schließlich wurden unter anderem ein Drahthaardackel, ein Flat Coated Retriever und ein Otterhund zugeordnet. Auch einige Wölfe fanden sich darin. Die DNA-Sequenz eines dieser Tiere, das aus Rumänien stammte, stimmte auch als einzige genau mit einer Vielzahl von Hunden überein, etwa einem Toy-Pudel, einer Bulldogge und überraschenderweise einem weiteren Mexikanischen Nackthund.

Das vereinfachte untere Schaubild zeigt nur die wichtigsten mitochondrialen Gruppen. In jedem Kreis sind Vertreterinnen mehrerer Rassen enthalten, die hier nicht einzeln ausgewiesen sind, im Original aber nachgesehen werden können.[4] Dort findet man zahlreiche Beispiele dafür, dass genau dieselbe mtDNA-Sequenz in vielen verschiedenen Hunderassen zu finden ist. So hatten beispielsweise ein Norwegischer Buhund, ein Border Collie und ein Chow-Chow dieselbe mtDNA-Sequenz. Umgekehrt kamen innerhalb einer Rasse unterschiedliche mtDNA-Sequenzen vor, sodass sie unterschiedlichen Gruppen des Stammbaums zugeordnet wurden. Bei den acht Deutschen Schäferhunden beispielsweise fanden sich fünf verschiedene Sequenzen. Was das bedeutet, werden wir später noch sehen.

Wäre Darwin noch am Leben, würde ihn brennend interessie-

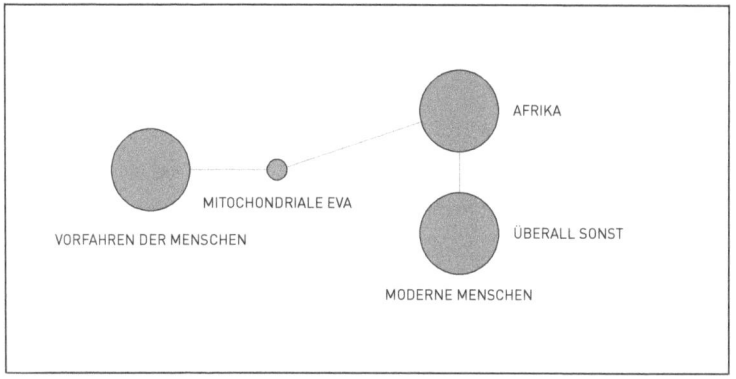

Wilsons Stammbaum des Menschen (vereinfacht).

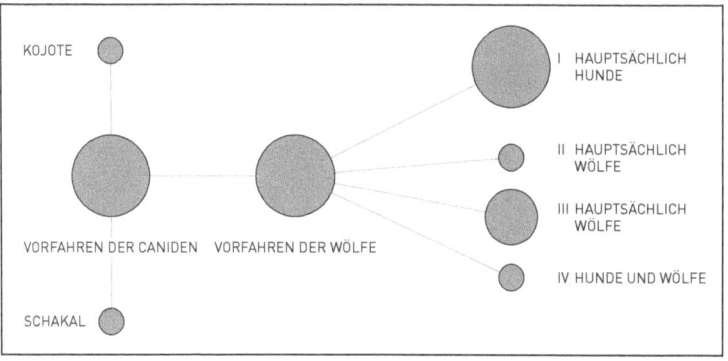

Waynes Stammbaum der Hunde (vereinfacht).

ren, ob und wie Wölfe, Kojoten und Schakale in den Stammbaum passen. Die Antwort ist eindeutig. Kojote und Schakal fallen komplett aus dem Hauptstammbaum Wolf / Hund heraus. Ihre DNA-Sequenzen, so Wayne und Vilà, unterschieden sich klar von allen Hunden, und keiner schaffte es in eine der vier Hauptgruppen. Gleichermaßen erstaunlich war die Einordnung der DNA-Sequenzen der Wölfe, und das nicht etwa, weil sie nicht in den Hunde-Stammbaum gepasst hätten, sondern weil sie tief in ihn eingebettet waren. Die Analyse der mitochondrialen DNA ergab ohne jeden Zweifel, dass alle Hunde von Wölfen und keiner anderen Art abstammen. Das war der erste Triumph der molekulargenetischen Untersuchung von Hunden – und durchaus nicht der letzte.

Darwin irrte sich nicht oft, doch dank Forschungsmethoden, die er nie hätte vorhersagen können, stellte sich im Zusammenhang mit den Hunden seine Klage, wir würden »wahrscheinlich niemals im Stande sein, ihren Ursprung mit Sicherheit zu bestimmen«, als eine jener seltenen Ausnahmen heraus. Ich bin mir sicher, er wäre über seinen Irrtum hocherfreut gewesen.

Auch Jahre nach Waynes Studie hat der Hundestammbaum Bestand. So, wie es in dem Jahrzehnt zwischen Wilson und Wayne große technische Innovationen gab, so konnte man auch die DNA-Analyse in den letzten Jahren noch einmal kräftig weiterentwickeln, und der Original-Stammbaum wurde an einigen Stellen radikal beschnitten; die Hauptäste blieben jedoch unangetastet.

Ehe wir uns diesen Revisionen zuwenden und unsere Wissenslücken in Sachen Hundeevolution schließen, gilt es aber noch ein anderes wichtiges Gensystem zu berücksichtigen. Das Y-Chromosom ist im genealogischen Sinne das Gegenstück zur mtDNA, weil sich an ihm statt der mütterlichen die väterliche Abstammung zurückverfolgen lässt. Wieder ist die Ursache recht einfach: Nur männliche Tiere besitzen ein Y-Chromosom, das sie ausschließlich an ihren männlichen Nachwuchs weitervererben. Für viele Arten ist es wegen des schwankenden Paarungserfolgs der Männchen als Zeuge unzuverlässiger als seine mitochondriale Entsprechung. In den meisten Arten einschließlich unserer eigenen können männliche Individuen eine nahezu unbegrenzte Zahl von Nachkommen zeugen oder auch gar keine. Die weiblichen dagegen sind auf einige wenige beschränkt. Bei Rassehunden hat das, wie ich noch aufzeigen werde, gravierende Folgen.

So wie jeder Rückschluss auf die Evolution, der sich auf Mitochondrien stützt, unter dem Vorbehalt steht, dass sich die gefundenen Strukturen nur aus der weiblichen Linie ableiten, so lässt sich mit dem Y-Chromosom nur die männliche Linie zurückverfolgen.

Zwar erzählen beide mehr oder weniger dieselbe Geschichte, doch kann es unterwegs allerlei faszinierende Abstecher und Schlenker geben.

Jede Genanalyse ist darauf angewiesen, dass sie ererbte Variationen aufspürt, das Lebenselixier der Genetik. Solche Variationen können unterschiedliche Bereiche betreffen: Blutgruppe, Haarfarbe, Körpergröße oder DNA-Sequenz. Ohne Variationen lässt sich praktisch keine Genetik betreiben. In der DNA ist eine Variation unmittelbar aus der Sequenz ablesbar, ebenso in den meisten mtDNA-Vergleichen. Man kann aber auch auf sogenannte genetische Marker zurückgreifen. Das sind Stellen, von denen man schon im Vorfeld weiß, dass sich dort die Sequenz (in diesem Falle verschiedener Y-Chromosomen) unterscheidet. Dann testet man die Marker direkt, ohne das gesamte Chromosom sequenzieren zu müssen, was viel Zeit und Geld spart. Doch ehe man Marker nutzen kann, muss man sie erst finden, und das war früher eine unheimlich langwierige Angelegenheit. Heute geht es leichter, wie wir noch sehen werden.

Das mühsame Auffinden von Markern auf dem Y-Chromosom des Hunde- und Wolfs-Genoms kam zunächst nur langsam voran, und die ersten Studien stützten sich daher auf nur vier Marker. Zum Glück bleibt den Y-Chromosomen die Durchmischung mit anderen Chromosomen erspart, was ich auch noch erklären werde, sodass sich die Marker als Blöcke kombinieren lassen. So können vier Marker (A–D) mit jeweils zwei Versionen (1 oder 2) 16 Y-Chromosomen differenzieren (A1, B2, C1, D2; A2, B1, C2, D1 und so weiter). Mit nur vier Markern und diesen 16 Kombinationen kommt man deshalb schon recht weit.

Für Wolf und Hund veröffentlichte eine Forschergruppe aus Schweden die Ergebnisse der ersten derartigen Analyse, nachdem sie Y-Chromosomen und Mitochondrien von 314 Hunden 109 verschiedener Rassen und von 112 Wölfen aus sechs verschiedenen Regionen Europas und Nordamerikas untersucht hatte.[5] Selbstredend waren alle Hunde und Wölfe männlich. Nach Waynes mitochondrialem Schema (siehe Schaubild Seite 33) war es keine Überraschung, dass sich die Y-Chromosomen von Hund und Wolf ähnelten. Auch gab es keinerlei Hinweise auf andere Arten, obwohl die theoretische Möglichkeit ja bestanden hätte, da bis dahin nur die mtDNA-Ergebnisse bekannt waren. Wären die ersten Hunde beispielsweise Hybride aus weiblichen Wölfen und männlichen Schakalen gewesen, so hätte die Analyse der mtDNA das nicht nachweisen können, sehr wohl aber die Analyse der Y-Chromosomen. Die schwedische Studie stärkte somit die Gewissheit, dass Wölfe tatsächlich die einzigen Vorfahren aller Hunde sind.

Ähnlich wie bei der mtDNA fand sich auch diesmal dasselbe Y-Chromosom, definiert durch seine genetischen Marker, in mehreren Hunderassen. So trugen beispielsweise ein Berner Sennenhund, ein Border Collie, ein Dalmatiner, ein Greyhound, ein Pudel, ein Shetland Sheepdog und ein West Highland Terrier ein identisches Y-Chromosom. Andererseits wiesen Vertreter derselben Rasse oft unterschiedliche Y-Chromosomen auf. Bei fünf Collies beispielsweise waren es drei verschiedene.

Der Abgleich zwischen dem männlichen und weiblichen Genbeitrag ergab, dass bei Haushunden viel mehr verschiedene mtDNA-Sequenzen im Umlauf sind als Y-Chromosomen. Was das heißt, zeigte sich im Vergleich mit den Wolfs-Ergebnissen. Bei den Wölfen war, anders als beim Hund, die Zahl der unterschiedlichen Sequenzen in der mtDNA und im Y-Chromosom etwa gleich groß. Die Konstellation bei den Hunden erinnert an menschliche Populationen, in denen sich oft viele verschiedene mtDNA-Sequenzen finden, dafür aber weniger Y-Chromosomen, als zu erwarten wären, wenn der Fortpflanzungserfolg der Geschlechter einigermaßen gleich verteilt wäre.

Wölfe leben fast ausschließlich monogam; in einem Rudel pflanzen sich nur ein männliches und ein weibliches Tier fort. Deshalb vererben Rüden und Fähen genetisch etwa gleich viel an die jeweils nächste Generation, und auch die Genvariabilität von mtDNA und Y-Chromosomen ist etwa gleich groß, wie es das schwedische Forscherteam ja auch herausfand. Bei Zuchthunden ähnelt die Verteilung eher manchen menschlichen Populationen, in denen wenige Männer eine unverhältnismäßig große Zahl an Nachkommen zeugen. Ein Paradebeispiel ist der Mongolenherrscher Dschingis Khan aus dem 13. Jahrhundert, der heute schätzungsweise 16 Millionen männliche Nachfahren mit seinem Y-Chromosom hat. Dieses Kunststück vollbrachte Dschingis Khan, indem er männliche Feinde, die er im Kampf besiegte, umbringen ließ und, oft bis zur Erschöpfung, möglichst viele ihrer Frauen schwängerte. Er möge doch versuchen, hin und wieder eine Nacht allein zu verbringen, rieten ihm seine Ärzte. Als Dschingis Khan 1227 starb, gab er seinen Reichtum und seine Gepflogenheiten an seine Söhne weiter. Männliche Hunde können sich ähnlich erfolgreich fortpflanzen, wenn auch mit deutlich weniger Aufwand als Dschingis Khan. Sie müssen nur die Siegerplakette in der Hundeausstellung einheimsen, und schon arrangiert der Züchter den Rest.

Anfangs war es ein Rätsel, warum bei Rassehunden wenige oder keine Anzeichen für einen gemeinsamen Ursprung zu finden sind, zumindest in Hinblick auf mtDNA und Y-Chromosom. Bei all der Sorgfalt, die Züchter bei diesen Hunden auf eine rassereine Fortpflanzung verwenden, müssten doch alle Hunde einer Rasse in der männlichen und weiblichen Linie dieselbe Abstammung aufweisen. Doch weit gefehlt. Vielmehr ist es ohne einen DNA-Test offenbar völlig unvorhersagbar, zu welcher mtDNA- oder Y-Chromosom-Gruppe ein einzelner Hund gehört. Und mit keinem der beiden DNA-Systeme konnte man eindeutig prognostizieren, welcher Rasse ein Hund angehörte.

Zwar lassen mtDNA und Y-Chromosomen Rückschlüsse nur innerhalb ihres jeweiligen genetischen Systems zu, doch haben sie entscheidend dazu beigetragen, den Ursprüngen des Hundes auf die Spur zu kommen. Seit Darwin beschäftigten sich zahllose Wissenschaftler mit dieser Frage, ohne zu einer klaren Lösung gelangt zu sein. War nun der Schakal, der Waldhund, der Kojote, der Fuchs, die Hyäne oder ein völlig anderes Tier der wahre Urahn des modernen Hundes? Erst die Forschung an der Mitochondrien-DNA und später am Y-Chromosom konnte eine glasklare Antwort geben. Wölfe – und nur Wölfe – sind ohne jeden Zweifel die Vorfahren aller heute lebenden Hunde.

Vom Ursprung der Wölfe

Die genetischen Stammbäume, die mittels mitochondrialer DNA und Y-Chromosom erstellt wurden, weisen eindeutig nach, dass der einzige Vorfahr sämtlicher Hunde der Wolf ist. Aus den Ergebnissen der DNA-Analyse lässt sich noch mehr ablesen, aber zunächst wollen wir uns dem Ursprung des Wolfs zuwenden.

Das Zeitalter der Säugetiere begann vor rund 65 Millionen Jahren in der Kreidezeit, als die Dinosaurier plötzlich ausstarben. Sie hinterließen in der Fauna eine gewaltige Lücke, die nach und nach von Säugetieren gefüllt wurde, einer bis dahin unscheinbaren Gruppe pelziger Tierchen, die sich im Unterholz versteckten. Sie breiteten sich aus, und vor 40 Millionen Jahren, im Eozän, begannen sich die heute bekannten Säugetiergruppen herauszubilden: Hirsche, Elefanten, Affen, Hunde und Katzen – Frühformen der heutigen Ordnungen.

Wölfe und damit auch Hunde gehören zu den *Carnivora* oder Raubtieren. Sie entwickelten sich zur vielfältigsten aller Ordnungen mit 280 Arten, deren wichtigste Eigenschaft der lateinische Name beschreibt: »Fleisch fressend«. Die *Carnivora* sind zu unterscheiden von den »Karnivoren«, zu denen alle Fleischfresser zählen, seien es Fische, Reptilien oder Pflanzen. Einen Teil der Ordnung *Carnivora* bildet die Familie der *Canidae*, zu denen Wölfe, Kojoten, Schakale und Füchse gehören. Große und kleine Katzen sind in der Familie der *Felidae* zusammengefasst, Bären und Pandas in der Familie der *Ursidae,* wohingegen Dachse, Hyänen und Robben jeweils anderen Familien zugeordnet werden. Einige Raubtiere wie der Große Panda ernähren sich zwar rein pflanzlich, gehören aber trotzdem in diese Ordnung. Von anderen Säugetierordnungen unterscheiden sich die Raubtiere vor allem durch ihre Zähne. Sämtliche Säugetiere haben rechts und links einen jeweils stark ausgebildeten dritten Schneidezahn, den sie in das Fleisch eines Beutetiers schlagen können, um es an der Flucht zu hindern und zu töten. Den Raubtieren vorbehalten sind die gefährlichen Fangzähne, die sie anstelle unserer Backenzähne haben. Mit den rasiermesserscharfen selbstschärfenden Fangzähnen können sie die Beute nicht nur zerreißen, sondern wie mit einer Schere tief ins Fleisch schneiden.

Die hundeartigen (*Canidae*) und die katzenartigen Raubtiere (*Felidae*) entwickelten sich nach und nach auseinander und spezialisierten sich. Soweit wir aus Fossilienfunden ableiten können, entstanden die frühesten Caniden in Nordamerika. Der vielleicht älteste hundeartige *Cynodesmus*, dessen Fossilien im US-Bundesstaat Nebraska entdeckt wurden, lebte vor 33 bis 26 Millionen Jahren. Mit einem Meter Länge ähnelte er dem modernen Kojoten, und nach dem Gebiss zu schließen war er ein Fleischfresser mit großen Fangzähnen, mit denen er seine Beute packen und Fleischbrocken herausreißen konnte. Kurze Zeit später – nach evolutionärem Maßstab – entwickelten sich furchterregende Raubtiere wie der Knochenbrecher *Cynarctus*. Als diese Bestien vor 11 Millionen Jahren ausstarben, traten andere Caniden an ihre Stelle, insbesondere *Tomarctus*, der in ganz Nordamerika verbreitet war: von Florida nach Norden bis Montana, nach Westen bis Kalifornien und nach Süden bis Panama. An der Größe des Kaumuskelansatzes im Schädel ist zu erkennen, dass *Tomarctus* kräftiger zubeißen konnte, als es für das Töten der Beute nötig war. Das legt den Schluss nahe, dass er wie heutige Hyänen Knochen brechen und das nahrhafte Knochenmark des abgefressenen Skeletts verspeisen konnte.

Bis Mitte des Miozäns vor etwa 10 Millionen Jahren hatten sich die Caniden von Amerika aus zunächst bis nach Asien, dann nach Europa und schließlich nach Afrika ausgebreitet. Die Vorfahren des heutigen Wolfs bildeten unterdessen einen leichteren, wendigeren Körperbau aus und konnten daher schnelle Herden von Beutetieren wie Elche und Wildpferde verfolgen. Sie jagten nicht einzeln, sondern im Rudel. Damit setzte das wichtigste Stadium in der Evolution des modernen Wolfs und schließlich auch des Haushundes ein. Um als Jäger erfolgreich zu sein, entwickelten die Tiere die Fähigkeit zur Kommunikation und Teamarbeit. Wolfsrudel begleiteten die Herden das ganze Jahr über auf ihrer Wanderung, eine Gewohnheit, die auch unsere menschlichen Vorfahren übernahmen.

5

Das lebende Fossil

Wenn man die Vergangenheit zu rekonstruieren versucht, so ist das Ergebnis immer nur eine Annäherung an die tatsächlichen Ereignisse. Gut erhaltene Fossilien sind spektakulär, aber selten und ergeben stets ein lückenhaftes Bild. Geschichtsschreibung ist bekanntermaßen ungenau, denn sie hängt auch von der Sicht des Autors ab. Mythen müssen erst aufwändig interpretiert werden. Mit der Genetik ist das nicht anders. Auch sie gleicht einer beschlagenen Linse, durch die wir sehen, um vergangene Zeiten zu begreifen. Das sollten wir nicht vergessen, wenn wir nun die Linse abwischen und wieder einen Blick hindurchwerfen.

Wie wir in Kapitel 3 erfahren haben, lässt sich mithilfe der DNA lebender Hunde und Wölfe eine plausible genetische Beziehung zwischen beiden rekonstruieren. Die entsprechenden Rückschlüsse wurden aus moderner DNA gezogen, aber erstaunlicherweise kann Genmaterial in fossilierten Knochen und Zähnen auch Jahrtausende überdauern. Wir werden noch sehen, dass es dann oft in ziemlich schlechtem Zustand ist. Trotzdem erhalten wir auf diese Art die Gelegenheit, Sequenzen aus uralter Zeit direkt zu untersuchen, statt Rückschlüsse ziehen zu müssen. Später werden wir uns noch einmal genauer anschauen, wie sich mithilfe vorzeitlicher DNA die Evolution des Hundes nachvollziehen lässt. Doch zunächst wenden wir uns der DNA selbst zu.

Genforschung ist immer auf Mutationen angewiesen, die Ursache jeder genetischen Variation. DNA verändert sich mit der Zeit.

Wenn sich eine Zelle teilt, wird ihre DNA kopiert, damit jede der beiden Tochterzellen die vollständigen genetischen Anweisungen enthält. Dieser Verdoppelungsprozess ist erstaunlich präzise und akkurat, die Fehlerquote winzig. In jeder Zelle suchen Editierungsmechanismen die Kopien nach Fehlern ab und korrigieren sie. Dennoch liegt die Fehlerquote nicht bei null. Nach der Zellteilung bleibt von einer Milliarde Mutationen eine unkorrigiert. Verändert die so entstandene Mutation eine wichtige Komponente eines Gens, so entsteht eine Fehlfunktion, oder die Zelle stirbt ab. Nur sehr selten bringt eine Mutation Vorteile. Die gefährlichsten Fehlfunktionen sind die, die normale Zellen in bösartige verwandeln, sodass sie ihre eigene Zellteilung nicht mehr kontrollieren können und sich zu Tumoren entwickeln. Deshalb entstehen bei einigen seltenen Krankheiten, bei denen die Zelle ihre DNA nicht mehr richtig überarbeiten und korrigieren kann, viel häufiger bösartige Tumore.

Zum Glück bleiben die meisten DNA-Replikationsfehler folgenlos. Das liegt entweder daran, dass die Fehler nicht in wichtigen Genen auftreten, oder daran, dass sie nicht an die nächste Generation vererbt werden. Nur Mutationen in der Keimbahn, also in Zellen, die später Eier und Sperma bilden, können sich in die Zukunft fortsetzen. Doch die große Mehrheit der Spermien befruchtet niemals ein Ei, und die meisten Eier werden bei Säugetieren gar nicht befruchtet. Schon allein deshalb gehen die allermeisten Mutationen in der Keimlinie, die durch eine fehlerhafte Replikation entstehen – auch potentiell besonders gefährliche –, nicht auf den Nachwuchs über.

Manche Mutationen gelangen trotzdem in die nächste Generation. Die meisten bleiben unbemerkt und wirken sich nicht maßgeblich auf den Körper aus, weil sie sich entweder in unwichtigen Genen oder in den Lücken zwischen Genen befinden, in den langen Abschnitten der DNA also, deren Funktion, falls vorhanden, noch weitgehend unbekannt ist. An dieser Stelle lohnt es sich, zwischen

Genen und dem Rest der DNA zu unterscheiden. Gene erledigen eine Aufgabe, meist geben sie Zellen Anweisungen für die Proteinherstellung. Darauf werden wir näher eingehen, wenn wir uns Genmutationen bei Hunden anschauen, doch einstweilen bleiben wir bei den Mutationen, die weder positive noch negative Folgen haben. Eben weil sie folgenlos sind, bilden diese unscheinbaren »neutralen« Mutationen das Herzstück für die genetische Rekonstruktion vergangener Vorgänge, um die es bislang ging. Eine schädliche Mutation in einem lebenswichtigen Gen wirkt sich auf das einzelne Tier, das sie trägt, nachteilig aus. Sie muss nicht unbedingt tödlich sein, kann aber schon dazu führen, dass das Individuum in der Fortpflanzung leicht benachteiligt ist und somit die Mutation eher nicht an die nächste Generation vererbt. Meist wird das mutierte Gen im Lauf der Zeit durch Selektion beseitigt, wenn auch nicht immer, wie wir bei den Rassehunden noch sehen werden. Die einfachen und folgenlosen Mutationen dagegen, die sich nicht auf wichtige Funktionen auswirken, entgehen dem prüfenden Blick der Selektion und vererben sich unbehelligt an künftige Generationen weiter. Es sind diese einfachen Mutationen, die, verfasst in der Sprache der Gene, wie Orientierungslichter den Weg in die Vorzeit weisen.

Um zu erklären, wie sich beim Hund und beim Menschen mithilfe von Mutationen vergangene Ereignisse – etwa der Zeitpunkt der Transformation vom Wolf zum Hund – datieren lassen, stellen wir uns zunächst eine Insel mitten im weiten Ozean vor. Ein junges Paar landet dort mit dem Kanu; für unsere Zwecke könnten es ebenso gut gestrandete Hunde sein, aber bleiben wir beim Menschen. Die Insel ist ein wahres Paradies mit ausreichend Süßwasser, das in sprudelnden Bächen von hohen Bergen im Inselinneren talwärts fließt. Es gibt Kokospalmen und Meeresfrüchte, dafür aber keine Raubtiere oder andere gefährliche Feinde, die das Idyll stören könnten. Alles, was man zum Überleben braucht, ist vorhanden, und das Paar gründet eine Familie. Die Kinder wachsen in dieser

Wiege des Überflusses auf, missachten um dieses Beispiels willen das Inzesttabu und zeugen untereinander Nachwuchs.

Die Zeit vergeht. Die Population pendelt sich stabil bei einer Gesamtzahl von 1000 ein. Niemand verlässt die Insel, es gibt genug für alle, niemand Neues kommt hinzu. Bis eines Tages eine Wissenschaftlerin und ein Forschungsassistent eintreffen und von allen Einwohnern eine DNA-Probe nehmen. Die Proben wandern ins Labor, die Sequenzen werden gelesen. Wieder nach Hause zurückgekehrt, erhalten die Wissenschaftlerin und ihr Assistent einige Wochen später die Ergebnisse. Was können sie daraus über die Leute auf der Insel ablesen? Für unser Beispiel ist es eher unerheblich, welche genetischen Marker wir nehmen, daher halten wir es einfach und stellen uns vor, dass wir mit mitochondrialer DNA arbeiten. Als Erstes fällt den Wissenschaftlern auf, dass die DNA-Sequenz der Einwohner sehr ähnlich ist. Einige Sequenzen sind identisch, wir bezeichnen sie als »Kernsequenz« der Insel. Doch bei etwa der Hälfte der Inselbewohner unterscheidet sich die Abfolge in nur einer DNA-Base.

DNA-Sequenzen werden in einem kinderleichten Alphabet aus nur vier Buchstaben notiert. Diese Buchstaben stehen für einfache organische Stoffe oder *Basen*, die in linearer Abfolge miteinander verbunden sind. Ihre Abkürzungen sind sogar noch einfacher: A, G, C und T. Eine DNA-Sequenz ist eine lange Kette dieser Basen: ... CCGGTAA ... und so weiter. Wenn eine Mutation zum Beispiel aus dem T ein A macht, lautet diese Sequenz nun: ... CCGGAAA ... Die Sprache mag kinderleicht aussehen, doch ihre Bedeutung zu erschließen ist alles andere als einfach, wie ich noch zeigen werde. Vorerst kehren wir aber noch einmal zu unserer Insel zurück.

Von den 1000 Menschen, die getestet wurden, besitzen 500 die Kernsequenz, bei 500 gibt es eine Abweichung in einer Base, wenn auch nicht immer in derselben.

Die Forscher ziehen daraus den logischen Schluss, dass alle

Menschen auf der Insel letztlich von einem Paar abstammen, oder besser gesagt, von einer Frau, denn wir haben es ja mit mitochondrialer DNA zu tun. Können sie nun aus den Ergebnissen ablesen, wie lang die Insel schon besiedelt ist? Um das zu beantworten, muss zunächst ein wichtiger Faktor festgelegt werden: die Mutationsrate. Das ist die Häufigkeit, in der mtDNA-Mutationen vorkommen und vererbt werden. Diese Rate wird abhängig von anderen Ergebnissen geschätzt. Die Faktoren, die für die Schätzung herangezogen werden, können dabei erstaunlich grob sein.

Eine verbreitete Methode geht von zwei Spezies aus, sagen wir: Mensch und Schimpanse, vergleicht die DNA-Sequenzen und stellt eine Annahme auf, wie lange es wohl her sein mag, dass die beiden zuletzt einen gemeinsamen Vorfahren hatten. Auf der Grundlage der fossilen Beweislage, die für beide Arten extrem dünn ist, liegt die gängige Annahme in diesem Beispiel bei 6 Millionen Jahren. Jede genetische Datierung vergangener Ereignisse hängt entscheidend davon ab, ob die Mutationsrate richtig geschätzt wurde und ob sie über den Zeitraum stabil geblieben ist.

Über die Schätzzahl, die sich nach verschiedenen Methoden für die Mutationsrate der mtDNA ergibt, herrscht zum Glück große Einigkeit. Die geschätzte Rate für das Segment der mtDNA, das Wayne und Vilà verwendeten, beträgt einen Basenaustausch alle 20 000 Jahre. Da Mutationen willkürlich bei der Zellteilung auftreten, müssen wir uns auch mit dem Thema »Wahrscheinlichkeit« befassen. Eine Mutationsrate von 1 pro 20 000 Jahren bedeutet nicht, dass eine Mutation erst nach 20 000 Jahren auftreten kann. Da es sich um einen Durchschnittswert handelt, kann die Mutation in der ersten Generation oder in der letzten geschehen oder, was wahrscheinlicher ist, irgendwann zwischendrin. Nehmen wir an, auf der Insel entspricht eine Generation 20 Jahren. Wenn sich bei einem Viertel der Population die mtDNA-Sequenz durch eine Mutation von der Kernsequenz unterschied, dann beträgt die durchschnittliche Zahl von Mutationen pro Person auf der gesamten Insel ein Viertel. Die geschätzte Zeit seit der ersten Besiedlung ergibt sich aus der durchschnittlichen Zahl der Mutationen gegenüber der Kernsequenz (ein Viertel), multipliziert mit der Mutationsrate (20 000), also 5000 Jahre.

Kehren wir zu unseren Wissenschaftlern zurück: Die beiden informieren den Ältestenrat der Insel über die Ergebnisse des Projekts. Sie erläutern, dass die ursprünglichen Siedler vom Festland weit im Osten gekommen seien; das wisse man, weil bei den Einwohnern dort dieselbe Kern-mtDNA-Sequenz gefunden wurde. Die Inselvertreter hören sich die Präsentation höflich an. Dann erklären sie den beiden Wissenschaftlern freundlich (und das habe ich selbst schon so erlebt): »Vielen Dank für Ihre Mühe. Das wissen wir schon lange.«

In meinem absichtlich vereinfachten Beispiel haben wir es mit nur einem DNA-Segment auf einer Insel zu tun, die ursprünglich von nur einem Paar besiedelt wurde. Jahrtausendelang wanderte niemand zu und niemand ab. Einfacher geht es nicht.

Nehmen wir nun an, dass auf der Insel noch anderes geschah. Vielleicht starb die Hälfte der Bevölkerung bei einem Erdbeben, oder ein Vulkan brach aus, zerstörte die Ernte, und drei Viertel der Menschen verhungerten, oder 90 Prozent der Bevölkerung fielen einer Epidemie zum Opfer. Solche Katastrophen hätten sich tatsächlich ereignen können, und sie würden unsere Berechnungen stark verzerren. Nehmen wir ein extremes Ereignis an: Bei einem Tsunami kommen alle Menschen auf der Insel ums Leben, bis auf ein Paar, das weit draußen mit dem Fischkutter unterwegs war. Die beiden überleben, und im Lauf der Zeit besiedeln ihre Nachkommen die Insel erneut. In diesem Szenario erfassen die genetischen Berechnungen die Zeit nach dem Tsunami, nicht aber die seit der ursprünglichen Besiedelung. Die Insel hätte einen »genetischen Flaschenhals« hinter sich. Mittels Genetik allein ließe sich nicht klären, wie lange die Insel vor dem Tsunami besiedelt war. Wenn wir weitere Komplikationen annehmen, etwa ein paar Bootsladungen Neuankömmlinge, zerschlägt sich jede Hoffnung auf eine präzise Datierung der ursprünglichen Besiedelung.

Angesichts dieser unbekannten und häufig gar nicht eruierbaren Faktoren begegne ich einer angeblich genauen genetischen Datierung vergangener Ereignisse immer mit einer gehörigen Portion Skepsis. Das soll nicht heißen, dass eine solche Datierung völlig wertlos wäre, doch man darf sich nicht zum Sklaven solcher Berechnungen machen. Wir werden die Inselmetapher später noch einmal aufgreifen, wenn wir zu den Ursprüngen der einzelnen Hunderassen kommen. Auch Wayne und Vilà datierten mithilfe dieser Berechnungsmethode den Übergang zwischen Wolf und Hund. Danach geschah er viel früher, als man bis dahin vermutet hatte, nämlich in der Zeit vor 76 000 bis 135 000 Jahren.

6

Lasst die Knochen sprechen

Zu einem bestimmten Zeitpunkt ihrer gemeinsamen Geschichte kamen sich Wolf und Mensch näher, und aus dieser Partnerschaft ging schließlich der Hund hervor. Ehe die Genetik die Bühne der Wissenschaften betrat, ließ sich dieser Übergang nur anhand von Fossilien durch die Jahrtausende zurückverfolgen. Da gute Fossilien aber selten sind, ist die Beweislage begreiflicherweise lückenhaft.

Die ältesten Schädel, an denen sich kleinste Unterschiede zum Wolfsschädel nachweisen ließen, wurden in den 1860er Jahren in den Höhlen von Goyet im Süden Belgiens gefunden. Wie bei allen guten Fossilienfundstätten handelt es sich um Kalksteinhöhlen, in deren alkalischem Milieu versteinerte Knochen und vor allem DNA, die sich möglicherweise darin verbirgt, besonders gut erhalten bleiben.

Aus den Stein- und Knochenwerkzeugen, die man in den Höhlen fand, war abzuleiten, dass diese sehr lange von Menschen bewohnt worden waren. Im Moustérien vor etwa 160 000 bis 40 000 Jahren lebten dort Neandertaler. Der Name der Epoche leitet sich von einer Fundstätte unter einem Felsüberhang bei Le Moustier in der zentralfranzösischen Dordogne ab. Das Moustérien währte bis zur Ankunft unseres Vorfahren, des modernen Menschen, vor etwa 40 000 Jahren. Da wie so oft bei frühen Ausgrabungen die Schichten in den Höhlen von Goyet durcheinandergerieten, war eine präzise stratigrafische Datierung der verschiedenen Fundstücke schwierig.

Doch mit der Radiokarbonmethode konnte zumindest für die organischen Bestandteile der Fossilien das Alter genau bestimmt werden. Die vielfältige Höhlenfauna umfasste Höhlenbären, Höhlenlöwen, Pferde, Rentiere, Luchse, Rothirsche und Mammuts. In den tieferen Winkeln der Höhle fanden Archäologen den Schädel eines »großen Caniden«, der laut Radiokarbonmethode 31 700 Jahre alt ist. Aber war es ein Wolf, oder war es ein Hund?

Nachdem sich der erste Wolf einer Menschengruppe angeschlossen hatte, muss sein Schädel eine Zeitlang genauso ausgesehen haben wie der eines Wolfs – weil er noch ein Wolf war. Der Übergang von einer Art zur anderen lässt sich nicht auf einen Moment festlegen, und daher ist die Debatte über die Datierung auch eher theoretischer Natur. Vorsichtige Autoren sprechen bei den Zwischenformen von »Caniden« oder »Wolfshunden« und gehen der Diskussion damit aus dem Weg.

Mit einer ähnlich schwierigen Situation hatten es Archäologen zu tun, die unweit von Goyet in der Höhle Trou des Nutons Ausgrabungen vornahmen. Diese Höhle hatte sich an der Lesse, einem Nebenfluss der Meuse, im Kalkstein der Ardennen gebildet. Dass man in Trou des Nutons unter anderem Fossilien von Bibern, Rehwild, Pferden, Bisons und Wildschafen fand, deutet auf eine spätere Besiedelung hin als in Goyet. Das bestätigte sich, als für einen weiteren Schädel eines mysteriösen »großen Caniden« mittels Radiokarbonmethode ein Alter von 21 800 Jahren festgestellt wurde. Das ist ein überraschend früher Zeitpunkt, der zudem mitten in der letzten Kaltzeit lag. Aber handelte es sich nun um den Schädel eines Hundes oder eines Wolfs?

Die Schädel aus Belgien wurden mehreren genauen Messungen unterzogen. Man untersuchte die Länge und Breite der Schnauze, die Länge der Zahnreihe und die Größe der selbstschärfenden Reißzähne, die Wölfe und Hunde anstelle von Backenzähnen haben.

Dieselben Messungen nahm man an fossilen Caniden-Schädeln aus zwei archäologischen Ausgrabungsstätten in Russland und der

Ukraine vor, die eine bei Mesyn (Ukraine), die andere bei Awdejewo kurz hinter der russischen Grenze. An beiden Orten hatten frühe Menschen gesiedelt, Hütten aus Mammutknochen gebaut und eine Vielzahl von Perlen und anderen Artefakten zurückgelassen, die aus Mammut-Elfenbein geschnitzt waren. Die osteometrische Untersuchung der Caniden-Fossilien aus beiden Stätten sollte zeigen, ob sich die Schädel dieser »großen Caniden« morphologisch so weit von Wolfsschädeln unterschieden, dass man die Tiere nicht mehr als unmodifizierte Wölfe einordnen konnte, sondern sie als Hunde auf dem Wege der Domestizierung anzusehen hatte.

Zur Vervollständigung der Vergleiche dehnte man die Analyse auf jüngere, aber noch prähistorische Fossilien aus Frankreich und Deutschland aus, die zweifelsfrei Hunden zuzurechnen sind. Außerdem untersuchte man moderne und fossile Wölfe aus Europa und Asien sowie moderne Hunde mehrerer großer Rassen, unter anderem Deutsche Dogge, Do Khyi, Siberian Husky, Chow-Chow, Irischer Wolfshund, Malinois, Dobermann und Deutscher Schäferhund.[1]

Da der Vergleich von Schädelmaßen von Hunden unterschiedlicher Größe eine komplizierte Angelegenheit ist, überspringe ich die Einzelheiten der multivariaten Analyse und komme gleich zum wichtigsten Ergebnis. Die paläolithischen Schädel von den ältesten Fundorten, darunter mit einem Alter von 31700 Jahren aus Goyet, wiesen eine deutlich andere Form auf als die der modernen oder auch der fossilen Wölfe. Das lässt vermuten, dass zu diesem frühen Zeitpunkt die Tiere schon Hunde waren und eine Modifikation durch »Domestizierung« durchliefen. Einer anderen, meiner Ansicht nach weniger wahrscheinlichen Erklärung zufolge handelte es sich um die Schädel einer oder mehrerer Wolfsarten, die später ausstarben. Wie wir noch sehen werden, sprechen weitere einleuchtende Argumente für das erste Szenario und stützen die Vermutung, dass der enge Bund zwischen Wolf und Mensch schon vor sehr langer Zeit begann.

Die nächsten Belege für das veränderte Erscheinungsbild domestizierter Hunde stammen aus der späten Kaltzeit vor 17 000 Jahren, als sich der Eisschild über Nordeuropa schon rasch zurückzog. Die schrumpfende Tundra konnte die Herden großer Beutetiere nicht mehr ernähren. Das Klima erwärmte sich massiv, es regnete viel, Wälder überzogen einen Großteil der zuvor offenen Tundra. Mit der Landschaft veränderte sich die Fauna, und viele Beutetiere verschwanden. Mammut, Wollnashorn und die dazugehörigen Raubtiere Säbelzahntiger und Höhlenbär starben aus. Bei anderen wie Wildpferd, Rentier und Bison veränderte sich das Verbreitungsgebiet. Die Menschen wanderten, zunächst den schrumpfenden Herden folgend, in den Norden und stellten später mit Beginn der Mittelsteinzeit ihre Ernährung auf kleinere Waldtiere wie Wildschweine, Baummarder, Rotwild und Rehwild um. An der Küste entwickelten sich Schalentiere zur wichtigsten Nahrungsquelle, und die ersten Menschen wagten sich mit Booten zum Fischfang aufs Meer. Ergänzt wurde diese magere Proteinkost durch Wurzeln und Knollen, Insekten und Schnecken. Die heroische Mammutjagd gehörte endgültig der Vergangenheit an, und die Menschen führten einen zermürbenden Kampf ums Überleben.

Die enge Zusammenarbeit zwischen Menschen und Hunden, die nun vollständig in die menschliche Gesellschaft integriert waren, setzte sich fort. Die wunderbar erfolgreiche Arbeitsteilung, die im Jungpaläolithikum auf der Jagd nach großen Beutetieren ihren Höhepunkt erreicht hatte, war nun allerdings hinfällig.

Vor 12 000 Jahren tauchten laut fossiler Überlieferung viel kleinere Hunde auf. Ein französisches Archäologenteam fand in der Höhle von Pont d'Ambon in der Dordogne die Überreste von 39 Hunden. Eine osteometrische Analyse ähnlich der, wie man sie an den Schädeln aus den früheren Stätten Goyet und Trou des Nutons in den Ardennen durchgeführt hatte, ergab eindeutig, dass die Hunde von Pont d'Ambon deutlich kleiner waren. Dasselbe galt für Funde aus der Höhle von Montespan in den nördlichen

Ausläufern der Pyrenäen und von der Freilandfundstelle von Le Closeau in einem alten Flussbett der Seine.

Die Autoren des erschöpfenden Aufsatzes über diese Arbeit gelangten zuversichtlich zu dem Schluss, dass sie es mit Überresten von Hunden, nicht Wölfen zu tun hatten.[2] Zumindest in Frankreich und Spanien veränderten die Hunde offensichtlich ihr Erscheinungsbild. In Russland dagegen waren etwa um dieselbe Zeit die Wolfs-Hunde noch sehr groß. Unbekannt ist, ob das an einer separaten Wolfs-Domestizierung in den beiden Regionen liegt, oder ob die Ursache woanders zu suchen ist. Schnittspuren an den Hundeknochen aus der Höhle von Pont d'Ambon führten zu der etwas gruseligen Schlussfolgerung, dass die Tiere geschlachtet, vermutlich gekocht und verspeist worden waren.

Wie die Datierung beschäftigt auch die geographische Einordnung des Übergangs zwischen Wolf und Hund die Wissenschaft bis heute. Nach dem ersten Szenario, vertreten von einer Forschergruppe der Universität Konstanz unter Leitung von Peter Savolainen, vollzog sich die »Domestizierung« nur einmal, und zwar in Ostasien.[3] Das war die Schlussfolgerung eines mtDNA-Vergleichs von 654 Hunden aus unterschiedlichen Regionen der Welt, dessen Hauptaugenmerk auf der Diversität der Sequenzen lag. Savolainens Team ging vernünftigerweise davon aus, dass sich die größte Diversität, also die höchste Zahl an unterschiedlichen mtDNA-Abstammungslinien, dort finden müsste, wo es schon am längsten Hunde gibt, wo sie also am längsten Zeit hatten, neue Mutationen anzusammeln, etwa wie die Inselbewohner in unserem hypothetischen Beispiel. Die größte Diversität in der mtDNA-Sequenz stellten die Forscher in Südostasien fest, und so verorteten sie dort auch die erste »Domestizierung«. Dieses Ergebnis löste eine kontroverse Diskussion aus, die erst nach zehn Jahren beigelegt wurde, allerdings auch danach noch weiter schwelte.[4]

Um in der verzwickten Frage von Zeit und Ort weiterzukommen, wandten sich die Wissenschaftler dem Erbmaterial zu, das sich, so unwahrscheinlich es klingen mag, in Fossilien erhalten hatte. Robert Wayne, der das Labor in Los Angeles leitete, zählte zu der kleinen handverlesenen Gruppe von Forschern, die gegen jede Vernunft der Frage nachgingen, ob DNA in Fossilien überleben kann. Da die Erforschung urzeitlicher DNA keine akademische Tradition hatte, also wissenschaftliches Neuland war, kamen die frühen Pioniere aus allen möglichen Forschungsbereichen. Svante Pääbo beispielsweise, der später Neandertaler-DNA sequenzierte, war ursprünglich Immunologe, der aus Interesse für die Ägyptologie 1985 Erbmaterial von Mumien extrahierte. Ed Golenberg, der 1990 in einem Artikel in der Zeitschrift *Nature* behauptete, DNA aus einem 17 Millionen Jahre alten Magnolienblatt extrahiert zu haben, war Botaniker. Scott Woodward erklärte 1994 in der Zeitschrift *Science*, er habe aus einem kreidezeitlichen *Tyrannosaurus-Rex*-Fossil, das in einem Brocken Kohle eingeschlossen war, Erbgut extrahiert. Woodward war Genetiker an der Brigham Young University in Utah, wo er später ein großes genealogisches Genprojekt für die Mormonen-Kirche durchführte. Ich war damals in der medizinischen Genetik tätig und erforschte die Ursachen einer ererbten Knochenkrankheit. Im Jahr 1989 berichteten meine Kollegen und ich in der Zeitschrift *Nature* erstmals von der Gewinnung alter DNA aus Knochen.[5]

Wir trafen uns regelmäßig, um Orientierung zu finden auf diesem spannenden, aber schwierigen Gebiet, auf dem in den besten Zeitschriften auch völlig abwegige Behauptungen veröffentlicht und nicht selten schon bald darauf widerlegt wurden. An den Treffen nahm regelmäßig auch Robert Wayne teil. Wayne ist Evolutionszoologe und interessierte sich damals für die Hybridisierung von Wölfen und Kojoten in überlappenden Verbreitungsgebieten. Seither hat er sich zu einem herausragenden Hunde-Genetiker entwickelt, erst mit der Erforschung von fossilem Erbgut, dann mit umfassenden Analysen der genetischen Variation bei lebenden Rassehunden. Vieles, was wir heute über die Genetik der Hundeevolution wissen, wurde in Waynes Labor in Los Angeles entdeckt. Ich war ein wenig überrascht, als ich erfuhr, dass er gar keinen Hund besitzt, allerdings eine Katze.

In den Jahren nach den ersten Aufsätzen über die Isolierung urzeitlichen Erbguts aus Fossilien konnte sich das neue Forschungsgebiet etablieren, und mehrere Labore berichteten von der erfolgreichen DNA-Extraktion aus Wolfs- und Hundefossilien, die zum Teil schon sehr alt waren.

Die Fortschritte auf dem Gebiet zeigten sich sporadisch in Publikationen zunächst einzelner Fälle, dann zusammenhängender Erkenntnisse, und 2013 folgte schließlich eine umfangreiche Studie, die den Schauplatz des Übergangs vom Wolf zum Hund zumindest vorerst zugunsten Europas entschied und den Vorgang auf eine Zeit vor 19 000 bis 32 000 Jahren datierte.[6]

In den ersten zehn Jahren dieses Jahrhunderts wurden die Methoden zur Extraktion alter DNA immer weiter verbessert, sodass man bald lange Sequenzen zuverlässig aus alten Knochen isolieren konnte. Auch diese Analysen zielten auf die mitochondriale DNA, aus dem einfachen Grund, dass sich in einer Zelle viel mehr Kopien von mtDNA finden als von Kern-DNA. Wenn man sich schon am Limit bewegt, wie das bei alter DNA immer der Fall ist, will man sich die Sache schließlich möglichst einfach machen.

Auch die Technologie der DNA-Sequenzierung schritt so weit voran, dass es möglich wurde, alle 16 727 Basen des mitochondrialen Caniden-Genoms aus Fossilien zu sequenzieren. Durch die Analyse der kompletten Sequenz konnte die möglicherweise einseitige Beschränkung auf die kürzere »Kontrollregion« vermieden werden, die Wayne und Vilà wie auch Savolainen für frühere Arbeiten verwendet hatten. In der großen Studie aus dem Jahr 2013 wurden mehr oder weniger die kompletten mitochondrialen Sequenzen von 18 fossilen »Caniden« und einer großen Zahl moderner Rassehunde untersucht. Obwohl nicht alle Proben sämtliche Basenpaare der Sequenzen hergaben, konnten sie durch die Analyse präzise in den Evolutionsbaum eingeordnet werden. Die Kern-DNA war dagegen zu schlecht erhalten und somit wenig ergiebig.

Der auf diese Art gewonnene »phylogenetische Baum« enthielt die vier Hauptgruppen (I–IV im Schaubild auf Seite 33) der modernen Hunderassen aus der Studie von Wayne und Vilà. Die Ergebnisse waren faszinierend. Die fossilen Hunde aus drei der vier Gruppen (I, III, IV) sind eng mit modernen Rassen verwandt, wohingegen die vierte Gruppe (II) mit nur wenigen überwiegend skandinavischen Rassen den modernen Wölfen aus Schweden und der Ukraine näher steht. Erklären lässt sich das möglicherweise damit, dass Hunde dieser Gruppe, unter anderen der Norwegische und der Schwedische Elchhund, ihre mitochondriale DNA nach Beginn der Landwirtschaft in der jüngeren Vergangenheit von wilden Wölfen erbten.

Zwar haben sich alle urzeitlichen Hunde-Erblinien bis zum heutigen Tag erhalten, doch für die fossilen Wölfe gilt das nicht. Viele dieser Abstammungslinien sind heute ausgestorben oder wurden einfach bei lebenden Wölfen noch nicht gefunden; allerdings wird die Wahrscheinlichkeit, dass dies noch passiert, immer geringer, je mehr moderne Wölfe sequenziert werden.

Olaf Thalmanns Aufsatz aus dem Jahr 2013 enthält eine Fülle faszinierender Details, die ich zur Lektüre und Betrachtung empfehle.[7] Eine besonders überraschende Erkenntnis will ich hier aber erwähnen. Sie betrifft Hunde in Amerika: Nur zwei fossile Hunde wurden sequenziert, einer aus Argentinien, der andere aus Illinois, USA. Den mitochondrialen Sequenzen zufolge waren diese Hunde eindeutig mit europäischen Hunden der Gruppe I verwandt, obwohl aus dem Alter der Fossilien (1000 beziehungsweise 8500 Jahre) hervorgeht, dass sie lange vor den ersten europäischen Siedlern im 15. Jahrhundert nach Amerika gelangt sein müssen. Diese Hunde waren in Begleitung der Vorfahren der indigenen Völker Amerikas aus Asien gekommen. Doch die mtDNA keines der beiden Tiere ähnelte auch nur entfernt amerikanischen

Wölfen. Diese Hunde müssen somit ursprünglich von europäischen Wölfen abstammen, nicht von amerikanischen.

Es gab auch noch eine andere Überraschung. Rassen wie der Chihuahua oder der Mexikanische Nackthund, von denen man angenommen hatte, dass sie von indigenen »präkolumbianischen« Hunden abstammen, trugen ebenfalls ausschließlich europäisches Mitochondrien-Erbe in sich. Obwohl die Zahl der Proben recht klein ist, sieht es doch ganz danach aus, dass auch die uramerikanischen mitochondrialen Erblinien der Besiedelung durch Europäer zum Opfer fielen.

Nun, da sich in der Kontroverse um Zeit und Ort des Übergangs zwischen Wolf und Hund der Staub langsam legt, ist eines jedenfalls völlig klar: Alles begann vor sehr langer Zeit.

7

Die Höhle der vergessenen Träume

Aufgrund der Erkenntnisse der Genanalysen lässt sich zwar der Übergang zwischen Wolf und Hund nicht exakt datieren, man kann ihn aber dem sogenannten Jungpaläolithikum zuordnen, der jüngsten der drei altsteinzeitlichen Perioden.

Diese Einteilung der Urgeschichte, die noch heute gebräuchlich ist, geht auf John Lubbock zurück, den 1. Baron Avebury. Der Bankier hatte auch vielfältige andere Interessen, unter anderem Politik, Biologie und Archäologie. Seine Faszination für die natürliche Welt erwuchs aus seiner Freundschaft mit Charles Darwin, der 1842 in das Dorf Downe in der Grafschaft Kent zog, in dem auch der damals achtjährige John Lubbock wohnte. Im Lauf der Jahre entwickelte der junge Mann eine Begeisterung für Evolution und Archäologie, mauserte sich zum glühenden Verfechter von Darwins Evolutionstheorie und kämpfte für die Freiheit der Forschung. Er kaufte Land in Wiltshire, um den berühmten prähistorischen Steinkreis bei Avebury vor der Zerstörung zu retten, und brachte den Ancient Monuments Protection Act ins Parlament ein, Vorbild für alle späteren Gesetze zum Schutz historischer Stätten.

Lubbock teilte die Steinzeit in zwei Epochen ein: das Paläolithikum, das auch als Altsteinzeit bekannt ist und vor etwa 10 000 Jahren endete, und das Neolithikum, die Jungsteinzeit, die mit dem Beginn der Landwirtschaft darauf folgte. Später wurde für die Zeitspanne zwischen dem Ende der letzten Kaltzeit vor etwa

17 000 Jahren und dem Beginn der Landwirtschaft und des Neolithikums noch das Mesolithikum eingeführt, die Mittelsteinzeit. Vor 4000 Jahren folgten auf die Jungsteinzeit erst die Bronzezeit, dann die Eisenzeit.

Die Altsteinzeit wurde noch einmal in Altpaläolithikum, Mittelpaläolithikum und Jungpaläolithikum unterteilt; diese letzte Epoche begann vor etwa 50 000 Jahren und dauerte bis zum Beginn des Mesolithikums. Die hier angegebenen Zeitspannen gelten allerdings nur für das Paläolithikum in Europa. In anderen Teilen der Welt sind die Übergänge nicht so lange her. Im Hochland von Neuguinea dauerte die Steinzeit gar bis weit ins 20. Jahrhundert.

Die genetische Datierung ordnet den Übergang zwischen Wolf und Hund klar dem Jungpaläolithikum zu, einer recht außergewöhnlichen Phase in der Geschichte unserer Art, die reich an technischen Neuerungen und frischen Ideen ist. Typisch für das Jungpaläolithikum sind neue Steinwerkzeuge, die haltbarsten Zeugnisse aus dieser Periode. Bis dahin hatte es an Werkzeugen nur Handäxte und Speerspitzen gegeben. Sie waren durchaus sorgfältig gearbeitet, hatten sich aber über Zehntausende von Jahren nicht wesentlich verändert. In den jungpaläolithischen Schichten fanden die Archäologen nun dünne Pfeilspitzen, Nadeln aus Knochen und sogar Angelhaken, die ihnen in älteren, tieferen Schichten nie begegnet waren.

Menschliche Fossilien wurden viel seltener gefunden als Steinwerkzeuge, doch auch an ihnen war eine Veränderung von dem grobknochigen und robusten Skelett und dem Schädel mit den Überaugenwulsten und dem fliehenden Kinn hin zu einem insgesamt leichteren und zierlicheren Körperbau zu beobachten. Waren diese Veränderungen einer langsamen Anpassung zuzuschreiben, oder zeugten sie von der Ankunft einer neuen menschlichen Spezies in Europa? Nach jahrelanger Diskussion wurde die Frage zugunsten einer vollständigen Ablösung des indigenen Menschen – *Homo neanderthalensis* – durch einen Neuankömmling aus Afrika entschieden: Das war unser Vorfahr *Homo sapiens*. Beendet wurde diese Kontroverse dank der mitochondrialen Genetik.

Im Jahr 1994, ein paar Tage vor Weihnachten, untersuchten die drei Höhlenforscher Eliette Brunel-Deschamps, Christian Hillaire und Jean-Marie Chauvet die Karsthänge der Ardèche-Schlucht in Südfrankreich. Der Fluss hat sich dort an der Südflanke des Zentralmassivs einen Weg durch die Kalkfelsen gegraben. Bei Pont-Saint-Esprit mündet die Ardèche in die Rhône, die weiter in Richtung Mittelmeer fließt. Es liegt in der Natur des Kalksteins, unter dem ständigen Einfluss leicht sauren Grundwassers unterirdische Höhlensysteme zu bilden. Im Lauf der Jahrtausende erodiert das Wasser das Gestein, und so entstehen nach und nach Höhlen von teilweise riesigem Ausmaß.

Die steilen Wände der Schlucht sind geradezu durchlöchert von den Eingängen der etwa 4000 Höhlen. Einige sind nicht mehr als Felsüberhänge, andere erreichen die Größe einer mittelalterlichen Kathedrale. Die meisten Eingänge sind deutlich sichtbar, andere aber verbergen sich hinter Geröll und Bewuchs. Um diese verborgenen Höhlen aufzuspüren, kletterten Jean-Marie Chauvet und seine Kollegen mühsam über die steilen Abhänge. Sie suchten nach einem Luftzug, der durch Ritzen und Felsspalten nach außen drang und auf ein Höhlensystem tief im Untergrund schließen ließ. An einer Stelle strich Chauvet eine leichte Brise aus der Felswand durchs Haar und über die Handflächen. Er bückte sich, schnupperte an dem Odem aus der Unterwelt und rief seine Gefährten zu sich. Sie waren sich einig, dass der sanfte Luftstrom vielversprechend roch: feucht, uralt und seltsam lebendig. Vorsichtig entfernten sie die kleinen Felsbrocken rund um das Luftloch, bis sie an den schmalen Spalt gelangten, durch den die Zugluft strömte. Da der Spalt zu eng war, als dass sie sich hätten hindurchzwängen können, kehrten sie am nächsten Tag mit Hämmern und einem kleinen Presslufthammer zurück, um die Öffnung zu verbreitern. Vor ihnen tat sich ein schmaler rabenschwarzer Stollen auf. Die erfahrenen, um nicht zu sagen angstfreien Höhlenforscher robbten durch den Gang, bis sie an einen vertikalen Schacht gelangten. Nur von innen war deutlich zu erkennen, dass der Höhleneingang durch einen Bergsturz versperrt war und sie nun durch die Decke in die Haupthöhle gelangten.*

Als die drei in den folgenden Tagen das Höhlensystem erforschten, dämmerte ihnen, was für eine wunderbare Entdeckung sie da gemacht hatten. Glitzernde Stalagmiten erhoben sich vom Höhlenboden und trafen auf ihre Gegenstücke, zarte Stalaktiten, die von der Höhlendecke herabhingen. Der makellose Zustand der Säulen, die durch das ständige Tropfen kalziumhaltigen Wassers entstanden waren, sprach dafür, dass über Jahrtausende kein Tier und kein Mensch die verborgenen Tiefen gestört hatte. Auf dem Boden lagen Knochen und Schädel von Höhlenbären, versteinert unter einer glasigen Kalzitschicht.

Als Chauvet und seine Kollegen tiefer in die Stollen vordrangen, sahen sie die ersten Malereien. Dutzende primitiver menschlicher Handabdrücke, umrandet mit roter Ockerfarbe, überzogen eine der Wände bis auf eine Höhe von fast zwei Metern. Sie bildeten jedoch nur die Ouvertüre zu den Schätzen, die weiter hinten warteten. Dort fanden sich auf geglätteten Höhlenwänden Bilder von Löwen, Bären, Mammuts, Nashörnern, Pferden und Riesenhirschen. Es sind die weltweit ältesten morphologisch genauen Tierdarstellungen. Doch es ist ihre Schönheit, die einem zuerst ins Auge springt. Das sind nicht mehr die groben Konturen der Handabdrücke aus der Vorkammer. Diese Bilder haben Form, Ausdruck und Bewegung.

Die Wandmalereien waren aber nicht nur Gegenstand der Bewunderung. Die Wissenschaftler stellten natürlich auch die Frage,

---

* Das ist die »Höhle der vergessenen Träume« aus der Kapitelüberschrift. Ich habe den Titel von Werner Herzogs hervorragendem Dokumentarfilm über die Chauvet-Höhle aus dem Jahr 2010 übernommen.

warum sie überhaupt entstanden waren. Was muss das für eine Arbeit gewesen sein: Tief unter der Erde ohne jedes natürliche Licht konnten die Künstler – und genau das waren sie – ihre steinerne Leinwand nur mit Holzfackeln erhellen. Schwarze Streifen an den Wänden lassen erkennen, wo sie die verlöschende Glut gegen den Stein rieben, um die Flamme wieder zu entfachen. Mit der Radiokarbonmessung dieser Kohlestreifen ließ sich berechnen, wann die Malereien entstanden waren.

Alles organische Material enthält Kohlenstoff, der in Form sogenannter Isotopen auftritt. Für uns sind hier zwei Isotopen wichtig: ^{12}C und ^{14}C, das leicht radioaktiv ist. Wenn ein Tier oder eine Pflanze stirbt oder – wie im Fall der Fackel – Holz verkohlt, zerfallen die radioaktiven ^{14}C-Atome langsam mit einer Halbwertszeit von fast 5000 Jahren. Das heißt, nach 5000 Jahren sind nur noch halb so viele ^{14}C-Atome übrig. Vergleicht man nun den Anteil der

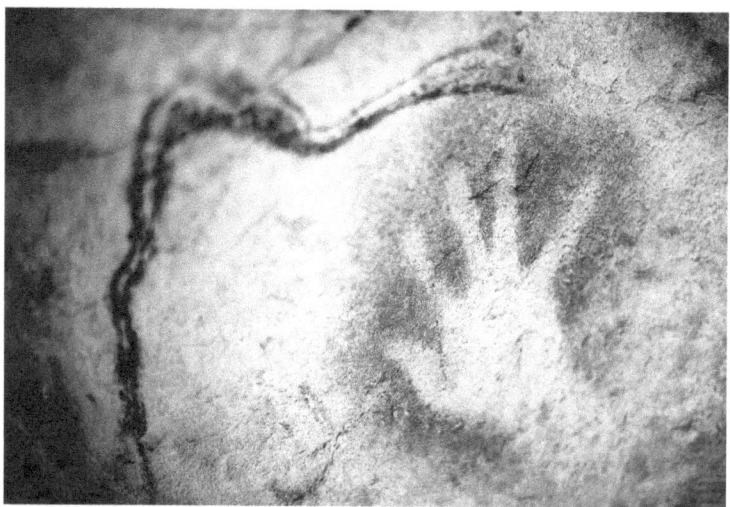

Dieses Wandbild befindet sich in der Rekonstruktion der Chauvet-Höhle, die 2012 in Vallon-Pont-d'Arc eröffnet wurde, da der Zugang zu den prähistorischen Höhlen selbst zum Schutz der Kunstwerke stark eingeschränkt ist. Die Kopien wurden mit denselben Werkzeugen und Methoden gefertigt, die mutmaßlich auch die ursprünglichen Künstler verwendeten.

Diese Wandmalerei aus der Chauvet-Höhle zeigt Kopf und Hörner zweier Auerochsen, einer ausgestorbenen Wildrinderart, die für Menschen wie Wölfe ein wichtiges Beutetier war.

beiden Isotopen, indem man mit einem Massenspektrometer die Atome zählt, kann man das Alter der Probe bestimmen. Atmosphärischer ^{14}C entsteht durch ionisierende Strahlung der Sonne hoch oben in der Atmosphäre, etwa 32 Kilometer über der Erde. Das Verhältnis der beiden Kohlenstoffisotope in der Atmosphäre bleibt mehr oder weniger gleich. Daher entspricht das Verhältnis der Kohlenstoffisotope in einem soeben verstorbenen Tier oder einer Pflanze dem gleichzeitig herrschenden Verhältnis in der Atmosphäre.

Viele Faktoren können dieses Verhältnis künstlich verändern und somit eine fehlerhafte Datierung herbeiführen. Einer ist die Kontaminierung alten Materials durch modernen Kohlenstoff, beispielsweise durch die Archäologen, die die Probe sichern. Dadurch wird das Material oft jünger datiert, als es in Wahrheit ist. Die Kohlendioxidkonzentration in der Atmosphäre hat durch menschliches Zutun seit der Industriellen Revolution bekanntlich massiv zugenommen. Dieser Kohlenstoff ist uralt, weil er beim Verbrennen fossiler Brennstoffe entsteht, die Jahrmillionen alt und nicht mehr radioaktiv sind. Das wiederum senkt den ^{14}C-Anteil einer Probe und erhöht künstlich das scheinbare Alter. Auch Atombombentests beeinflussen den Kohlenstoff in der Atmosphäre, allerdings in die andere Richtung: Da bei einer Atombombenexplosion große Mengen ^{14}C in die Atmosphäre abgegeben werden, sinkt das durch die Radiokarbonmethode bestimmte Alter. Heutzutage werden diese Einflüsse in die Berechnung einbezogen; man bezeichnet das als »Kalibrierung«. Weil aber die Pioniere der Radiokarbonmethode diese Faktoren noch nicht ausreichend berücksichtigten, sind viele Berechnungen aus den frühen Tagen der Methode falsch.

Zum Glück wurde die Chauvet-Höhle erst in der neueren Ära der Kalibrierung entdeckt. Die aus der Kohle und anderem organischen Material in den Höhlen ermittelte Datierung ist daher verlässlich. Danach war die Chauvet-Höhle mindestens 80 000 Jahre lang bewohnt, erst von Höhlenbären, von deren Schädeln und Knochen der Höhlenboden übersät ist, dann von verschiedenen Säugetieren des Jungpaläolithikums wie Hyänen und einigen Wölfen.

Offenbar gab es zwei unterschiedliche Phasen der menschlichen »Besitznahme«. Die erste erfolgte vor 37 000 bis 33 000 Jahren; die meisten Malereien stammen aus dieser Phase. Vor 31 000 bis 28 000 Jahren war die Höhle noch einmal bewohnt; aus dieser Zeit stammen die groben, mit rotem Ocker umrandeten Handabdrücke.

Die Chauvet-Höhle ist eine von nur wenigen bemalten Höhlen aus dieser bemerkenswerten und bedeutsamen Phase der menschlichen Evolution. Die anderen sind Lascaux in der südwestfranzösischen Dordogne und Altamira in der spanischen Provinz Kantabrien. Anders als diese beiden ist Chauvet in tadellosem Zustand, weil sie immer nur unter strengen Auflagen für vertrauenswürdige

Forscher geöffnet wurde, damit in der Höhle nichts beschädigt wurde. Altamira und Lascaux waren jahrelang für Besucher zugänglich, ehe man merkte, wie schädlich die Feuchtigkeit und das Kohlendioxid der Atemluft sind. Heute sind sie geschlossen, um weitere Schäden zu verhindern. Besucher können den visuellen Eindruck der Höhlen und ihrer Wandmalereien in nahe gelegenen Rekonstruktionen erleben.

Oft hört man, das Jungpaläolithikum sei mit anderen Übergangsphasen der menschlichen Kulturgeschichte vergleichbar: dem Aufstieg der Demokratie im alten Griechenland, der italienischen Renaissance, der Aufklärung. In der Lebensweise und vor allem der Wechselbeziehung zwischen dem Menschen und seiner Umwelt geschah unglaublich viel Neues. Einige dieser Entwicklungen sind uns bis heute verborgen und offenbaren sich nur unter besonderen Umständen wie etwa der Entdeckung der Chauvet-Höhle. Es muss noch mehr Höhlen wie sie geben, die, eingeschlossen in ihren Kalksteingräbern, darauf harren, dass ihr Hauch draußen wahrgenommen wird. Diese Höhlen gewähren uns seltene Einblicke in eine untergegangene Welt, die so völlig anders ist als unsere. Und doch erkennen wir an den Malereien, dass uns die Künstler durchaus ähnlich waren. Wir verstehen diese Bilder. Wir erkennen auf Anhieb ihre Schönheit.

In der Chauvet-Höhle wurden keine menschlichen Überreste und, abgesehen von den Wandmalereien, auch sonst kaum Spuren einer Präsenz von Menschen gefunden. Niemand lebte dort. Welchen Zweck hatten dann aber diese Malereien, die mit so viel Aufwand und Kunstfertigkeit geschaffen wurden? Sicher waren sie nicht nur dekorativ in dem Sinne, wie wir uns heute ein Bild an die Wand hängen, das uns gefällt. Genau werden wir es nie erfahren, doch viele sehen in diesen wunderschönen Gemälden den materiellen Ausdruck einer Welt der Fantasie und Spiritualität, die für den Aufstieg des wahrhaft modernen Menschen kennzeichnend war.

Das Bestreben, über das rein Funktionelle hinauszugehen, drückt sich auch in den Steinwerkzeugen aus, die unsere Vorfahren hinterließen. Zwar stellten schon die Neandertaler zweckmäßige Werkzeuge wie Handäxte und Speerspitzen her, doch wirken diese unbeholfen im Vergleich zu den wunderschön geformten Pfeilspitzen des Jungpaläolithikums. Mit Feuersteinen wurde über weite Entfernungen Handel getrieben. Sie waren das Rohmaterial, mit dem der einzelne Handwerker sein Können demonstrieren konnte. Die Fertigung einer Pfeil- oder Speerspitze aus Feuerstein bot ihm Gelegenheit, nicht nur einen Gegenstand zu ersetzen, der auf der Jagd verloren gegangen war, sondern auch seine Kunstfertigkeit unter Beweis zu stellen.

Archäologische Stätten aus dieser Epoche waren plötzlich reich an persönlichem Schmuck. Bei Ausgrabungen in Südwestfrankreich fand man Armreifen, Anhänger und Perlen, gefertigt aus Knochen, Geweihen und Elfenbein. Muscheln aus dem Mittelmeer finden sich in Stätten, die Hunderte von Kilometern von der Küste entfernt liegen. Die Menschen bohrten mit Steinsticheln Löcher in Tierhäute, um sie mit Sehnen zu Kleidungsstücken zusammenzunähen. Das alles kostete enorme Mühe.

In Sungir, knapp 200 Kilometer östlich von Moskau, legten Archäologen fünf Gräber frei, deren Alter auf etwa 32 000 Jahre berechnet wurde. Eines enthielt die Überreste eines Jungen, der fast vollständig mit langen Perlenketten zugedeckt war. Es waren insgesamt fast 5000 Perlen, deren Herstellung jeweils schätzungsweise 45 Minuten bis eine Stunde gedauert hatte, insgesamt also mindestens 4000 Stunden. Der Jugendliche trug eine Kopfbedeckung, die mit weiteren Perlen und den Fangzähnen von mindestens 60 Polarfüchsen geschmückt war. Offenbar handelt es sich um die letzte Ruhestätte einer angesehenen Familie – ein klarer Hinweis auf eine soziale Schichtung, die sich schon bald nach dem Eintreffen unserer Vorfahren in Europa ausbildete.

Wenn wir an unsere steinzeitlichen Vorfahren denken, stellen wir uns gern grobe Dummköpfe vor, die sich, umgeben von bösartigen und hungrigen Raubtieren auf der Suche nach leichter Beute, gegen alle möglichen Bedrohungen behaupten mussten. Und sicher war ihre Welt voller Gefahren, das Leben hart. Trotzdem verwandten sie nicht jede Minute auf den Überlebenskampf. Die Funde von Sungir beweisen, dass unter solchen Umständen zumindest für einige wenige Menschen noch Raum für so etwas wie Luxus blieb. In dieser Welt war der Wolfs-Hund willkommen.

Im Jungpaläolithikum waren unsere Vorfahren durchaus keine verängstigten Beutetiere, die sich in feuchten Höhlen verkrochen, sondern sie entwickelten sich gerade selbst zum wichtigsten Raubtier. Die Raubtiere, die einst den Neandertaler in Furcht und Schrecken versetzt hatten, waren eins nach dem anderen ausgestorben. Der Klimawandel, schon immer der Sündenbock der Evolution, könnte das Verschwinden der Mammut- und Bisonherden befördert haben. Doch die Klimaveränderung war damals schon sehr lang im Gange. Erst als unsere Vorfahren vor 40 000 bis 50 000 Jahren die Bühne betraten, brach der Bestand der Megafauna ein. Als Erste verschwanden Mammut und Wollnashorn von den Steppen, gefolgt vom Riesenhirsch *Megaloceros*, Bison und Wildpferd. Das waren lauter Pflanzenfresser, von denen sich Raubtiere ernährt hatten; ihr Verschwinden läutete auch deren Ende ein. Höhlenlöwe, Leopard, Hyäne und Säbelzahntiger: Sie alle starben aus. Alsbald folgte ihnen der furchteinflößende Höhlenbär *Ursus spelaeus*, der mit unseren Vorfahren um Lebensraum gewetteifert hatte. Nur der Braunbär *Ursus arctos* überlebte den Wettbewerb mit dem Menschen, indem er mehr oder weniger vollständig auf Fleisch verzichtete und seine Ernährung auf Pflanzen, Beeren und Kleintiere umstellte. Am Ende des Paläolithikums waren sämtliche großen Säugetiere, Pflanzenfresser und Fleischfresser gleichermaßen, die auf den geglätteten Kalksteinwänden von Chauvet um Platz gebuhlt hatten, verschwunden.

Ein ähnliches Massenaussterben erfasste nach dem Eintreffen

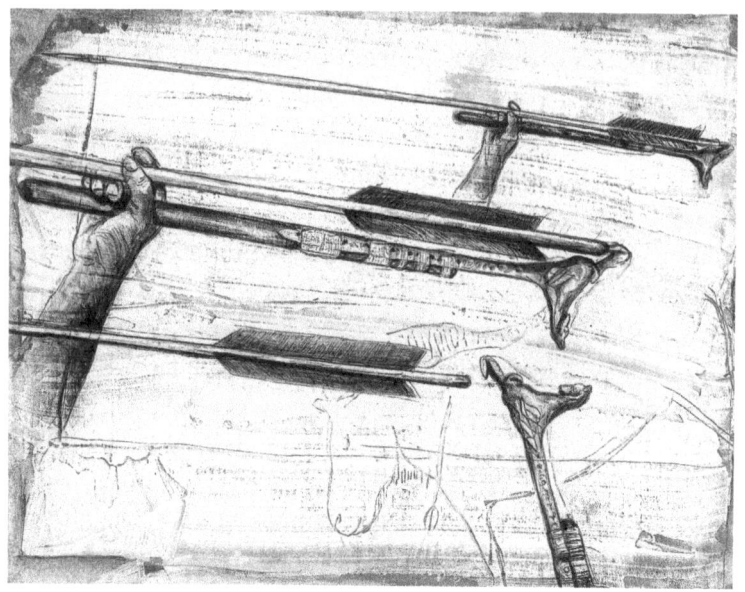

Die künstlerische Darstellung zeigt, wie mit der Speerschleuder ein gefiederter Speer abgeschossen wird. Auf dem oberen und mittleren Bild ist der Speer eingehakt. Unten wird er abgeschleudert. Durch den rechten Winkel beim Abschuss erhält der Speer so viel Schwung, dass er auf 150 Stundenkilometer beschleunigt. In den Händen eines erfahrenen Jägers war er deshalb eine tödliche Waffe. Im Hintergrund sieht man ein Tier, das von einem Speer verwundet wurde. Die frühesten solcher Waffen mit einem Alter von über 300 000 Jahren wurden in den 1990er Jahren im niedersächsischen Schöningen gefunden.

einer größeren Zahl von Menschen auch Nordamerika. Es war noch nie die Stärke der Spezies Mensch, für die Schäden, die sie anrichtet, auch die Verantwortung zu übernehmen, und so ist umstritten, inwieweit der Mensch am Aussterben der nordamerikanischen Megafauna beteiligt war. Für mich steht zweifelsfrei fest, dass unsere menschlichen Vorfahren in Europa und Amerika eine Art nach der anderen über die Klippe stießen. In Europa überlebte keine der großen Arten die unerbittliche Jagd, doch in Nordamerika konnten sich, als Mammut und Wollnashorn untergingen, Elche und Büffel behaupten.

Zwar trugen diese technischen Verbesserungen der Jagdausrüstung sicher dazu bei, dass unsere Vorfahren zum »Spitzenprädator« aufstiegen, weil sie mithilfe tödlicher Erfindungen wie der Speerschleuder aus der Entfernung töten konnten, ohne eigene Verletzungen zu riskieren. Doch das allein erklärt nicht die Dezimierung der Megafauna. Die neue Waffe war sicher daran beteiligt, dass der Mensch die Welt des Jungpaläolithikums nach und nach beherrschte, doch wahrscheinlich schaffte er das nicht nur, indem er seine Speere weiter und schneller warf als zuvor. Der wahre Grund für den Aufstieg des Menschen ist in der Revolution des Verstandes zu suchen, die sich damals vollzog und von der die reich verzierten Grabstätten der Kinder von Sungir ebenso erzählen wie die herrlichen Wandmalereien von Chauvet.

In einem schmalen Stollen am Ende des Chauvet-Höhlenkomplexes bietet sich ein betörender Blick auf ein weiteres Geheimnis dieser Revolution. In dem weichen Sediment auf dem Höhlenboden finden sich die Fußabdrücke eines Kindes. Es war wohl etwa acht Jahre alt. Was es so weit hinten in der pechschwarzen Höhle zu suchen hatte, können wir nur ahnen. Den Schrittabständen zufolge ging das Kind in normaler Geschwindigkeit, weder rannte, noch schlich es in den hinteren Teil der Höhle. Menschliche Fußabdrücke dieser Periode gibt es überaus selten, doch es sind nicht die Spuren des Kindes, die für unsere Geschichte so ungewöhnlich und bedeutsam sind. Neben ihnen finden sich nämlich noch gänzlich andere Spuren. Vollständig bewahrt im kalkhaltigen Sediment und 30 000 Jahre lang vor Blicken und Störungen geschützt, sind die Pfotenabdrücke eines ausgewachsenen Wolfs zu sehen.

Wir können nicht wissen, ob das Kind und der Wolf nebeneinander hergingen, als sie ihre Spuren hinterließen, oder ob zwischen den Abdrücken womöglich Jahrtausende liegen. Obwohl der Stollen an dieser Stelle sehr eng ist, überlappen sich die Spuren aber nirgends. Deshalb ist es sehr wahrscheinlich, dass sie gleichzeitig entstanden. War der Wolf hinter dem Kind her? Oder erforschten die beiden vielmehr gemeinsam die Höhle, Gefährten in einem großen Abenteuer? Die Abdrücke deuten jedenfalls auf eine enge Beziehung, ja auf eine Freundschaft zwischen Kind und Wolf hin.

Oder war das Tier, das so entspannt neben dem Kind hertrottete, gar kein Wolf mehr? War es in der Entwicklung vielleicht schon auf dem Weg zum Hund?

8

Jagen mit Wölfen

Die enormen Veränderungen, die im Jungpaläolithikum über Europa hinwegfegten, entsprangen dem agilen menschlichen Verstand, der nicht nur in der Lage war, bahnbrechende Innovationen zu entwickeln, sondern auch, die Welt mit anderen Augen zu sehen. Ein wichtiger Faktor war, dass der Mensch aus Beobachtung lernen und Neuerungen, die er zu Gesicht bekommen hatte, reproduzieren konnte. Diese Fähigkeit ist uns geblieben, unterstützt durch Sprache und andere Kommunikationsmittel. Heute gehen neue Ideen in kürzester Zeit rund um die Welt. In der fernen Vergangenheit verbreiteten sie sich zwar viel langsamer, doch Erfindungsreichtum und Kreativität kennzeichneten diese Epoche. Ob nun jemand die optimale Fertigung einer Pfeilspitze oder einer Speerschleuder entwickelte, die beste Methode fand, Perlen für ein Halsband aufzufädeln, oder Löcher in den Flügelknochen eines Schwans bohrte, um eine einfache Flöte herzustellen: All diese Innovationen breiteten sich durch Beobachtung und Wiederholung aus.

Der aufmerksame paläolithische Jäger beobachtete sicher auch jagende Wölfe, die ihre Beutetiere bis zu deren völliger Erschöpfung hetzten und dann einkreisten. Da der Wolf seine Beute nicht wie ein Löwe mit einem Biss durch die Halswirbelknochen töten kann, muss er sich auf das Tier stürzen und ihm so viele Bisswunden zufügen, bis es infolge des Blutverlustes zusammenbricht. Das ist kein schöner Anblick, denn das Tier wird häufig bei lebendigem

Leibe ausgeweidet. Vor allem aber ist diese Endphase der Jagd gefährlich für die Wölfe, weil sie bei der verzweifelten Gegenwehr ihrer sterbenden Beute verletzt werden können.

Unsere Vorfahren haben diesen langwierigen Todeskampf sicher beobachtet und erkannt, wie leicht sie das in die Enge getriebene Tier hätten töten können. Wenn sie aus sicherer Entfernung einen Speer auf ein Tier schleuderten, das von einem Wolfsrudel eingekesselt wurde, so wäre das leichte Beute. Ein Wolfsrudel trieb mit seiner enormen Ausdauer auch das schnellste Beutetier in die Enge. Bei der Verfolgung konnten es menschliche Jäger nicht mit ihnen aufnehmen, aber mit Speer, Pfeil und Bogen vermochten sie auch das größte Tier zu töten, wenn die Wölfe es erst in die Enge getrieben hatten – und das ohne größere Verletzungsgefahr für sie selbst.

Doch als die Menschen das erste Mal eins von deren Beutetieren töteten, muss das den Wölfen wie Diebstahl vorgekommen sein. Für sie bestand ja immer die Gefahr, dass überlegene Raubtiere ihnen ihre Beute wegschnappten. Dass sie die nahrhaften inneren Organe wie Herz und Leber schnell hinunterschlingen und mit ihren rasiermesserscharfen Reißzähnen große Fleischstücke herausreißen konnten, ging bereits auf eine Anpassung in uralten Zeiten zurück, dank der die Verluste gering gehalten werden konnten.

In dieser Situation war es für die menschlichen Jäger nur ein kleiner Schritt zu erkennen, wie sie die Wölfe besänftigen konnten. Sie mussten nur die Beute mit ihnen teilen. Die gemeinsame Jagd brachte beiden Seiten offensichtliche Vorteile, die Wölfe mussten nur begreifen, was sie davon hatten. Ein solcher Ansatz hätte mit Löwen oder Bären nicht funktioniert, doch Wölfe jagten ähnlich wie Menschen gemeinschaftlich in kleinen Gruppen, in denen jedes Mitglied eine feste Aufgabe übernahm.

Für meine These einer Jagdgemeinschaft zwischen Mensch und Wolf gibt es herzlich wenig Belege. Es wäre nur folgerichtig, dass der Mensch, um das eigene Überleben zu sichern, mit einem Wolfsrudel gemeinsame Sache machte, daher ist es eine vernünftige und einleuchtende Spekulation, aber ich räume freimütig ein, dass sie meiner Fantasie entspringt. Mir war nicht wohl dabei, sie überhaupt zu formulieren, bis ich entdeckte, dass der große Zoologe Konrad Lorenz schon ein ähnliches Szenario entworfen hatte. In seinem bestechenden Buch *So kam der Mensch auf den Hund* schildert Lorenz die fiktive Situation einer kooperativen Jagd von Menschen und einem Rudel Schakale, in denen Lorenz die wilden Vorfahren moderner Hunde sah.[1] Wie wir heute wissen, täuschte er sich, was den Schakal anging, doch er hätte genauso gut den Wolf auswählen können. Im Jahr 2015 stellte die Archäologin Pat Shipman dann auch die These auf, dass eine Jagdgemeinschaft zwischen *Homo sapiens* und Wolf entscheidend zum Untergang der Neandertaler beitrug.[2]

Eine solche Jagdkooperation, die gegenseitiges Vertrauen schafft, ist mir als Erklärung für den Ursprung der »Domestizierung« lieber als andere Erklärungen. Eine der wichtigsten anderslautenden Thesen, die auch die meisten Genetiker offenbar vorziehen (obwohl wahrscheinlich keiner von ihnen je einen Wolf zu Gesicht bekommen hat), besagt, dass sich die Wölfe an die menschliche Gesellschaft gewöhnten, weil sie sich in der Nähe ihrer Lager aufhielten und sich Nahrungsreste von den Abfallhaufen holten. Diese Version ist nicht nur extrem öde, sondern mittlerweile auch hinfällig, denn die »Domestizierung« war bereits weit fortgeschritten, als die Menschen in so großen Siedlungen lebten, dass für ein großes Tier wie den Wolf genügend Reste abgefallen wären. Sie erklärt auch nicht, warum von allen Tieren, die sich von Abfällen ernähren können – Kojote, Schakal, Dachs, Bär und andere mehr –, keines auch nur eine annähernd so starke und tiefe Bindung zum Menschen entwickelte wie der Wolf – in seiner modernen Erscheinungsform, dem Hund.

Da von den Aktivitäten der Menschen auf offener Steppe so gut wie nichts erhalten ist, dürften Belege für eine kooperative Jagd schwer zu finden sein. Nur in den feuchten Nischen unterirdischer

Höhlen finden wir objektive Belege für das Leben unserer frühen Vorfahren. In der Chauvet-Höhle bilden nicht Knochen oder Zähne, sondern Malereien und die rätselhaften Fußspuren die »Linse«, durch die wir einen Blick auf das Leben unserer Vorfahren werfen können. 800 Kilometer nördlich von Chauvet hat ein anderer Fluss, der Samson, eine Schlucht in den Kalkstein gegraben,

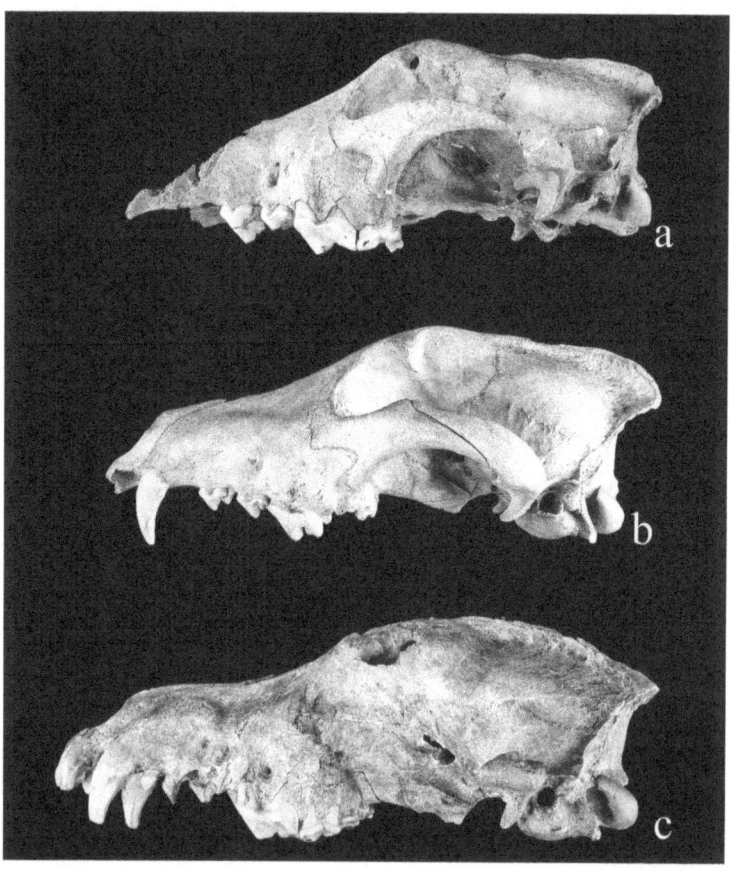

Die kurze Schnauze und die breite Hirnschale des Caniden-Schädels (a), der in den belgischen Höhlen von Goyet gefunden wurde, im Vergleich zu zwei vorzeitlichen Wölfen, die man in nahe gelegenen Höhlen fand (b, c), ließen Wissenschaftler vermuten, dass es sich um den Schädel eines 36 000 Jahre alten Hundes handelt.

deren Abhänge ebenfalls von Höhlen durchzogen sind. Hier, in den Höhlen von Goyet, muss man nicht nach dem vorzeitlichen Hauch verborgener Hallen suchen. Sie liegen offen da und wurden, anders als die Chauvet-Höhle, lange von Neandertalern und modernen Menschen bewohnt. Die Ausgrabungen in den Höhlen von Goyet begannen 1867, drei Jahre, nachdem nahe Düsseldorf im Neandertal der erste gleichnamige Mensch gefunden worden war.

Die Höhlen von Goyet enthalten neben Tausenden von Artefakten auch zahlreiche Knochen von Neandertalern und modernen Menschen, die vor etwa 120 000 Jahren lebten. Unser Interesse gilt einem Schädel, der in einer Felsspalte gefunden wurde und etwa 32 000 Jahre alt ist, also aus derselben Periode stammt wie die ersten Höhlenmalereien von Chauvet. Ohne jeden Zweifel ist es der Schädel eines Caniden, doch ob er einem Wolf, einem Hund oder einer Zwischenform gehörte, ist ungewiss und wird, wie nicht anders zu erwarten, kontrovers diskutiert. Die Schnauze ist jedenfalls kürzer als die eines modernen Wolfs und ähnelt damit eher der eines Hundes. Wie im Falle des ersten Neandertaler-Schädels, den man zunächst als deformierten *Homo-sapiens*-Schädel interpretierte, sprechen manche Forscher nun diesen Schädel, ebenfalls erwartungsgemäß, einem Wolf mit einer sehr kurzen Nase zu.

Wenn Wölfe und Menschen die Vorteile der gemeinsamen Jagd zu dieser Zeit bereits entdeckt hatten, könnte man vielleicht davon ausgehen, dass in den Höhlenmalereien von Chauvet, Goyet und anderswo Wölfe vorkommen müssten. Doch dort sind sie auffallend abwesend. Das einzige wolfsähnliche Bild aus dieser Region ist eine grobe Darstellung in der Höhle von Font-de-Gaume in der Dordogne, einer Region, in der es viele Kalksteinhöhlen mit einer langen Geschichte prähistorischer menschlicher Besiedelung durch Neandertaler und *Homo sapiens* gibt. Die Darstellung ist eines von etwa 200 Bildern zeitgenössischer Tiere, unter ihnen die üblichen Verdächtigen wie Mammut, Bison und Wollnashorn, und entstand vor etwa 17 000 Jahren. Abgesehen davon gibt es in der Höhle von Font-de-Gaume oder in nahe gelegenen Höhlen keinerlei Abbildungen von Wölfen. Die zweite Auffälligkeit dieser Höhlenmalereien betrifft uns Menschen. Auch sie sind nirgendwo abgebildet. Warum nicht? Untersagte womöglich ein Tabu unseren Vorfahren, ihresgleichen abzubilden, und galt das etwa auch für den Wolf?

Mich erinnert das an Arthur Conan Doyles Erzählung »Silberstrahl«, in der es um den Diebstahl eines wertvollen Rennpferds und die Ermordung des Stallmeisters geht. Sherlock Holmes, der auch dieses Verbrechen aufklärt, teilt Inspektor Gregory von Scotland Yard mit, dass der Hund, der die Ställe bewachte, den Schuldigen gekannt haben muss.

> »Könnten Sie mich nicht noch auf einen oder den andern Punkt aufmerksam machen?«
>
> »Jawohl – auf das sonderbare Benehmen des Hundes während der Nacht.«
>
> »Der Hund hat sich in der Nacht ganz ruhig verhalten.«
>
> »Ja, darin bestand eben die Sonderbarkeit«, versetzte Sherlock Holmes.[3]

9

Warum wurde Shaun Ellis nicht von den Wölfen gefressen?

Ob es wirklich einen urzeitlichen Pakt zwischen Mensch und Wolf gab, der einer »Domestizierung« vorausging, lässt sich am besten herausfinden, indem man Wölfe besucht.

Im Zuge meiner Nachforschungen für dieses Buch hatte ich den Bericht eines Mannes gelesen, dem es gelungen war, mit einem Rudel wilder Wölfe Freundschaft zu schließen. Obwohl dieses Erlebnis zeitlich vom Jungpaläolithikum, in dem der Mensch meiner Ansicht nach mit den Wölfen zu jagen begann, doch sehr weit entfernt ist, stellte ich mir doch die Frage, ob die grundlegenden Instinkte, auf denen diese Beziehung gründete, womöglich bis heute Bestand haben.

Shaun Ellis beschreibt in seinem Buch *Der mit den Wölfen lebt*, wie ihn als junger Mann der Anblick eines Wolfs in Gefangenschaft auf Anhieb bannte.[1] Dieses prägende Erlebnis fand in einem Zoo in der Nähe von Thetford statt, unweit seines Wohnortes in der englischen Grafschaft Norfolk. Die kurze Begegnung stellte sein Leben auf den Kopf und brachte ihn dazu, es ganz den Wölfen zu widmen. Er zog in den US-amerikanischen Bundesstaat Idaho, wo er zunächst als Freiwilliger in einem Wolfsreservat arbeitete, ehe er sich allein auf die Suche nach einem wilden Rudel machte, um unter den Wölfen zu leben.

Ich hatte gehört, dass Shaun Ellis aus Idaho zurückgekehrt war und, mittlerweile Anfang 40, auf einem Hof in Cornwall lebte. Ich wollte ihn möglichst bald treffen und, so er es zuließ, interviewen. Zum Glück willigte er ein, und an einem kalten dunklen Freitag im Dezember begaben meine Frau Ulla und ich uns auf die lange Bahnreise nach Lostwithiel, wo Shaun und seine Lebenspartnerin Kim mit einem kleinen Rudel Wölfe leben. Wir setzten uns in das gemütliche Wohnzimmer des Bauernhauses und weckten unsere Lebensgeister mit einer Tasse heißem Tee.

Ich fragte Shaun zunächst nach der Zeit vor seiner ersten Begegnung mit einem Wolf, seiner Kindheit auf dem großväterlichen Bauernhof im ländlichen Norfolk. Er war ein Einzelkind und wurde von seinen Großeltern erzogen, weil seine Mutter mit einer Vollzeitstelle die Familie ernährte. Besonders sein Großvater prägte ihn stark und förderte seine Liebe zur Natur. Regelmäßig streiften die beiden mit den Hunden durch Wald und Flur und jagten Hasen. Shaun, der die Schule nicht sonderlich mochte, ging mit 15 Jahren ab, übernahm allerlei Jobs und diente kurzzeitig in der Armee.

Shaun führte ein unbeschwertes Leben, bis er eines Tages mit dem Bus in den nächstgelegenen Zoo in Thetford fuhr. Er schlenderte durch den Tierpark, bis er zum Wolfsgehege kam. Dort stand, nur wenige Meter von ihm entfernt, ein ausgewachsener Wolf und sah ihn unvermittelt an. Da war es also, das wilde Raubtier, das zu fürchten man ihm beigebracht hatte. Als er dem Tier in die goldgelben Augen sah, berührte ihn dieser Blick bis tief in die Seele. Ihm war, als könne der Wolf seine geheimsten Gedanken lesen und ihn besser verstehen als jeder Mensch. Dieser Moment entschied über Shauns weiteren Lebensweg. Er verschrieb sich völlig der Aufgabe, diese herrlichen Tiere zu verstehen und dazu beizutragen, dass auch wir anderen sie wertschätzen. Shaun war allerdings selbstkritisch genug, sich einzugestehen, dass der Wolf wahrscheinlich jeden Besucher mit diesem Blick bedachte.

Jedenfalls drehte sich in den nächsten Jahren Shaun Ellis' Leben vollständig um Wölfe. Ohne jede berufliche Qualifikation und miss-

trauisch beäugt von studierten Biologen, lebte er seither mit Wölfen zusammen, hat eine Wolfsfamilie großgezogen und fühlte sich
irgendwann selbst fast wie ein Wolf. Zwei Jahre lang verbrachte er
in den Wäldern von Idaho allein mit einem Rudel wilder Wölfe.

In diesen Teil der USA war er gereist, um zunächst in einem
Wolfspark zu arbeiten, in dem man die Besucher informieren und
dazu veranlassen wollte, das völlig ungerechtfertigte Bild vom
grausamen Wolf zu revidieren. Nach einer Weile wurde Shaun
klar, dass er diese rätselhaften Tiere in Gefangenschaft nie *völlig*
würde erfassen können. Deshalb packte er seinen Rucksack und
machte sich allein auf den Weg in die Wälder.

Dass in Idaho Wölfe lebten, wusste er; sie kamen jedes Jahr aus
Kanada über Montana in die Wälder. Doch wo genau sie sich aufhielten, wusste er nicht. Drei Monate vergingen, ehe er erste Spuren fand. Dann entdeckte er eines Tages den unverwechselbaren
Pfotenabdruck eines großen Wolfs im weichen Schlamm am Rand
eines Wasserlochs. In den folgenden Wochen hörte er nachts das
schaurige Heulen des Rudels.

Irgendwann bekam er den ersten Wolf zu Gesicht, einen schwarzen Rüden, der einige 100 Meter vor ihm den Weg überquerte. Der
Wolf sah ihn kurz an, ehe er im Wald verschwand. Wochen vergingen, und Shaun sah den Wolf häufiger. Ihm kam es vor, als
würde er von dem Tier beobachtet, ob als mögliche Beute oder aus
reiner Neugier, wusste er nicht. Ein paar Wochen später tauchte der
schwarze Wolf mit vier weiteren auf, zwei männlichen und zwei
weiblichen: Es war ein richtiges Rudel. Langsam, Tag für Tag,
Woche für Woche, verloren die Wölfe ihre Scheu, bis sich der
große Rüde eines Tages Shaun näherte, ihn beschnupperte und ihn
unvermittelt knapp unterhalb vom Knie ins Bein zwickte.

Das tat weh, doch Shaun wusste aus seinen Erfahrungen im
Wolfspark, dass das Tier ihn nicht aus Bosheit gebissen hatte. Vielmehr handelte es sich um eine Begrüßung, ähnlich einem Hand-
schlag.

Im Wolfsrudel herrscht eine strenge Hierarchie. Nur das Alpha-Paar, der Leitwolf und die Leitwölfin, pflanzen sich fort, während die anderen Wölfe feste Aufgaben im Rudel übernehmen. Meist handelt es sich um Geschwister oder Junge des Alpha-Paars. Während die Alpha-Wölfin die unumstrittene Anführerin des Rudels ist, obliegt es den Beta-Tieren, die in der Hierarchie eine Stufe unter ihr stehen, für Disziplin zu sorgen und im Falle einer Bedrohung die Verteidigung des Rudels zu organisieren. Der schwarze Wolf, der Shaun beobachtet und so schmerzhaft gezwickt hatte, war der Gesetzeshüter des Rudels, der Beta-Rüde. In den folgenden Wochen begegneten sich Shaun und die Wölfe immer häufiger. Nach sechs Wochen hatte er das Gefühl, vom Rudel als »Ehrenmitglied« akzeptiert worden zu sein. Er bekam die Aufgabe des, wie er es nennt, »Beschwichtigers«, der die Wogen glättete. Wie in jeder anderen Familie gibt es auch im Wolfsrudel Streit, und die Tiere verteidigen ihre Position mit scharfen Zähnen und spitzen Klauen. Shaun sorgte fortan dafür, dass diese Zankereien nicht ausuferten.

»Warum haben die Wölfe Sie nicht angegriffen?«, fragte ich ihn.

»Weil ich nützlich war. Und wahrscheinlich auch, weil die Wölfe etwas von mir lernen konnten, und das war ja auch nötig, weil sie von wolfshassenden blutdürstigen Jägern umgeben waren.«

Shauns Freude über die Aufnahme in das Rudel wurde eines Tages auf die Probe gestellt, als ihn der Beta-Rüde ohne Vorwarnung ansprang und zu Boden warf. Knurrend und mit gefletschten Zähnen stand er über ihm. Hier ist Shauns Bericht von diesem schauderhaften Erlebnis:

Plötzlich hatte ich das Gefühl, jetzt ist alles vorbei. Bis dahin hatte ich vollständig darauf vertraut, dass sie mir nichts tun, aber ich weiß noch, dass ich in dem Moment dachte, oh Gott, die sind doch so. Die werden mich umbringen. Knurrend und zwickend drängte er mich in einen ausgehöhlten Baumstamm und blieb zähne-fletschend davor stehen. Was bin ich nur für ein Idiot gewesen, dachte ich bei mir, die haben mich nur die ganze Zeit gemästet wie eine Weihnachtsgans. Aber der tödliche Angriff blieb aus. Eineinhalb Stunden lag ich da wie festgenagelt, dann zog sich der Wolf genauso unvermittelt zurück, wie er auf mich losgegangen war. Er rief mich mit einem tiefen Wuffen heraus und nahm eine versöhnliche Körperhaltung ein, wie wenn er sich entschuldigen wollte. Es war, als hätte er so etwas wie eine Psychose gehabt, sich in eine Killermaschine verwandelt und dann wieder zurück.

Ich brauchte eine Weile, bis ich mich befreit hatte, und er ging vor mir den Weg weiter, den ich hatte nehmen wollen. Und da, neben dem Bach, waren die unverwechselbaren Spuren eines riesigen Bären. Er hatte mir nicht nur das Leben gerettet, sondern mit dieser Episode auch meine ursprüngliche Überzeugung bestärkt, dass ich den Wölfen am besten immer vertraute.

Die restliche Zeit seiner zwei Jahre verbrachte Shaun Ellis friedlich mit dem Rudel.

Außer Shaun Ellis fühlen sich auch andere Menschen merkwürdig zu wild lebenden Wölfen hingezogen und suchen ihre Gesellschaft. Manche schrieben ihre Erlebnisse auf, und ihre Bücher wurden Bestseller. Einer dieser Autoren war Farley Mowat.[2] In den 1960er Jahren schickte die kanadische Regierung den Biologen für 18 Monate in die Keewatin Barren Lands von Nord-Manitoba, wo er über das Schrumpfen der Karibu-Bestände berichten und die verbreitete Ansicht bestätigen sollte, dass Wölfe daran schuld seien.

Der Rückgang der Karibus beunruhigte die mächtige Jagdlobby, die deshalb mehrere Minister drängte, das »Wolfsproblem« zu beheben. Das »Problem« bestand laut Jägern, Fremdenführern und Ferienhausbesitzern darin, dass die Wölfe das Großwild rissen, auf das diese Berufsgruppen angewiesen waren. Es sei doch bekannt, so die Jagdlobby, dass Wölfe eine unersättliche Mordlust hätten und viel mehr Tiere töteten, als sie für die eigene Ernährung brauchten; die offensichtliche Ironie dieser Behauptung entging den Jägern vollkommen. Mowats Aufgabe bestand nun darin, den Anschuldigungen auf den Grund zu gehen und den bedrängten Ministern Bericht zu erstatten.

Wie schon bei Shaun Ellis dauerte es lange, bis Mowat seinem ersten Wolf begegnete. Eines Tages folgte er dem, wie er dachte, Jammern eines jungen Hundes in Not. Um den Welpen nicht zu erschrecken, schlich er sich hinter einem Kieshügel an. Als er über den Hügel spähte, sah er sich in nur zwei Metern Entfernung unversehens einem ausgewachsenen Polarwolf gegenüber. Ein paar Sekunden lang starrten die beiden einander in die Augen, und Mowat erlag derselben hypnotischen Faszination wie später Shaun Ellis. Der Wolf entzog sich dem Bann als Erster. Er sprang auf, trabte leichtfüßig los und verschwand im Zwielicht der arktischen Dämmerung.

In den folgenden Wochen lernte Mowat die Wölfe besser kennen. Schnell merkte er, dass nicht er der aktive Beobachter war, sondern dass vielmehr die Wölfe ihn, den Menschen, observierten. Mehr als einmal suchte er die weite Landschaft nach Spuren seiner Studienobjekte ab, nur um sich, kaum, dass er sich umdrehte, zwei oder drei Wölfen gegenüberzusehen, die wenige Meter weiter standen und ihn unverwandt anstarrten. Wie Shaun Ellis spürte er, dass die Wölfe ihn taxierten, doch zu welchem Zweck, das wusste er nicht.

Als der Frühling in den Sommer überging, durchzogen lange Karibu-Karawanen auf dem Weg zu ihren Sommerweiden im Norden die Tundra, und Mowat hatte Glück. Wieder einmal erklomm er den Kamm eines Eskers, also eines vom Schmelzwasser geformten Sandhügels, da entdeckte er dahinter vier Welpen, die vor ihrer Höhle spielten, ohne dass von den Eltern etwas zu sehen war. Ein neugieriges Jungtier witterte ihn und kam gerade näher, als plötzlich ein erwachsener Wolf unter schrillem Heulen zurückkehrte. Mowat verlor das Gleichgewicht, kullerte den Abhang hinunter und landete am Fuß des Kamms. Jeden Moment rechnete er damit, dass der große Rüde, der »Gesetzeshüter«, ihm das riesige Gebiss in den Hals schlagen würde. Er drehte sich um und sah den Ab-hang hinauf. Dort stand nicht ein Wolf, nein, drei erwachsene Wölfe blickten, wie es aussah, mit »ungläubigem Entzücken« auf ihn hinab. Nachdem sie sich an seinem amüsanten Anblick ergötzt hatten, berichtet Mowat, wandten sie sich um und »zogen sich gemächlich aus meinem Blickfeld zurück«.[3]

Als Mowat an diesem Abend wieder sicher in seiner Hütte saß, dämmerte ihm, dass die Geschichten über wilde, wahnsinnige und mordlüsterne Wölfe einfach nicht stimmten. Obwohl der unglückliche Mowat den Welpen so nah und den erwachsenen Tieren vollständig ausgeliefert gewesen war, hatten sie ihn nicht angegriffen. Nach diesem Vorfall veränderte sich seine Haltung zu seinem Auftrag grundlegend. Er verlor jede Angst vor den Wölfen, zog aus der übelriechenden Hütte aus, ließ die Waffen zurück und schlug sein Zelt in der Nähe der Höhle auf.

In den darauffolgenden Monaten beobachtete er, dass Wölfe zwar durchaus Karibus erlegten, allerdings nur in bestimmten Zeiträumen. Wenn die Karibus zum Beispiel zu den Sommerweiden im hohen Norden gezogen waren, ernährten sich die Wölfe, wie Mowat zu seiner Überraschung feststellte, fast ausschließlich von Mäusen, Lemmingen und Erdhörnchen, gelegentlich ergänzt durch einen Hecht oder ein Neunauge, die sie erbeuteten, wenn die Fische in den schmalen Rinnen des Tundramoors zum Ablaichen stromaufwärts schwammen.

In dem Sommer, den Mowat mit den Wölfen verbrachte, machte er viele beeindruckende Beobachtungen. Er bewunderte das trauliche und liebevolle Familienleben der Wölfe, ihre kreative Nahrungssuche und ihre große Duldsamkeit ihm gegenüber. Am meisten beeindruckte ihn, dass sie mit anderen Rudeln über weite Entfernungen kommunizieren konnten. Eines Tages, gegen Ende des Sommers, als die ersten Fröste schon das Moos weiß färbten, machte ihn der Inuit Ootek, der ihn hin und wieder begleitete, auf ein kaum hörbares Geräusch im Wind aufmerksam.

»Die Karibus kommen«, flüsterte er. Er hatte das schwache Heulen eines Wolfs aus einem angrenzenden Revier gehört, das die Rückkehr der Karibus aus dem Norden ankündigte. Ootek machte sich mit seiner Jagdausrüstung auf den Weg zur Herde. Ein paar Tage später kehrte er mit frischem Fleisch beladen zurück. Ootek erzählte Mowat eine Anekdote aus seiner Kindheit in der Tundra. Nach Inuit-Tradition brachte sein Vater, ein mächtiger Schamane, den fünfjährigen Ootek zu einer Wolfshöhle und ließ ihn dort zurück. 24 Stunden wurde der kleine Ootek von den Wölfen gefüttert und spielte mit den Welpen, ständig beaufsichtigt von einem erwachsenen Wolf. War diese Tradition die neuzeitliche Entsprechung zu den 30 000 Jahre alten Fußspuren eines erwachsenen Wolfs und eines Menschenkindes auf dem Boden der Chauvet-Höhle?

Ich hätte auch einen der zahlreichen anderen Berichte über das harmonische Zusammenleben von Menschen und Wölfen in der Wildnis herauspicken können. Zwar ist in keinem dieser Berichte von einer Jagdkooperation die Rede, wie ich sie für die europäische Steinzeit geschildert habe, doch die Vertrautheit der Inuit mit den Wölfen, mit denen sie die Tundra von Manitoba bewohnen, kann besser erklären, wie der Mensch dem Wolf näherkam, als alle bösartigen Lügen über die angeblich grausamen Menschenfresser.

Als Mowats Zeit bei den Wölfen zu Ende ging und er nach Hause zurückkehrte, hatte er keinerlei Beweise dafür gefunden, dass allein die Wölfe für das Schrumpfen der Karibu-Bestände verantwortlich waren. Schon die bloße Vorstellung war widersinnig. Immerhin hatten Wolfsrudel seit Zehntausenden von Jahren Karibus gejagt, ehe die ersten Menschen nach Nordamerika kamen. Mowats Bericht lieferte somit nicht, wie es sich seine Auftraggeber und die mächtige Jagdlobby erhofft hatten, eine Rechtfertigung für die Ausrottung des Wolfs, sondern bewies das glatte Gegenteil. Man versah das Schriftstück mit dem Vermerk »Zur Prüfung« und ließ es in der Schublade verschwinden.

10

Freund oder Feind?

Wie lassen sich im Lichte dieser und vieler anderer positiver Berichte über das Zusammenwirken von Wölfen und Menschen die Angst und der Abscheu vor dem Wolf erklären, die unsere jüngere Geschichte prägen? Indigene Völker wie die Inuit und viele Ureinwohner Amerikas teilen diese Gefühle jedenfalls nicht. Sie pflegen eine enge Beziehung mit der Natur und spüren, dass Mensch und Wolf ähnlichen Geistes sind.

Für die meisten von uns, die wir den Bezug zur Wildnis verloren haben, entwickelte sich der Wolf zum Feind, als unsere Vorfahren die Jagd aufgaben und dazu übergingen, Tiere für die eigene Ernährung zu halten. Das war ein langer Prozess, der im Nahen Osten vor etwa 10 000 Jahren einsetzte. Der Interessenkonflikt zwischen Mensch und Wolf begann in dem Moment, in dem Menschen der Wildnis Tiere entrissen und einer domestizierten Nutzung unterwarfen. Hungrige Wölfe folgten ihren Instinkten, die ihnen zwar verboten, Menschen anzugreifen, nicht aber, domestizierte Tiere zu erlegen, die für sie leichte Beute waren.

Jahrtausendelang hatten Wolf und Mensch das wilde Land geteilt, die Grenzen des jeweils anderen respektiert. Sie hatten gelernt, als Partner im Geiste harmonisch miteinander zu leben, wie es Mowats Begleiter, dem Inuit Ootek, und vielen anderen indigenen Völkern vertraut war. Ihnen wäre nicht im Traum eingefallen, einen Wolf zu töten. Für sie war der Wolf ein fester Bestandteil des Landes, das beide gemeinsam bewohnten.

In der »zivilisierten« Welt wurden Wölfe dagegen dafür bestraft, dass sie Wölfe waren. Jahrhundertelang wurden sie in aller Welt verfolgt und gejagt. Hatten sie einst flächendeckend Nordamerika, Europa und Asien besiedelt, wurden sie nun in den Vereinigten Staaten, Mexiko, Europa und dem Fernen Osten in wahren Feldzügen fast überall ausgerottet. Dieses brutale Vorgehen rechtfertigten die Menschen, indem sie den Wolf in vielen der bei ihnen besonders beliebten Geschichten verunglimpften.

Ich gebe freimütig zu, dass auch ich für den negativen Einfluss dieser Geschichten anfällig war. Das fiel mir auf, als ich Shaun Ellis und sein Wolfsrudel besuchte. Schon auf der Zugfahrt nach Cornwall erhöhte sich meine Pulsfrequenz, und beim bloßen Gedanken an eine Begegnung mit einem Wolf, von Angesicht zu Angesicht, brach mir der kalte Schweiß aus. Dabei hätte ich mir gar keine Sorgen machen müssen. Als ich die Tiere sah, war ich fasziniert. Die langen Beine, die riesigen Pfoten, der schwungvolle Gang und der intelligente und eindringliche Blick der bernsteinfarbenen Augen vertrieben auf Anhieb jegliche Angst und erfüllten mich mit einer Mischung aus Neugier und Bewunderung. Ich will nicht so tun, als hätte diese Erfahrung bei mir dieselbe transformative Kraft entfaltet wie bei Shaun Ellis die erste Begegnung mit dem Wolf in Thetford, doch ich kehrte mit einer völlig anderen Sicht dieser wunderbaren Spezies aus Cornwall zurück. So wenig ich Hunde mochte: Der Wolf zog mich jedenfalls in seinen Bann.

Nicht alle Menschen teilen Shaun Ellis' oder Farley Mowats Überzeugung, dass wir Menschen imstande sind oder waren, eine enge und kooperative Partnerschaft mit Wölfen einzugehen. Ganz im Gegenteil. Der Tierverhaltensforscher Brian Hare, dem wir später noch begegnen werden, weist darauf hin, dass kein anderes Tier im Lauf der Geschichte so hartnäckig zum Bösewicht gestempelt wurde.[1] Schon Kinder lernen aus Märchen wie *Rotkäppchen* oder *Die drei kleinen Schweinchen*, sich vor Wölfen zu fürchten. Bis heute werden Wölfe so intensiv verfolgt, gejagt und getötet, dass sie in einigen Regionen als bedroht gelten. Hier und da finden wir versöhnliche Geschichten wie die von der Wölfin, die die ausgesetzten Zwillingsbrüder und späteren Gründer Roms, Romulus und Remus, säugte. Doch im Großen und Ganzen begegnet der Mensch dem Wolf immer mit einer Mischung aus Angst und Abscheu. Deshalb ist es umso bemerkenswerter, dass wir heute ihren engsten Cousins freiwillig unsere Häuser und Herzen öffnen.

Shaun Ellis und andere, die sich mit Wölfen beschäftigt haben, wollen etwas gegen die ihrer Ansicht nach völlig unverdiente Verunglimpfung unternehmen. Zwar kann es vorkommen, dass ein Wolf einen Menschen tötet, doch die Zahl dieser Fälle ist verschwindend gering. Andererseits töten Menschen Wölfe zu Tausenden. Wenn unsere Vorfahren einst so eng mit diesen Tieren verbündet waren, wie kam es dann, dass wir sie in unserer Vorstellung in das hinterlistige bösartige Untier verwandelt haben, das wir heute in ihnen vermuten? Ich bin nicht der Einzige, der viele Kennzeichen der modernen Welt – Staaten, Städte, komplexe und weitgehend zerrüttete Gesellschaften, ja, sogar Infektionskrankheiten – auf die Folgen der Landwirtschaft zurückführt. Vor der landwirtschaftlichen Revolution, die vor etwa 10 000 Jahren begann, lebte der Mensch als Jäger und Sammler und hinterließ Spuren in Höhlen wie denen von Chauvet und Altamira. Obwohl er zum »Spitzenprädator« seiner Zeit aufgestiegen war, musste er das Land und die Tiere, mit denen er es teilte, verstehen – auch und vielleicht besonders den Wolf. Als der Mensch das Jäger- und Sammler-Dasein aufgab, um Ackerbau und Viehzucht zu betreiben, konnte er an einem Ort siedeln, statt den Herden auf ihren jährlichen Wanderungen zu folgen. Er brauchte den Wolf nicht mehr und ließ ihn hinter sich.

In seinem Buch *Ein Sommer mit Wölfen* beschreibt Farley Mowat die Verwandlung des Wolfs von einem Freund in einen Feind folgendermaßen:

Es gibt reichlich Hinweise darauf, dass der Wolf und der jagende Mensch durchaus keine Feindschaft pflegten, sondern weltweit in einer Art Symbiose lebten, in der sie dem jeweils anderen zum Vorteil gereichten. Doch als der Mensch in Europa und Asien die traditionelle Jagd aufgab und Bauer oder Hirte wurde, büßte er die urzeitliche Empathie mit dem Wolf ein und wurde zu seinem hasserfüllten Feind. Der sogenannte zivilisierte Mensch schaffte es schließlich, den echten Wolf aus dem kollektiven Denken zu verbannen und ihn durch ein Zerrbild zu ersetzen, das mit seiner Bösartigkeit Angst und Hass in fast krankhaftem Ausmaß schürte.

Diese Denkweise brachte der europäische Mensch, angespornt von reichen Gaben und bewaffnet mit Gewehren, nach Amerika mit.[2]

Wir machten aus dem Freund einen Feind, als der Wolf aufgrund seiner natürlichen Instinkte begann, die Herden domestizierter Tiere, auf die wir angewiesen waren, zu überfallen. Das können wir auch heute immer dann beobachten, wenn irgendwo die Wiederansiedelung des Wolfs geplant wird.

Als 1995 31 Wölfe von Alberta in den Yellowstone-Nationalpark umgesiedelt wurden, nachdem es dort aufgrund der Ablehnung durch die einheimische Bevölkerung 70 Jahre lang keine Wölfe gegeben hatte, wirkte sich der Wolf unmittelbar und überaus positiv auf das Reservat aus. Die Bestände seiner Hauptbeutetiere Wapiti und Rothirsch nahmen rasch ab, und ebenso rasch sanken die Schäden, die diese Tiere an den jungen Bäumen angerichtet hatten. Doch im Lauf der Jahre beeinflusste die Wiederansiedelung der Wölfe nicht nur ihre Beutetiere, sondern auch andere Tiere und schließlich sogar das Aussehen des Nationalparks. Dass die Bestände an Wapitis und Rotwild zurückgingen, war nur der Anfang. Das Rotwild lernte, die Teile des Nationalparks zu meiden, in denen es der Wolf leicht zur Strecke bringen konnte. Dem Rückgang der Hirsche folgte eine erstaunliche Zunahme des Baumbewuchses insbesondere in den Flusstälern und den zahlreichen Schluchten. Schon bald waren die einst kahlen Abhänge mit Espen, Weiden und Pappeln bewachsen. Singvögel kehrten ebenso zurück wie Biber, die mit ihren Dämmen die Flüsse stauten und flache Tümpel für Fische und andere Wasserbewohner schufen. Da die Wölfe Kojoten töteten, wuchsen die Bestände kleiner Säugetiere wie Mäuse und Hasen und mit ihnen die der Habichte, Weißkopfseeadler und anderer Greifvögel. Die Bären vermehrten sich, weil sie von der Zunahme der Beerensträucher profitierten. All diese positiven Veränderungen ergaben sich aus der Wiederansiedelung von Wölfen und breiteten sich in einer, wie die Ökologen sagen, »trophischen Kaskade« aus.

In Schottland wird derzeit heftig über die Wiederansiedelung von Wölfen diskutiert. Befürworter des Programms betonen mit Hinweis auf das Beispiel Yellowstone die Vorteile einer Verkleinerung des Rotwildbestands durch die Wiederansiedelung seines einstigen Erzfeindes. Gegner warnen dagegen vor Wolfsangriffen auf Menschen und vor allem auf Nutztiere wie Schafe und Rinder. Diese geläufigen Bedenken werden auch in Yellowstone wieder laut, seit der Wolfsbestand so stark gewachsen ist, dass sich die Rudel aus dem Nationalpark in die umliegenden landwirtschaftlichen Gebiete ausbreiten. Der Wolf wurde von der Liste der bedrohten Arten gestrichen und zur Jagd freigegeben. Es ist eben doch schwierig, zwischen dem Naturschutz, der sich eine bestandserhaltende Wolfspopulation in Wyoming und den benachbarten Bundesstaaten Montana und Idaho wünscht, und der ablehnenden Haltung der Bevölkerung zu vermitteln, der von Kindheit an beigebracht wurde, den Wolf zu fürchten.

In meiner Version der Geschichte kooperierten paläolithische Jäger mit Wölfen, um große Beutetiere zu erlegen. Die Wölfe hatten nicht das Werkzeug, ein so mächtiges Tier wie einen Bison zu töten, und waren, wenn sie ihre Beute durch Bisse langsam verbluten ließen, einem hohen Verletzungsrisiko ausgesetzt. Sie trieben daher das Tier in die Enge und hielten es in Schach, bis die Menschen es mit dem Speer erlegten. Dieser Instinkt für die kooperative Jagd ist noch heute zu beobachten. So treibt beispielsweise ein Rhodesian Ridgeback einen Löwen in die Enge, bis der Jäger eintrifft und das Raubtier erschießt.

Die Beute wurde geteilt, wobei die Wölfe Innereien und Abfälle erhielten, die Menschen das Fleisch. Möglich war die Kooperation nur dank der ähnlichen sozialen Organisation von Wolf und Mensch. Die gegenseitige Empathie prägte sich im Lauf der Zeit bei beiden ins Unterbewusstsein ein. Nach dem Beginn der Landwirtschaft im Nahen Osten vor etwa 10 000 Jahren verlor sie sich wieder, und der Wolf galt als Feind des Menschen. Die kostbare atavistische Empathie, die in der Psyche beider Spezies verankert war, übertrug der Mensch jedoch vom Wolf auf den Hund. Der Wolf wiederum lernte zwar, den Menschen zu fürchten, betrachtete ihn aber nie als Feind, sondern trägt die vorzeitliche Empathie noch in sich. Deshalb fraß er auch Shaun Ellis nicht auf.

Mowats Buch *Ein Sommer mit Wölfen* erschien 1963, wurde ein Bestseller und in 37 Sprachen übersetzt. Der Disney-Film aus dem Jahr 1983 verbreitete die zentrale Botschaft des Buchs: Wölfe sind keine wilden Mörder, sondern sanfte Tiere mit Familiensinn und einem freien Geist, die missverstanden und zu Unrecht verfolgt wurden. In der *Los Angeles Times Book Review* schrieb David Graber: »Mit seinem Buch *Ein Sommer mit Wölfen* revidierte Mowat fast im Alleingang das Bild des Wolfs als gefürchtetes Untier und erhob ihn zu einem romantischen Symbol für die Wildnis.« Der Bösewicht dieser Geschichte, der Canadian Wildlife Service, der laut Mowat auf Druck der Jagdlobby die Ausrottung des Wolfs in Nordamerika betrieb, als er Mowat auf seine verlogene Mission schickte, wurde von Vorhaltungen empörter Bürger geradezu überschwemmt. Seine Vertreter behaupteten daraufhin, Mowat habe seine Mission sachlich nicht richtig dargestellt. So sei er nicht allein, sondern ständig in Begleitung zweier weiterer Biologen gewesen, und der Wildlife Service habe auch nie vorgehabt, den Wolf auszurotten. Egal, wie viel Mowat in *Ein Sommer mit Wölfen* erfunden hat – es ist ihm jedenfalls hoch anzurechnen, dass er das negative Bild vom Wolf in der Öffentlichkeit revidierte und eine Reihe von Schutzmaßnahmen wie die Wiederansiedelung des Wolfs im Yellowstone-Nationalpark anschob, die bis heute fortwirken.

11

Der Hauch des Bösen

Seit jeher herrscht eine gewisse Spannung zwischen Wissenschaftlern, die gelernt haben, sich in ihrer Arbeit ungeachtet ihrer persönlichen Gefühle an Tatsachen zu orientieren, und der breiten Öffentlichkeit, die vor allem eine gute Geschichte lesen will und für die Faktenhuberei der Akademiker nicht viel übrig hat. Ich erlebte einmal, wie ein sehr bekannter Embryologe, auch er Autor, auf einer Konferenz die pingelige Detailversessenheit einer faktenreichen Präsentation kommentierte. An den Vortrag kann ich mich nicht mehr erinnern, aber ich weiß noch, was er sagte, als er ihn in seiner Eigenschaft als Tagungsvorsitzender zusammenfasste: »Das Problem mit euch [wir waren keine Embryologen] ist, dass ihr viel wisst, aber absolut nichts erklärt.« Mit diesem Konflikt haben Autoren stets mal mehr, mal weniger zu kämpfen, wenn sie für eine breite Öffentlichkeit schreiben. *Ein Sommer mit Wölfen* mag stellenweise nicht den Fakten entsprochen haben, doch Millionen haben es gelesen und wurden sehr positiv davon beeinflusst.

Zum Glück gibt es umfangreiche und gründliche Feldforschungen zu frei lebenden Wölfen, die sich möglicherweise nicht so unterhaltsam lesen wie *Ein Sommer mit Wölfen*, die als Quellen für sachliche Informationen über dieses faszinierende Tier aber überaus nützlich sind. Ein Großteil der Feldforschung fand in Nordamerika, insbesondere in Kanada und Alaska statt, wo der Wolfsbestand auf insgesamt etwa 20 000 Tiere geschätzt wird. In den 48 US-Bundesstaaten weiter südlich wurde der Wolf ausgerottet, sieht man einmal von der Wiederansiedelung in Idaho und Wyoming und einer kleinen stabilen Population in Minnesota und auf der Isle Royale im Lake Superior ab. Kleinere Bestände finden sich auch im Norden Michigans und Montanas an der kanadischen Grenze sowie in den Sumpfwäldern von Südost-Texas und Louisiana. Ansonsten leben in den USA keine Wölfe mehr.

In Europa streiften die Rudel einst frei umher. In Großbritannien wurden sie vollständig ausgerottet; den letzten Wolf schoss 1680 Sir Ewen Cameron in Pertshire. Der letzte skandinavische Wolf wurde 1911 in Finnland erlegt, doch in Italien, Spanien und Frankreich gibt es noch kleinere Bestände. In Osteuropa leben Wölfe in den Wäldern von Estland, Polen und den Balkanstaaten. Da sie ohne Rücksicht auf politische Grenzen umherwandern, können Wölfe auf dem europäischen Festland praktisch überall unvermittelt auftauchen, und das tun sie auch. Als ich vor ein paar Jahren in Südfrankreich war, sorgte ein einsamer Wolf für Aufregung, der, von der italienischen Grenze kommend, immer nachts die Hauptstraße entlangwanderte. Die regionalen Zeitungen fabrizierten die romantische Geschichte eines einsamen Witwers, der vergeblich nach seiner Geliebten sucht.

Außerhalb Europas finden sich Wölfe noch über ganz Asien verteilt: im Iran, in Nordindien, in Afghanistan und bis nach China hinein. Die Bestandszahlen sind allerdings unbekannt. In Äthiopien kommt der seltene Wolf *Canis simensis* vor, der jedoch einer anderen Art angehört als der graue Wolf *Canis lupus*.

In Nordamerika begann die gezielte Ausrottung des Wolfs, als kurz nach der Lewis-und-Clark-Expedition 1804 bis 1806 Trapper gen Westen zogen. Diese Expedition im Auftrag Präsident Thomas Jeffersons hatte die Landstriche westlich des Mississippi erkunden sollen, die man 1803 im Louisiana-Landkauf von den Franzosen erworben hatte. Die Trapper hatten es auf Biberpelze abgesehen und töteten die Wölfe, die es sich angewöhnt hatten, die Biber aus den Fallen zu stehlen. Schon 1850 waren die großen Nager dermaßen dezimiert, dass die Trapper dazu übergingen, den Wölfen den Pelz abzuziehen. Gleichzeitig geriet auch der Bison durch intensive Bejagung enorm unter Druck. Bis 1880 wurden unglaubliche 75 Millionen Büffel abgeschlachtet, vor allem wegen ihres Fells. Die Wölfe lernten, den Bisonjägern zu folgen und sich von den liegengelassenen Kadavern zu ernähren. Auch sie gerieten ins Visier der Jäger, die sich nur selten die Mühe machten, ihnen das Fell abzunehmen. Als keine Büffel mehr übrig waren, verdienten die Menschen ihren Lebensunterhalt wieder mit Wolfsfellen, und im Jahr 1890 gab es östlich der Rocky Mountains von Texas im Süden bis Dakota an der kanadischen Grenze im Norden fast keine Wölfe mehr.

Die Wolfskriege, wie sie später genannt wurden, gingen mit einer Schmähkampagne einher, ähnlich der hasserfüllten Propaganda, mit der Menschen seit jeher ihre Feinde überziehen, seien es nun Artgenossen oder Vertreter anderer Spezies.

Das Ausmaß dieses Gemetzels, das uns heute widerlich erscheint, verblüffte die indigenen Stämme Nordamerikas, die Jahrtausende Seite an Seite mit dem Wolf gelebt hatten. Bis heute vertreten sie eine völlig andere Haltung gegenüber dem Land und den Tieren, mit denen sie es teilen. Vereinfacht kann man sagen, dass sich die indigenen Völker Amerikas unter dem wachsamen Auge des Großen Geistes als Hüter des Landes und der Tiere betrachten. Natürlich jagten sie Büffel, Rothirsche und Wapitis, um sich mit Nahrung und Kleidung zu versorgen, doch vorher baten sie das Tier stets um seinen Segen. Darin liegt meiner Ansicht nach der Schlüssel für die Frage nach unserem Verhältnis zum Wolf und später zum Hund. Anders als wir »zivilisierten« Menschen der westlichen Welt begriffen die Ureinwohner Amerikas, dass manche Dinge nicht über den Verstand zu erschließen sind, sondern nur über den Mythos.

Wir mögen über solcherlei »primitive« und unwissenschaftliche Erklärungen für natürliche Phänomene spotten, doch sie ähneln durchaus der Haltung unserer paläolithischen Vorfahren gegenüber der natürlichen Welt, die sich aus den Höhlenmalereien von Chauvet ablesen lässt. Unzählige indigene Legenden kreisen um den Wolf. Barry Lopez erzählt in seinem Buch *Of Wolves and Men* aus dem Jahr 1978 eine solche Legende der Cheyenne.[1] Wie andere Prärie-Stämme gründeten die Cheyenne Verbände junger Krieger, deren Aufgabe es war, das Volk gegen Angriffe zu verteidigen und Raubzüge gegen Nachbarn zu unternehmen. Diese »Wolfskrieger«, wie sie genannt wurden, erlangten Ende des 19. Jahrhunderts in den sogenannten »Indianerkriegen« Bedeutung. Damals wanderten die beiden Hauptzweige der Cheyenne, die zwangsweise in Reservate in Oklahoma umgesiedelt worden waren, zurück zu ihrem traditionellen Stammesgebiet in North und South Dakota. Der spätere Anführer der Wolfskrieger Owl Friend machte sich eines Nachts allein auf den Weg zu den südlichen Cheyenne, als er von einem Schneesturm überrascht wurde. In der Dunkelheit kam er an eine an einem Bach gelegene Hütte. Dort wurde er von jungen Männern begrüßt, die ihn hereinbaten. Sie gaben ihm zu essen, trockneten seine vom Schneesturm durchnässten Kleider und brachten ihn zu Bett. Vier Tage hielt der Sturm an. Am Morgen des fünften Tages führten die jungen Männer Owl Friend nach draußen. Der Sturm hatte sich gelegt, der Himmel war klar. »Vergiss nie«, sagten sie, »wir geben dir alles.«

Am nächsten Morgen erwachte Owl Friend in der offenen Prärie. Er war von vier Wölfen umgeben, in denen er die jungen Männer aus der Hütte wiedererkannte. »Wiederhole den Wolfstanz vier Tage und vier Nächte, dann wirst du ein Wolfskrieger werden«, trugen sie ihm auf, und Owl Friend tat wie geheißen. Am fünften Tag kehrte er zu seinem Stamm zurück und wurde zum Anführer der Wolfskrieger, des letzten und gefürchtetsten der sieben großen Kriegerverbände der Cheyenne. In den folgenden Jahren kämpften die Wolfskrieger mit Mut und Härte gegen ihre Feinde – Tugenden, die durch die Macht von Owl Friends Traum von den Wölfen auf sie übergegangen waren.

Ähnliche Mythen, die von der geistigen Übertragung von Wesenszügen erzählen, durchziehen die indigenen Überlieferungen. In Europa erinnern uns nur die Wandmalereien von Chauvet an die uralte spirituelle Verbindung zwischen Mensch und Tier, obwohl der Wolf merkwürdigerweise nirgendwo abgebildet ist. Doch der uralte Pakt besteht auch in etwas fort, das weitaus lebendiger ist als Kunst oder Mythos: in Alltag und Mentalität von Hundeliebhabern in aller Welt.

Im Lauf der Geschichte wurde der Wolf als Verkörperung des Bösen, des Wilden, ja der schamlosen Lust und sexuellen Promiskuität dämonisiert. Im mittelalterlichen Europa beschuldigte man Menschen, als Werwölfe zwischen Menschen- und Wolfsgestalt zu wechseln, und verbrannte sie auf dem Scheiterhaufen. Heute geht man davon aus, dass diese Unglücklichen nichts dergleichen waren, sondern wahrscheinlich an einer schweren Form der Schizophrenie litten. Wenn Wölfe Kinder aufziehen, was hin und wieder vorkommt, zeigen diese bei ihrer »Befreiung« oft Symptome, die als schwerer Autismus interpretiert werden. Sie kauern in einer Ecke, sprechen nicht, lehnen Kleidung ab und neigen zu grundlosen Gewaltausbrüchen. In keinem dieser Fälle glaubt heute jemand, dass diese Menschen buchstäblich teils Wolf, teils Mensch geworden wären.

Im europäischen Mythos wurden Wölfe fast immer als Inbegriff des Bösen dargestellt. Nordische Mythen erzählen von dem bösartigen Fenriswolf, dem Höllenhund Garm und dem Gestaltwandler Loki, die in Ketten liegen, bis sie sich zur Götterdämmerung am Ende der Welt befreien und in Asgard auf Leben und Tod gegen den nordischen Gott Odin und die Asen kämpfen. Die Assoziation von Wolf, Tod und Zerstörung ist allgegenwärtig. Die Kirche ordnete den Wolf dem Teufel zu, und unter der Schreckensherrschaft der spanischen Inquisition ab dem Jahr 1478 wurden die unglücklichen Werwölfe als Vertreter des Teufels gejagt und umgebracht.

Angesichts dieses tief verwurzelten Hasses auf den Wolf ist es umso überraschender, dass Hunde, die so eng mit Wölfen verwandt sind, »des Menschen beste Freunde« wurden, ein Quell von so viel Zuneigung, Glück, ja sogar Liebe. Kann es sein, dass wir im Hund und sogar im Wolf viel von uns selbst erkennen und sich unsere Gefühle deshalb noch verstärken? Ist das, was wir in den Augen des einen oder des anderen Tieres sehen, eine Spiegelung, eine Übertragung unserer Emotionen? Shaun Ellis jedenfalls machte diese Erfahrung, als er das erste Mal einem Wolf in die bernsteinfarbenen Augen blickte. Er hatte das Gefühl, diese Augen bohrten sich direkt in seine Seele.

Als Shaun später darüber nachdachte, meinte er, er habe sich möglicherweise getäuscht und der Wolf habe nichts dergleichen verspürt, sondern einfach nur über seine nächste Mahlzeit nachgedacht. Hundebesitzer beschreiben oft ein ähnliches Gefühl des gegenseitigen Verstehens, wie Shaun es mit dem Wolf erlebte. Aber entspricht das der Wirklichkeit? Und spielt es überhaupt eine Rolle? Immerhin kann auch die nach außen hin freundlichste Restaurantbedienung ihre Gäste für Vollidioten halten, doch solange sie die Suppe nicht verschüttet – obwohl sie größte Lust dazu hätte –, können die Gäste von ihren wahren Gefühlen nichts ahnen. Die meisten Hundebesitzer würden dieser Interpretation des Verhaltens, das ihr Hund ihnen gegenüber an den Tag legt, entschieden widersprechen, und damit könnten sie durchaus recht haben. Vielleicht ist der Respekt, den sie bei ihren Tieren sehen, echt und verdient. Aber wie bei der Bedienung im Restaurant stellt sich die Frage: Spielt es wirklich eine Rolle, ob es nur Schein ist, solange der Schein gewahrt bleibt?

12

Das wölfische Grundgerüst

Der hypnotische Blick, der auch auf mich so betörend wirkt, hat für den Wolf möglicherweise eine völlig andere Funktion. Ehe ein Rudel festlegt, welches Tier aus einer Herde es jagt, taxieren die Wölfe die Tiere eins nach dem anderen, und oft erwidern diese ihren Blick. Die Ureinwohner Amerikas sprechen von der »Zwiesprache des Todes«. Die Wölfe begutachten auf diese Art die körperliche Verfassung der Beute. Die gesunden Tiere in einer Herde beachten ein Rudel Wölfe oft gar nicht, weil sie die Prüfung ohnehin bestehen. Die Kranken und Schwachen dagegen verraten sich durch ihre Nervosität und geben manchmal sogar richtiggehend auf, indem sie sich vom Rest der Herde entfernen. Für die Wölfe hängt viel von dieser Einschätzung ab, denn die richtige Wahl des Opfers entscheidet darüber, ob sie sich den Magen vollschlagen können oder hungern müssen. Halten Sie sich das vor Augen, wenn Sie das nächste Mal zärtliche Blicke mit ihrem Haustier wechseln.

Als Kind brachte man mir bei, dass Hunde Angst riechen können und man sie daher nie zeigen dürfe. Angst macht alles nur noch schlimmer. Der Höllenhund in unserer Straße wusste sicher, dass ich eine leichte Beute gewesen wäre, und niemand kann mir weismachen, dass er nicht vorhatte, mich zu meucheln, wenn ich täglich auf dem Schulweg bei ihm vorbeikam. Hunde sind keine Wölfe, aber obwohl sich ihr Verhalten über die Jahrtausende, in denen Mensch und Hund einander näherkamen, in vielem ihrer Umwelt angeglichen hat, ist die Originalschablone doch noch sehr wölfisch.

Ob es uns gefällt oder nicht: Alle Eigenschaften des Hundes, seine äußere Erscheinung, seine Sinne, sein Verhalten, leiten sich vom Wolf ab, wenn auch durch Jahrtausende der Selektion abgeschwächt oder verstärkt. Selektion hat enorm dazu beigetragen, den Hund, wie er heute ist, zu formen, doch das Grundgerüst ist wölfisch, und dieses Grundgerüst setzt dem, was sich mit Selektion bewirken lässt, klare Grenzen. Selektion kann keine Hunde hervorbringen, die natürlich auf zwei Beinen gehen. Man kann ihnen das als Trick beibringen, aber zumindest in absehbarer Zukunft wird kein Hund besser auf zwei Beinen gehen als auf vier. Wie bei den fernen Vorfahren des Menschen setzt der Aufbau der Hüfte klare Grenzen. Wir können unserem Hund antrainieren, scheinbar wortähnliche Laute von sich zu geben, doch wird er nie das Sprechen erlernen, denn es fehlt schlicht an den für die Sprache notwendigen neurologischen Signalwegen. Im Rahmen all dieser Beschränkungen aber haben unsere beiden Arten Gemeinsamkeiten entdeckt, die uns trotz der großen evolutionären Ferne und der riesigen Unterschiede im Genom zusammengeführt haben.

Mit Hunden kann der Mensch eine viel engere emotionale Bindung eingehen als mit seinen nächsten evolutionären Verwandten, den Schimpansen. Tierverhaltensbiologen wissen das seit Jahren und haben umfangreiche Versuche dazu durchgeführt. So können Schimpansen zwar viele Aufgaben besser lösen als Hunde, doch dafür sind Hunde in anderen Bereichen besser. In einem beliebten Versuch wird Futter unter zwei umgedrehte Becher gelegt und geprüft, wie oft der Hund oder der Schimpanse auf ein bestimmtes Signal des Menschen hin den richtigen Becher wählt. Wegen des hervorragenden Geruchssinns von Hunden muss mit bestimmten Vorkehrungen verhindert werden, dass das Tier diesen Vorteil ausnutzt; so werden beispielsweise beide Becher mit dem Futter in Berührung gebracht oder hinter einen Glasschirm gestellt. Ohne einen Fingerzeig auf die richtige Lösung wählen Hunde und Schimpansen, wie zu erwarten, etwa in der Hälfte der

Fälle den richtigen Becher. Der Versuchsleiter verrät nun mit einem Signal, unter welchem Becher sich das Futter verbirgt, indem er ihn zum Beispiel ansieht oder antippt. Anschließend werden die erfolgreichen Versuche gezählt. Schimpansen schneiden in diesem Versuch nicht sonderlich gut ab, lernen jedoch mit der Zeit, den richtigen Becher zu finden. Hunde dagegen schneiden bei dem Test glänzend ab.

Aus diesem und anderen Versuchen muss man schließen, dass Schimpansen zwar lernen, was sie zu tun haben, dass die Hunde aber in der Lage sind, durch Beobachtung des Menschen unmittelbar zu erkennen, was er will. Diese verblüffende Fähigkeit, die der Hund mit dem Wolf teilt, erklärt sich aus der feinen Empfänglichkeit für Signale anderer Rudelmitglieder. Entsprechend lesen Wölfe auch die Signale ihrer Beutetiere, um das richtige Tier auszuwählen, in die Enge zu treiben und zu töten. Auf der offenen Tundra müssen sie wissen, welches der 100 Karibus sie verfolgen sollen, um erfolglose Hetzjagden zu vermeiden. Hier hat die Fähigkeit des Hundes ihren Ursprung, feinste Signale von Herrchen oder Frauchen zu deuten und schon lange, bevor die Tür geöffnet wird, zu wissen, dass ein Spaziergang ansteht. Natürlich deuten wir dies bei unseren geliebten Haustieren gern als Zeichen der Intelligenz, doch dem widerspricht, dass sie Aufgaben, die wir als einfach einordnen würden, absolut nicht lösen können. Versteckt man zum Beispiel Futter hinter einem Zaun, versucht der Hund immer wieder, durch den Zaun zu gelangen, und ignoriert sämtliche Hinweise des Menschen, doch einfach den Umweg über das Tor zu nehmen.

Es ist lange her, dass unsere Vorfahren von der Jagd lebten, und nach der Erfindung der Landwirtschaft büßten wir die Fähigkeit, die Gedanken anderer Tiere zu lesen, fast vollständig ein. Viele Jäger jedoch berichten, dass sie oft im Gefühl haben, dass sie »wissen«, was ein Tier als Nächstes tun wird – auch dies einer der vielen atavistischen Sinne aus unserer paläolithischen Vergangenheit. Einst waren wir Jäger, und gewissermaßen sind wir es noch, tief in unserem Innern.

Ein weiteres wichtiges Merkmal haben wir mit dem Wolf gemein und in den Jahrtausenden der Zivilisation nicht vollständig eingebüßt. Wie die Wölfe in einem Rudel sind auch wir Menschen aufeinander angewiesen. So überraschend sich das anhört und so unzureichend wir als Individuen es auch umsetzen mögen, so hängt unser Erfolg als Spezies doch davon ab, dass wir genau wie ein Wolfsrudel zusammenarbeiten, um zu erreichen, was wir allein nicht erreichen können.

Die Urzelle der Kooperation ist beim Menschen seit jeher die Familie, und dafür gibt es gute Gründe. Als sich unsere Vorfahren, die Baumbewohner der afrikanischen Wälder, weiterentwickelten und als Zweibeiner die Savannen besiedelten, musste sich das Knochengerüst verändern, damit der Mensch aufrecht gehen konnte. Eine dieser Veränderungen fand im Becken statt, wo sich die beiden Schambeine vorn verbanden, sodass sich der Geburtskanal stark verengte. Da gleichzeitig das Gehirn größer und komplexer wurde und somit auch der Schädel des Babys wuchs, sind seither Wehen und Geburt für Frauen schmerzhaft und gefährlich. Und weil das Gehirn größer war und Zeit verging, bis alle neuronalen Verbindungen hergestellt waren, waren Babys und Kleinkinder fortan länger auf Fürsorge und Aufmerksamkeit angewiesen. Die Mütter brauchten in der langen Zeit bis zur Unabhängigkeit ihrer Kinder die Unterstützung der Familie. Darüber hinaus lernten die Menschen, dass man besser gemeinsam als allein jagen geht. Dank dieser Zusammenarbeit konnten unsere Vorfahren größere Beutetiere jagen, was besonders im altsteinzeitlichen Europa eine Rolle spielte, denn hier gab es, wie wir gesehen haben, reichlich große Pflanzenfresser.

Zwar kannten unsere fernen Vorfahren in Afrika wahrscheinlich schon Afrikanische Wildhunde und andere Raubtiere, die in gut organisierten Rudeln jagten, doch als sie vor etwa 40 000 bis

50 000 Jahren in Europa eintrafen, konnten sie aus nächster Nähe die Jagdstrategie des grauen Wolfs beobachten und vielleicht sogar nachahmen. Menschen und Wölfe hatten sonst wenig gemein, doch bei beiden Arten war die Kooperationsfähigkeit im engen Familienverband stark ausgeprägt.

Die soziale Grundeinheit ist beim Wolf das Rudel. Es ist schon fast ein Organismus für sich, und entscheidend ist, dass es als Einheit überlebt. Ein Wolf, der aus dem Rudel verbannt wird, muss in einem anderen Rudel Aufnahme finden, sonst wird er verhungern und früh sterben. Ein Rudel ist meist eine Großfamilie mit etwa sechs untereinander verwandten Einzeltieren. Hin und wieder hört man von Rudeln aus 30 Wölfen, was durchaus glaubhaft ist, wohingegen »Superrudel« mit 100 Tieren, von denen in der Presse bisweilen reißerisch berichtet wird, die Auflage steigern mögen, jedoch höchst unwahrscheinlich sind. Hier ein typisches Beispiel: »Berichten zufolge [...] wurde in Werchojansk der Notstand ausgerufen, nachdem die ostsibirische Stadt von 400 hungrigen Wölfen eingekesselt worden war, die 30 Pferde töteten. Die verängstigten Bewohner mussten sich fragen, ob sie als Nächstes auf dem Speiseplan standen.«[1] Diese Geschichte spricht die tief verwurzelte Angst des Menschen vor Wölfen an, die neben der Angst vor Dunkelheit, dichten Wäldern und gefährlichen Raubtieren Teil unseres paläolithischen Erbes ist und uns bis heute prägt.

Dabei ist das Leben im Wolfsrudel ungleich prosaischer. Wie wir gesehen haben, pflanzt sich in jedem Rudel nur das Alpha-Paar fort. Die Paarung findet einmal im Jahr im Februar oder März statt, 63 Tage später werden die Welpen geboren. Ein Wurf besteht meist aus vier bis sechs Welpen, doch die Zahl hängt stark vom Nahrungsangebot ab. In guten Jahren kann ein Wurf bis zu zwölf Junge haben, in sehr mageren Jahren hat das Alpha-Paar gar keinen Nachwuchs. Die Jungen kommen taub und blind zur Welt. Erst nach ein paar Tagen können sie hören, nach zehn Tagen öffnen sie die Augen, und mit fünf Wochen werden sie abgesetzt, also entwöhnt. In dieser Zeit verlassen sie schon hin und wieder die Höhle, halten sich aber beim Spielen stets in der Nähe des Eingangs auf. Im Spiel wird die überaus wichtige soziale Ordnung innerhalb des Wurfs etabliert, die sich zwar im Einzelnen noch ändern kann, jedoch der Gesamtorganisation im Rudel unterliegt. Hundebesitzer und Züchter dürften viele Entwicklungsstufen der Welpen wiedererkennen.

Bei aller Liebe und Hingabe der Mutter im Umgang mit ihren Welpen herrscht doch die unbarmherzige Disziplin der Wildnis. Ein Welpe, der Anzeichen körperlicher Schwäche aufweist, wird getötet und sogar aufgefressen. Die hormonelle Regulierung der Größe eines Wurfs je nach Nahrungsangebot wie auch die Beseitigung schwacher und kranker Tiere sollen das Überleben des Rudels sichern. Dass sich alle erwachsenen Tiere um die Welpen der Alpha-Wölfin kümmern und im Gegenzug von den Jungen Zuneigung erhalten, dient demselben Zweck. Anders als bei anderen Arten unternehmen die Erwachsenen nicht den Versuch, den heranwachsenden Welpen die Nahrung wegzuschnappen, und die soziale Ordnung im Rudel wird streng beachtet.

Das erinnert an das Verhalten sozialer Insekten wie Bienen und Ameisen: Die Arbeiterinnen sind unfruchtbar und widmen sich vollständig dem Überleben des Nachwuchses, den das Alpha-Weibchen, also die Königin, zur Welt bringt. Evolutionär erklärt sich dieser Altruismus dadurch, dass die Arbeiterinnen zwar keinen eigenen Nachwuchs bekommen, mit der Unterstützung ihrer Schwester, der Königin, aber sicherstellen, dass ihre DNA an die nächste Generation übergeht. Wie das Bienenvolk ist auch das Wolfsrudel eine Großfamilie. Konrad Lorenz, der das Verhalten der Hunde genau beobachtete, interpretierte den Altruismus im Wolfsrudel als die primitiven Anfänge einer Moralvorstellung. Der starke Familiensinn, den der Wolf an den Tag legt und den wir, wenngleich manchmal unbeholfen, teilen, bildet das Herzstück der unerwartet engen Beziehung unserer Vorfahren zu diesem Wildtier, die einige Menschen heute noch mit ihren Haustieren genießen.

Besonders in den frühen Tagen der Verhaltensforschung beobachteten die Wissenschaftler vor allem Wölfe in Gefangenschaft, in einem Gebiet also, das größenmäßig einen Bruchteil ihres natürlichen Reviers umfasste. Diese Tiere wurden täglich gefüttert, brauchten somit nicht zu jagen, und waren auch nicht unbedingt miteinander verwandt, wie es in der Wildnis der Fall ist. John Bradshaw von der University of Bristol, der sich auf das Verhalten von Hunden spezialisiert hat, hält mittlerweile die verbreitete Vorstellung einer strengen Dominanzhierarchie im Wolfsrudel schon allein deshalb für überzogen, weil Tiere, die in Gefangenschaft beobachtet werden, nicht miteinander verwandt sind.[2] Seiner Ansicht nach ist es kein Wunder, dass unter diesen Tieren oft mehr Aggressionen herrschen als in einem wilden Rudel. Wenn man Theorien über das Rudelverhalten auf die Beobachtung gefangener Tiere stütze, so Bradshaw, sei das gerade so, als leite man die Feinheiten menschlicher Interaktionen aus dem Verhalten langjährig Inhaftierter ab.

Bradshaw zufolge ist die falsche Interpretation des Rudelverhal-

Ein Wolfsrudel in einem Reservat in Kanada. Die sozialen Bindungen im Rudel sichern den Wölfen ihr Wohlbefinden und Überleben.

tens, besonders der Rolle des »Alpha-Rüden«, auch an den eher widerwärtigen Methoden der Hundeerziehung schuld, die häufig körperliche Strafen vorsehen. Adolph Murie, der Ende der dreißiger Jahre als erster Biologe Wölfe in ihrem natürlichen arktischen Lebensraum erforschte, gelangte zu dem Schluss, dass die Tiere im Rudel in erster Linie freundlich miteinander umgehen.[3] Anders als Wölfe in Gefangenschaft sind sie aufeinander angewiesen, um zu überleben. Zwar herrscht bisweilen eine rauhe Disziplin, doch überwiegen liebevolle Beziehungen und gegenseitige Unterstützung, die für den Zusammenhalt im Rudel unverzichtbar sind.

Die Struktur im Rudel ist fließend, kann sich also mit der Zeit und mit den Umständen ändern, doch immer gibt es zwei unterschiedliche Hierarchien. Das Alpha-Weibchen und der Alpha-Rüde stehen den Wölfen ihres Geschlechtes vor. Früher dachte man, dass nur sie sich fortpflanzen, doch mittlerweile ist bewiesen, dass das Alpha-Weibchen zwar als einziges Tier Junge in die Welt setzt, dass aber der Alpha-Rüde nicht immer der Vater ist. Die Rangordnung wird relativ frei durch eine Vielzahl von Posen und Gesten verdeutlicht, und meist, wenn auch nicht immer, fressen die Alpha-Wölfe nach der Jagd zuerst.

Der Mythos vom Alpha-Rüden, der nie herausgefordert werden darf, entwickelte sich in der menschlichen Gesellschaft zu einem Stereotyp, das zumindest teilweise unserer verzerrten Sicht der sozialen Ordnung im Wolfsrudel entstammt. Das letzte Wort hat dort immer das Alpha-Weibchen. Es sucht das Opfer aus und leitet die Jagd. Die Beta-Tiere vollstrecken den Willen der Alpha-Wölfin, indem sie beispielsweise ein Beutetier aufscheuchen, damit sie beurteilen kann, wie fit es ist. Kurz vor der Geburt der Welpen versammelt sich das Rudel in der Nähe der von der trächtigen Wölfin gewählten Geburtshöhle. Es versorgt sie mit Nahrung und bringt den Welpen, wenn sie abgesetzt sind, die sozialen Regeln bei.

Die Parallelen zu unserem eigenen Familienleben sind frappierend, und daraus erklärt sich auch die Bindung zwischen unseren beiden Arten. Der Wolf musste die soziale Ordnung entsprechend seiner Methode der kooperativen Jagd weiterentwickeln, und das schlägt sich auch auf das Zusammenleben in der Wolfsfamilie nieder, das uns Menschen sehr vertraut erscheint. Als unsere paläolithischen Vorfahren dem grauen Wolf in Europa erstmals begegneten, sahen sie ein Wildtier, das sich auf der Jagd ähnlich verhielt wie sie selbst. Auch ihre Vorfahren, die Neandertaler, müssen Wölfe in Aktion beobachtet haben, doch soweit wir wissen, zogen sie nie in Betracht, zum beiderseitigen Vorteil gemeinsame Sache mit ihnen zu machen. In Lehrbüchern ist von der Domestizierung des Wolfs die Rede, als wäre das eine unausweichliche Entwicklung, die sich ausschließlich zum Nutzen der Menschen vollzog. Ich gehe davon aus, dass sie durchaus nicht unausweichlich war, denn sie erforderte einen sehr konkreten neuen Schritt von Seiten eines oder weniger Individuen; auf die genetischen Belege für diese Behauptung kommen wir später noch zu sprechen.

Auch heutzutage gehen nur sehr wenige neue Erfindungen auf mehr als eine Person zurück. Nach der entscheidenden Innovation können zahlreiche Modifikationen und Verfeinerungen folgen, doch wahrhaft originelle Gedanken sind überaus selten. Die Erfindung, wenn sie denn etwas taugt, breitet sich in verschiedenen Versionen rasch aus – heutzutage praktisch sofort –, doch der Originalgedanke ist etwas Einmaliges. Mir fallen in der Wissenschaft viele Fälle ein, in denen es so ablief. Die Entdeckung des Penicillins durch Alexander Fleming, die Grundlagenforschung für den genetischen Fingerabdruck durch Alec Jeffreys, die Erfindung der Polymerase-Kettenreaktion durch Kary Mullis, die die Molekulargenetik revolutionierte, und die Entdeckung der Doppelhelixstruktur der DNA durch James Watson und Francis Crick: Alle diese Erfindungen entsprangen nur einem oder zwei genialen Köpfen. Dasselbe gilt für andere Bereiche der Wissenschaft, Technik und Schönen Künste.

Das Bündnis, das unsere Vorfahren mit dem Wolf eingingen,

war ein bahnbrechendes Ereignis für die menschliche Evolution und steht auf einer Stufe mit anderen Innovationen wie Pfeil und Bogen, Speerschleuder oder Kunst und Musik. Sie alle sicherten unter den rauhen Bedingungen der Eiszeit das Überleben unserer Vorfahren.

13

Die ersten Hunde

Die ersten eindeutigen Belege für eine enge Bindung zwischen Mensch und Hund stammen aus der Zeit vor etwa 12 000 Jahren und wurden in Natufien-Gräbern bei Ain Mallaha in Israel gefunden. Die Menschen der mittelsteinzeitlichen Natufien-Kultur waren Jäger und Sammler. Anders als ihre Vorfahren im Jungpaläolithikum, die ihr nomadisches Leben an den Wanderungen ihrer Beutetiere ausrichteten, führten sie ein eher sesshaftes Dasein in einer nahrungsreichen Umgebung. Die bewaldete Region hatte reichlich Nüsse, Wildgetreide und im Huleh-See auch Fisch zu bieten. Zwar waren diese Menschen noch keine Landwirte im modernen Sinne, doch ging die Entwicklung eindeutig in diese Richtung. Statt von einem Lager zum anderen zu ziehen, bauten sie feste Häuser, große kreisrunde Steinhütten, die in den Boden eingelassen waren und deren Dächer von Holzstangen gestützt wurden.

Die Menschen der Natufien-Kultur bestatteten ihre Toten in ihren eigenen Häusern, die daher anschließend unbewohnt blieben. Für unsere Belange ist die Grabstätte einer älteren Frau von Belang, deren Kopf auf dem Körper eines Welpen ruht. Das sei der erste Beweis für eine »nicht kulinarische, sondern liebevolle Beziehung« zwischen den beiden Bestatteten, so die vorsichtige Formulierung in dem Aufsatz über die Ausgrabung.[1] Frau und Hund müssen sich wirklich sehr nahegestanden haben.

Die landwirtschaftliche Revolution war zu dieser Zeit bereits im

Gange. Der Anbau von Getreide wie Weizen und Gerste ersetzte
nach und nach die Ernte wilder Pflanzen. Die Haltung domestizierter Tiere, die sich leicht einpferchen ließen, ermöglichte die
zuverlässigere Versorgung mit Fleisch. Die Menschen waren nicht
mehr ständig auf Wanderschaft, sondern ließen sich, dem Beispiel
der Natufien-Kultur folgend, an einem Ort nieder. Sich und ihre
Familien zu ernähren nahm nicht mehr ihre gesamte Zeit in Anspruch, und so blühte auch die Kultur in Gestalt von Musik und
Kunst. Neben diesen willkommenen Bereicherungen des Alltags
kamen zudem andere, völlig neue Ideen auf. Der Begriff von Eigen-
tum und Landbesitz, der unseren umherwandernden Vorfahren
völlig fremd war, begann die Gesellschaft in die Besitzenden und
die Habenichtse zu unterteilen. Die egalitären sozialen Strukturen
der paläolithischen Jäger und Sammler lösten sich auf, Arbeitskraft
wurde gegen Bezahlung angeboten, und schon bald entstanden
auch Knechtschaft und Sklaverei. Die Erfindung der Landwirtschaft veränderte zudem schlagartig die Haltung zum Wolf und
beendete die 30 000 Jahre während Kooperation, die unseren
Vorfahren unter den harten Gegebenheiten der Jungsteinzeit das
Überleben gesichert hatte.

Die ersten deutlich erkennbaren Hunde-Darstellungen wurden
in Mesopotamien entdeckt. Das war zum einen ein kleiner Goldanhänger, der im heutigen Südirak in der sumerischen Stadt Uruk
am Ufer des Euphrat gefunden wurde. Uruk war die Hauptstadt
des Gilgamesch und schmückte sich mit den Insignien des städtischen Lebens. Das Militär und eine professionelle Bürokratie
verwalteten eine vielschichtige Gesellschaft. Der Goldanhänger,
vor etwa 5000 Jahren entstanden und derzeit im Metropolitan
Museum of Art in New York ausgestellt, ist eindeutig nicht einem
Wolf, sondern einem Hund nachempfunden. Auffallend ist eines
der Merkmale, die häufig mit der Domestizierung in Verbindung
gebracht werden: die über den Rücken nach vorn aufgerollte Rute,
die an den modernen Samojeden und den Spitz erinnert.

Es erschließt sich nicht auf Anhieb, welchen Nutzen der Hund in Uruk hatte; vielleicht diente er als Wachhund oder auch einfach nur als Kamerad des Menschen. Auf Keramikscherben späterer Zeiten finden sich ebenfalls stilisierte Abbildungen von Hunden. Auf Darstellungen in den beiden Dörfern Tepe Sabz und Tschogha Misch im heutigen Iran sehen die Tiere aus wie die Wachhunde, die man in der Region heute noch überall sieht. Auch ihre Rute ringelt sich über dem Rücken.

Ein weiterer Hinweis auf die Entwicklung des Hundes stammt aus der großen prähistorischen Siedlung Susa im Westen des heutigen Iran, die etwa 6000 Jahre alt ist. Auf einem großen Friedhof wurden mehr als 1000 bemalte Gefäße, überwiegend Töpfe, Becher und Krüge, gefunden, die offensichtlich die Toten ins Jenseits begleiten sollten. Viele trugen stilisierte Abbildungen von Vögeln, Insekten, Reptilien und hin und wieder auch Hunden. Die Hunde erinnern stark an den modernen Persischen Windhund, den Saluki, mit seinem schlanken Körper, dem tiefen, schmalen Brustkorb und den langen Beinen. Höchstwahrscheinlich wurden diese Hunde wie in modernen Zeiten für die Jagd eingesetzt. Bis vor wenigen Jahrzehnten halfen Salukis noch bei der Jagd auf Gazellen, Füchse und Steinböcke, und bis heute werden sie gemeinsam mit Falken losgeschickt. Betrachtet man die Ähnlichkeit zwischen den Abbildungen aus Susa und dem modernen Saluki, dürfte in den letzten 6000 Jahren wenig geschehen sein, was sich auf das äußere Erscheinungsbild der Tiere ausgewirkt hätte. Mythische Darstellungen finden sich erstmals im *Gilgamesch-Epos*, das vor rund 4000 Jahren entstand. Es berichtet in Worten, allerdings ohne Abbildungen, von der Göttin Inanna, die allein mit sieben Jagdhunden unterwegs ist; jeder Hund trägt Halsband und Leine.

Völlig anders als die Jagdhunde, die auf Geschwindigkeit gezüchtet wurden, sehen die etwa 4000 Jahre alten Tonfiguren aus, die man im nordirakischen Ninive nahe der heutigen Stadt Mossul ausgrub. Diese großen Hunde ähneln dem modernen Mastiff, und ihre Hauptaufgabe verdeutlicht die Inschrift: »Denk nicht lange nach. Beiß einfach zu.«

Wie eng Hunde mit ihren menschlichen Herrchen und Frauchen emotional verbunden waren, geht aus menschlichen Begräbnisstätten wie dem erwähnten Natufien-Grab von Ain Mallaha hervor. In einer Ausgrabungsstätte, die der Negade-Kultur im prädynastischen Ägypten zwischen 3500 und 3200 v. u. Z. zugeordnet wird, fand man zwei »Paletten« mit detailreicheren Abbildungen. Eine solche Palette, auf der man die Zutaten einer frühen Form des Mascara zerrieb, war meist reich verziert. So zeigt die sogenannte Jäger-Palette eine Löwenjagd; dem Löwen stecken fünf Pfeile im Hals. Deutlich zu erkennen sind zudem drei Hunde, keinesfalls Wölfe, die mit ihrem schlankeren Körperbau den Darstellungen aus Mesopotamien ähneln.

Im alten Ägypten wurden die Hunde in Begräbniszeremonien geehrt, die ihnen den Weg ins Jenseits ebnen sollten. Ein berühmtes Beispiel stammt aus einer Ausgrabungsstätte nahe Gizeh aus dem Alten Königreich, die 4500 Jahre zurückreicht: Ein Hund namens Abutiu, der dem unbekannten Diener eines unbekannten Königs gehörte, wurde unter einer Kalksteinplatte begraben, die folgende Inschrift trägt: »Der Hund, der Wächter seiner Majestät war, Abutiu ist sein Name. Seine Majestät ordnete an, dass er [zeremoniell] bestattet werde, dass ihm ein Sarg aus der königlichen Schatzkammer gegeben werde, feines Leinen in großer Menge [und] Weihrauch.«[2]

Das war jedenfalls ein außergewöhnlicher Hund.

Hunde genossen im alten Ägypten hohes Ansehen, und wenn es sich eine Familie leisten konnte, ließ sie ihren Hund mumifizieren und unter Zurschaustellung großer Trauer – manchmal rasierten sich die Familienmitglieder sogar die Augenbrauen – feierlich bestatten.

Zahlreiche ägyptische Grabgemälde vermitteln uns eine gute Vorstellung vom Aussehen der Hunde in späteren Dynastien. So ist beispielsweise das großartige Grab Ramses II. im Tal der Könige aus dem Jahr 1213 v. u. Z. reich mit Reliefs geschmückt. Eines zeigt den Pharao mit mehreren schlanken Saluki-ähnlichen Jagdhunden, die in der offenen Wüste mit ihren großen Gazellen- und Oryxantilopen-Herden als Windhunde ideal geeignet waren.

Das etwas ältere Grab des Tutenchamun enthält die wohl bekannteste Hundedarstellung der Alten Welt: eine prachtvolle schwarze Statue des Anubis. Der Gott Anubis soll den Kopf eines Schakals gehabt haben, doch das Tier auf dem Anubis-Schrein in Tutenchamuns Grab sieht sehr nach einem Hund aus. Mit den langen aufgestellten Ohren und dem schlanken Körper ähnelt die Statue früheren mesopotamischen Darstellungen drahtiger Jagdhunde.

Später wurden Hunde oft auf Grabgemälden verewigt, bisweilen mit einer auffallend gescheckten Färbung, die an heutige Dalmatiner erinnert. Nicht selten wurden Hunde mit ihren Besitzern mumifiziert und begraben. In der Nekropole von Sakkara unweit des Anubis-Tempels entdeckte man 2015 unglaubliche 8 Millionen Hunde, die dem Gott geopfert worden waren.

Wie gern die Ägypter ihre Hunde hatten, geht aus den Namen hervor, die sie ihnen gaben und die auf den Halsbändern erhalten sind: »Tapfer«, »Verlässlich«, »Guter Jäger« oder auch »Nichtsnutz«. Das Attribut der Treue, das Hundebesitzer heute am meisten schätzen, stand demnach schon vor vielen Tausend Jahren hoch im Kurs.

Neben der Jagd gab es auch Wachhunde, für die ein robusterer Körperbau bevorzugt wurde, wie ihn heute der englische Mastiff aufweist. Besonders oft sieht man diese doggenartigen Hunde auf römischen Wandgemälden; eingesetzt wurden sie als Hirtenhunde, für den Schutz menschlicher Siedlungen und schließlich auch als Kriegswaffen.

Der beliebteste Wachhund im alten Griechenland und Rom war der Molosser. Das war ein riesiger Hund, den Alexander der Große

Dieser Anubis-Schrein aus Holz, Gips, Lack und Blattgold wurde im Grab des Pharaos Tutenchamun aus der 18. Dynastie gefunden.

angeblich auf seinen Militärexpeditionen in Indien und Afghanistan aufgestöbert hatte. Alexander soll von dieser Rasse so beeindruckt gewesen sein, dass er einige Exemplare nach Griechenland schicken ließ, wo sie zum Vorläufer des Mastiff wurden. Der Molosser war auch bei der griechischen und römischen Armee beliebt. Zwar wurden die Tiere meist auf Patrouillengängen und als Wachhunde eingesetzt, doch sie kämpften auch Seite an Seite mit der römischen Infanterie.

Aus den Beschreibungen und Darstellungen von Hunden früherer Zeiten lässt sich die Evolution der körperlichen Merkmale im Lauf der Jahrtausende gut ablesen. Die Hunde in Mesopotamien und Ägypten hatten sich gegenüber ihren Wolfs-Vorfahren in der Altsteinzeit bereits enorm verändert. Zwei recht unterschiedliche Typen hatten sich herausgebildet: der Wachhund und der Jagdhund. Obwohl man sie nicht als Rassen im modernen Sinne bezeichnen kann, dürften sie sich aus einem gemeinsamen Vorfahren durch die Selektion der größten, wildesten, gehorsamsten oder schnellsten erwachsenen Tiere entwickelt haben, je nachdem, welche Eigenschaften erwünscht waren. Eine strenge Trennung der Rassen zur Aufrechterhaltung eines Standards war nicht nötig. Wie wir noch sehen werden, offenbart die Genetik moderner Rassen die relativ lockeren Zuchtregeln früherer Zeiten.

Wenn wir wissen wollen, wie die Hunde im alten Rom aussahen, sind wir nicht auf Keramik oder Steinfiguren angewiesen. Das ist der zwölfbändigen Abhandlung über die Landwirtschaft *De re rustica* zu verdanken, die Lucius Iunius Moderatus Columella um 60 n. u. Z. verfasste und die im 15. Jahrhundert in einer Schweizer Klosterbibliothek völlig unversehrt entdeckt wurde. Columella diente in der römischen Armee und war Militärtribun in der Provinz Syria. Als er sich auf seinem Hof in Italien zur Ruhe setzte, befasste er sich mit der Verbesserung landwirtschaftlicher Methoden. Unter anderem betonte er, dass jeder Hof einen Hund brauche. Der Landwirt solle

unbedingt vor allem dies Tier kaufen und halten, weil es Gutshof und Ernte, Gesinde und Vieh beschirmt. [...]
Zum Wächter der Gutsgebäude wähle man einen Hund mit mächtigem Körper, der laut und schallend bellt, so daß er einem Übeltäter schon Schrecken einjagt, wenn dieser ihn bloß hört, dann auch, wenn er ihn erblickt [...]. Der Hirt zieht einen weißen Hund vor, weil er nicht mit einem Raubtier verwechselt werden kann, und es bedarf manchmal schon des großen Unterschiedes, damit nicht der Hirt, wenn er früh im Dunkeln oder auch im Zwielicht Wölfe abwehrt, statt des Raubtieres den Hund erschlägt. Der Hofhund, der gegen menschliche Übeltat schützen soll, sieht fürchterlicher aus, wenn er schwarz ist, falls nämlich ein Dieb bei hellem Tage kommt; kommt er aber nachts, so kann er den Hund, der ja dem nächtlichen Dunkel gleicht, nicht einmal gewahren [...]. Die Ohren sollen abwärts hängen, die schwarzen

oder bläulichen Augen grimmig funkeln, die Brust sei stattlich und
zottig; er soll breite Schultern haben, starke und struppige Läufe,
kurzen Schwanz [...]. In ihrem Gebaren aber sollen die Hunde
weder übermäßig sanft noch auch wild und grausam sein, weil
jene sogar einen Dieb anwedeln, diese aber auch auf die Haus-
genossen losgehen. [...]
Ob Hofhunde schwerfällig und nicht sehr schnell sind, ist ziemlich
unwichtig, denn sie sollen ihre Aufgaben mehr in der Nähe und an
Ort und Stelle erfüllen als in der Ferne und in weitem Lauf. [...]
Ein Hund für das Vieh [...] soll [...] kräftig und einigermaßen
anstellig und hurtig sein, weil er sowohl zu Kampf und Streit wie
auch zum Lauf gerüstet sein muß, wenn er die heimtückischen
Angriffe des Wolfs abwehren, den wilden Räuber, wenn er flieht,
einholen, ihm die Beute entreißen und sie davonschleppen soll.[3]

Als Landwirt interessiert sich Columella mehr für Wachhunde
als für Jagdhunde. Informationen über Letztere finden wir in der
Schrift *Kynegetikos: Abhandlung über die Jagd* des Athener Uni-
versalgelehrten Xenophon, eines Zeitgenossen Platos, die um
370 v. u. Z. entstand. Xenophon unterscheidet zwischen zwei Typen von Jagdhunden, den lakonischen Hunden und den sogenannten Vertragen. Lakonische Hunde folgen einer Spur, ähnlich wie
Laufhunde heute. Vertragen dagegen hetzten ihre Beute auf Sicht,
gefolgt von berittenen Jägern.

Odysseus besaß einen »schnellfüßigen« lakonischen Hund namens Argos, den er schon als Welpe dazu abrichtete, Rehe, Hasen
und Ziegen zu jagen. Argos war der ständige Begleiter seines Meisters, bis Odysseus in den Trojanischen Krieg zog. Es vergingen
20 Jahre, bis sie sich nach Odysseus' ereignisreicher Reise in Ithaka
wiedersahen, erzählt Homer in seinem Epos *Odyssee*. Bei seiner
Rückkehr muss Odysseus feststellen, dass sein Haus von Freiern
belagert ist, die seine Frau Penelope umwerben und heiraten wollen. Ehe er, verkleidet als Bettler, das Haus betritt, weil er alle Freier

umbringen will, sieht er Argos auf dem Misthaufen liegen, alt, schwach und unbeachtet. Der Hund erkennt ihn wieder, hat aber nur die Kraft, mit dem Schwanz zu wedeln, ehe er stirbt.

Ein weiterer Hundetypus, der uns aus der alten Welt bekannt ist, war viel kleiner als die Wach- oder Jagdhunde und diente auch völlig anderen Zwecken. Aus den wenigen erhaltenen Darstellungen, besonders einer Abbildung auf einer griechischen Amphore um 550 v. u. Z., die in der etruskischen Stadt Vulci gefunden wurde, lässt sich schließen, dass diese kleinen Hunde dem Malteser ähnelten, einer modernen Kleinhunderasse. Der Historiker Strabo erzählt im ersten Jahrhundert unserer Zeit, dieser Hund sei bei reichen Patrizierinnen besonders beliebt. War das der erste Bericht von einem Schoßhündchen?

In der Antike hatten sich somit bereits unterschiedliche Hundetypen herausgebildet, die zwar keine Rassen im modernen Sinne waren, aber illustrieren, welch große Veränderungen im Aussehen und Verhalten sich schon vor über 2000 Jahren gegenüber den Wolfs-Vorfahren vollzogen hatten.

Columella hatte als Landwirt zahlreiche Ratschläge parat, welcher Hund für die Bewachung der Herden und welcher für die Hofarbeit geeignet war, doch über einen Aspekt des Bauernhofalltags, der ihm vertraut gewesen sein muss, schwieg er sich aus: Ratten. Alle Hunde können diese zerstörerischen Schädlinge fangen, die wie sie gelernt haben, die Nähe des Menschen zu ihrem Vorteil zu nutzen, jedoch nicht den Trick beherrschen, dem Menschen gefällig zu sein. Soweit ich weiß, wurde im Altertum kein Hund speziell für die Rattenjagd gezüchtet, doch dass die Tiere Freude daran hatten, dürfte nicht unbemerkt geblieben sein. Die Rattenjagd mit Hunden ist nicht nur wirksame Schädlingsbekämpfung, sondern sie macht offenbar auch enorm Spaß.

Während die Aristokratie auf ihren Ländereien Wild jagte, nutzte der einfache Arbeiter seinen Hund für die Rattenjagd. Die modernen Terrier-Rassen waren ursprünglich allesamt Rattenjäger.

Die Rattenhatz, bei der in einer umzäunten Arena mehrere Terrier lebendige Nager fingen, war im 18. Jahrhundert weit verbreitet. Die Zuschauer wetteten auf einen Hund, und wenn er im Wettkampf die meisten Ratten tötete, holten sie sich ihren Gewinn ab. Solche Veranstaltungen waren eine wichtige historische Zwischenstufe, denn aus ihnen gingen die modernen Zuchtschauen hervor: Als im 19. Jahrhundert grausame Sportarten aus der Mode kamen und gesetzlich verboten wurden, richteten die Terrier-Besitzer ihre Leidenschaft auf die Präsentation ihrer Tiere in Hundeausstellungen.

14

Das Zuchtbuch des
Dudley Coutts Marjoribanks

Ende des 18. Jahrhunderts erfreute sich mal der eine, mal der andere Hund größerer Beliebtheit, doch von Hunderassen im modernen Sinne konnte noch immer keine Rede sein. Im britischen Landadel wurden Hunde gezüchtet, die modernen Spaniels ähnlich waren und dem Gutsherrn beim Auffinden der geschossenen Vögel halfen. Bis Ende des 18. Jahrhunderts setzte die Waffentechnik und besonders die Feuergeschwindigkeit der Jagd wilder Vögel allerdings enge Grenzen. Nach jedem Schuss musste der Vorderlader langwierig wieder geladen werden, sodass auf einem Jagdausflug nur relativ wenige Vögel erlegt werden konnten.

Zwar soll schon Heinrich VIII. einen Hinterlader besessen haben, doch erst 1772 erfand Patrick Ferguson, der später als britischer Offizier im Amerikanischen Unabhängigkeitskrieg diente, den ersten zweckmäßigen Steinschloss-Hinterlader. Die Erfindung kam gut an, und schon bald waren Hinterlader die Waffe der Wahl, wenn Adlige ihrem Jagdhobby nachgingen. Die Folge dieser Neuerung war, dass auf einem Jagdausflug deutlich mehr Tiere getötet wurden. Das wiederum weckte den Wunsch nach einem neuen Hundetyp, der in der Lage war, möglichst viele Vögel schnell und unbeschädigt zu apportieren.

Dudley Coutts Marjoribanks, Sohn des Direktors einer exklusiven Londoner Bank desselben Namens und begeisterter Jäger, häufte ausreichend persönlichen Reichtum an, um im schottischen Hochland das mehr als 800 Hektar große Anwesen Guisachan im Glen Affric nahe Loch Ness zu erwerben. Marjoribanks war Unterhausabgeordneter für Berwick-upon-Tweed, ehe er als 1. Baron Tweedmouth in den Adelsstand erhoben wurde. Wie viele seiner viktorianischen Zeitgenossen betätigte sich Marjoribanks leidenschaftlich als Naturkundler, und im Jahr 1868 machte er sich mit wissenschaftlichen Methoden an die Züchtung einer neuen Hunderasse, die alle für einen modernen Jagdhund notwendigen Merkmale in sich vereinen sollte: Geschwindigkeit natürlich, einen hervorragenden Geruchssinn, gute Augen, Intelligenz und vor allem ein weiches Maul, damit der Hund dem Jäger die abgeschossenen Vögel unbeschädigt zurückbringen konnte.

Vor Marjoribanks hatte schon manch anderer erwünschte Merkmale durch Zucht verstärkt, doch er tat sich durch seine sorgfältigen Aufzeichnungen hervor. Sein Zuchtbuch, das in der Bibliothek des Kennel Clubs im Londoner Stadtteil Mayfair liegt, versetzte mich wirklich in Staunen. In schönster gestochener Schrift führt er alle Zuchtpaare in den Hundezwingern von Guisachan auf. So ist auch die planvolle Züchtung der ersten Stamm-Mutter der neuen Rasse genau festgehalten, der Golden-Retriever-Hündin Cowslip, von den Eltern Nous, einem gelben Retriever mit leicht gelocktem Fell, und Belle, einem Tweed Water Spaniel. Der Familienstammbaum verzweigte sich weiter unter Einkreuzung anderer Rassen etwa durch den schwarzen Labrador Sambo oder einen sandfarbenen Bluthund, bis ab der Hündin Queenie unter dem Ausschluss anderer Rassen weitergezüchtet wurde.

Die von Queenie abstammenden Golden Retriever, also *alle* reinrassigen Golden Retriever, mussten demnach mit einem stark eingeschränkten Genpool auskommen, der sich nur aus den von Queenie und ihren männlichen Partnern vererbten Genen speiste. Dass das Tweedmouth-Zuchtbuch in der Bibliothek des Kennel Club liegt, des britischen Dachverbandes für Hundezucht, hat durchaus seine Logik, denn bis heute zählt zu den wichtigsten Aufgaben des Clubs die Verwaltung des offiziellen Hunderassen-Registers. Der Kennel Club wurde 1873 in Victoria, London, von »zehn Gentlemen« gegründet, und obwohl er seither massiv an Größe und Einfluss gewonnen hat, hat er sich Atmosphäre und Traditionen des Londoner Gentlemen's Clubs bewahrt. Ich habe den Kennel Club im Zuge meiner Recherche zu diesem Buch mehrmals besucht und wurde jedes Mal herzlich willkommen geheißen. Wie in anderen Londoner Clubs hängen Porträts an den Wänden, doch abgesehen von Ihrer Majestät der Königin, Schirmherrin des Clubs, zeigen sie ausschließlich Hunde.

Von der Leidenschaft viktorianischer Arbeiter für Hundewettbewerbe als Alternative zur Rattenhatz war schon die Rede. Die erste Zuchtschau fand 1859 in der Stadthalle von Newcastle upon Tyne statt, für den Landadel folgte 1865 der erste Field Trial für Jagdhunde in Southall. Mit der Gründung des Kennel Clubs acht Jahre später sollten zunächst Grundregeln für Hundeausstellungen und Jagdhundewettbewerbe festgelegt werden, um faire Bedingungen und die Gesundheit der teilnehmenden Tiere zu garantieren. Befeuert von der Leidenschaft der Viktorianer für Hobbys und Naturkunde, nahm die Zahl der Veranstaltungen explosionsartig zu.

Darwins Buch *Über die Entstehung der Arten* erschien 1859, also im selben Jahr, in dem auch die erste Hundeausstellung durchgeführt wurde. Das Buch vermittelte den Menschen die Grundlagen der Evolution und Selektion, die sie auch an ihren eigenen Hunden beobachten konnten. In der Wildnis, so Darwin, treibe die Variation zwischen Individuen die Evolution voran. Je besser das Individuum an die Umwelt angepasst ist, desto mehr Nachkommen kann es in die Welt setzen und desto größer ist die Wahrscheinlichkeit, dass die Gene, die für diese Vorteile verantwortlich sind, an folgende Generationen vererbt werden und sich ausbreiten. Die »Umwelt« war in diesem Fall die natürliche Umgebung, und daher lautet der vollständige Titel des Buches in deutscher Übersetzung:

Der Ursprung der Arten durch natürliche Selektion oder Die Erhaltung begünstigter Rassen im Existenzkampf. Darwins Werk traf den Zeitgeist und wurde auf Anhieb zu einem Bestseller.

Darwin erkannte jedoch, dass Selektion nicht immer »natürlich« stattfindet. Es gibt auch »künstliche« Auslese. Am Beispiel der fantastischen Bandbreite ausgefallener Tauben-Varietäten, die Züchter hervorgebracht hatten, formulierte Darwin die Ansicht, dass es sich um Mutanten handele (er beschrieb sie in *Das Variieren der Thiere und Pflanzen im Zustande der Domestication* mit dem Begriff *sports*, »Naturspiele«), die in der Wildnis keine Überlebenschance haben, sondern nur mit künstlichen Mitteln vererbt werden können, in diesem Fall dank der Taubenliebhaber.[1] Die viktorianische Vorliebe für alles Innovative verleitete auch Hundezüchter dazu, seltene Varietäten aus ihren Würfen herauszupicken und zur Zucht zu verwenden.

Als Baron Tweedmouth den Golden Retriever vervollkommnete, stützte er sich in der Zucht nicht so sehr auf Launen der Natur, sondern auf natürlich vorkommende Variationen. Einige andere Rassen haben ihren Ursprung aber durchaus in »Naturspielen«, die in der Wildnis mit Sicherheit nicht lange überleben würden. Die kurzen Beine des Dackels, das extravagante Fell des Komondor, das zusammengedrückte Gesicht der französischen Bulldogge: Sie alle entstanden aus Kapricen der Natur.

Darwin wusste noch nichts von Genen oder DNA, die erst viele Jahre später entdeckt wurden. Doch »Naturspiele« und natürliche Variationen gehen letztlich auf genetische Veränderungen zurück. Die beiden unterschieden sich nicht grundlegend. Nur in der Fortpflanzung besteht ein Unterschied: »Naturspiele« können nur mithilfe des Menschen überleben, natürlich vorkommende Varianten auch ohne ihn.

Wie wir gesehen haben, begann die Evolution der Hunde, aus der die außergewöhnliche Vielfalt heutiger Rassen hervorging, vor langer Zeit. Als Erstes bildeten sich Wach- und Jagdhunde aus.

Diese frühen Spezialisten entsprangen sicher selektiver Zucht, auch wenn es die heutigen strengen Vorgaben für reinrassige Hunde noch nicht gab. Besondere Merkmale wurden durch die Zucht mit den entsprechenden Hunden verstärkt. Die Rassen waren nicht in sich geschlossen, aber es wurde auch nicht willkürlich drauflos gezüchtet. Jahrhunderte, ehe offiziell Standards festgelegt wurden,

Der Irische Wolfshund und der Zwergpudel-Chihuahua-Mischling illustrieren die enorme Bandbreite körperlicher Variation innerhalb der Art *Canis lupus familiaris.*

unterschied man zwischen verschiedenen Rassen oder vielleicht besser »Proto-Rassen«. Viele dieser »Proto-Rassen« trugen denselben Namen wie heute, auch wenn sie noch keinem Standard entsprachen.

Archäologische Funde und bildliche Darstellungen aus Mesopotamien, Ägypten, Griechenland und Rom belegen, dass schon in der Frühgeschichte zwischen Hunden differenziert wurde. Besonders auffällig waren große robuste Hunde wie der Molosser, der als Wach- und Kriegshund diente, und schlanke Saluki-ähnliche Jagdhunde, die auf Schnelligkeit hin gezüchtet wurden.

Da die Hunde durch Zuchtwahl mit der Zeit immer stärker auf bestimmte Aufgaben spezialisiert waren, entstand eine große Bandbreite an Proto-Rassen. Die Jagdhunde spalteten sich auf in Windhunde wie den Greyhound, die ihre Beute auf Sicht hetzen, und Laufhunde wie den Bluthund, die sich auf ihren Geruchssinn verlassen. Beide Eigenschaften – ein gutes Sehvermögen und eine feine Nase – gehören zur Sinnesausstattung des Wolfs und haben dort ihren genetischen Ursprung, ohne den sich diese Eigenschaften auch mit noch so intensiver Zuchtwahl nicht verstärken ließen. Durch die Selektion der Hunde mit dem besten Geruchssinn beziehungsweise den besten Augen differenzierten sich der Proto-Windhund und der Proto-Laufhund heraus. Das war Darwinsche Evolution in einer künstlichen Umgebung. Die bei Hunden natürlich auftretende Variation wurde so kanalisiert, dass so etwas wie eine neue Art entstand, die aber keine war. Die Tiere gehörten noch derselben Art an und konnten sich, wie alle Hunde, miteinander fortpflanzen, was ihre Besitzer jedoch unterbanden.

15

Die Entstehung der modernen Rassen

Mitte des 19. Jahrhunderts wurden die Hunderassen in Regelwerken festgelegt, erst durch den Kennel Club, später durch sein nordamerikanisches Gegenstück, den American Kennel Club (AKC), der 1887 aus einem Zusammenschluss von US-amerikanischen und kanadischen Züchtervereinen entstand. Beide Verbände koordinierten nicht nur Hundeausstellungen und Jagdhundewettbewerbe, die sich wachsender Beliebtheit erfreuten, sondern überwachten auch die Reinheit der Hunderassen. In einer Broschüre des AKC hieß es, man werde »Erforschung, Zucht, Ausstellungen, Rennwettbewerbe und die Erhaltung der Reinheit reinrassiger Hunde« befördern.[1] Die Dachverbände arbeiten seit jeher eng zusammen und organisieren nicht nur Zuchtschauen und zahlreiche andere Veranstaltungen, sondern unterhalten auch Zuchtregister, die regelmäßig aktualisiert werden. Eine Registrierung ist nur möglich, wenn beide Elterntiere derselben Rasse angehören. Diese Forderung bringt, wie wir noch sehen werden, durchaus Komplikationen mit sich.

Alle Dachverbände veröffentlichen ihre Registrierungsstatistiken. Der Kennel Club registriert jedes Jahr 250 000 neue Hunde, die Zahl des AKC nähert sich der Million. Nach jüngster Zählung hat der AKC 202 verschiedene Rassen anerkannt, der Kennel Club liegt mit 218 noch etwas darüber. Es gibt in fast jedem Land einen Kennel Club oder einen nationalen Verband. Die meisten gehören der Fédération Cynologique Internationale an, dem 1911 mit Sitz in

Belgien gegründeten Weltdachverband. Auch seine Aufgabe ist klar umrissen: »Die Zucht und die Verwendung von Rassehunden zu unterstützen und zu fördern, deren funktionell einwandfreier Gesundheitszustand und morphologisches Erscheinungsbild den Anforderungen des Standards einer jeden Rasse entsprechen und die gemäß den spezifischen Eigenschaften ihrer Rasse arbeiten und verschiedene Funktionen erfüllen können.«[2]

Fédération Cynologique Internationale: Zuchthunde-Gruppen[3]

	Gruppe	Typische Rassen
1	Hütehunde und Treibhunde	Deutscher Schäferhund, Australian Shepherd
2	Pinscher und Schnauzer – Molosser – Schweizer Sennenhunde	Dobermann, Zwergpinscher, Schnauzer
3	Terrier	West Highland White Terrier, Jack Russell Terrier
4	Dachshunde	Kurzhaar, Rauhhaar
5	Spitze und Hunde vom Urtyp	Zwergspitz, Eurasier, Samojede
6	Laufhunde, Schweißhunde und verwandte Rassen	Beagle, Bayerischer Gebirgsschweißhund
7	Vorstehhunde	Weimeraner, Englischer Pointer
8	Apportierhunde – Stöberhunde – Wasserhunde	Golden Retriever, Spanischer Wasserhund, Cocker Spaniel
9	Gesellschafts- und Begleithunde	Chihuahua, Mops
10	Windhunde	Whippet, Greyhound

Von Zeit zu Zeit werden der Liste neue Rassen hinzugefügt, für deren Aufnahme strenge Kriterien gelten. Jede Rasse hat einen festgelegten Standard, dem reinrassige Hunde entsprechen müssen. Diese Standards legen überwiegend äußere Merkmale fest, das Temperament spielt eine untergeordnete Rolle. Überwacht werden sie durch Richter, die in Wettbewerben den Zuchtstandard als Maßstab für die Punktvergabe verwenden.

Hier ein typischer FCI-Standard, in diesem Fall für den Beagle (Gruppe 6):[4]

Allgemeines Erscheinungsbild

Ein robuster, kompakter Hund, vermittelt den Eindruck von Qualität ohne grob zu wirken.
[...]

Verhalten / Charakter (Wesen)

Ein fröhlicher Hund, dessen wesentliche Bestimmung es ist zu jagen, vornehmlich Hasen, indem er der Fährte folgt, unerschrocken, äußerst lebhaft, mit Zähigkeit und Zielstrebigkeit. Aufgeweckt, intelligent und von ausgeglichenem Wesen. Liebenswürdig und aufgeweckt, ohne Anzeichen von Angriffslust oder Ängstlichkeit.

Kopf

Von mäßiger Länge, kraftvoll ohne grob zu sein, feiner bei der Hündin, ohne Runzeln oder Falten.

Oberkopf

Schädel: Leicht gewölbt, mäßig breit, mit sich leicht abzeichnendem Hinterhauptbein.

Stopp: Deutlich ausgeprägt, der die Distanz zwischen Hinterhauptbein und Nasenschwamm möglichst genau halbiert.

Gesichtsschädel:

Nasenschwamm: Breit, vorzugsweise schwarz, jedoch ist bei helleren Hunden eine abgeschwächte Pigmentierung statthaft; gut geöffnete Nasenlöcher.

Fang: Nicht spitz.

Lefzen: Angemessene Belefzung.

Kiefer / Zähne: Kräftige Kiefer mit einem perfekten, regelmäßigen und vollständigen Scherengebiß, wobei die obere Schneidezahnreihe ohne Zwischenraum über die untere greift und die Zähne senkrecht im Kiefer stehen.

Augen: Dunkelbraun oder haselnussbraun, ziemlich groß, weder tiefliegend noch hervortretend, ziemlich weit voneinander eingesetzt mit sanftem, gewinnendem Ausdruck.

Ohren: Lang, unten abgerundet. Wenn nach vorne gezogen, fast bis zum Nasenspiegel reichend. Tief angesetzt, dünn, mit der Vorderkante anmutig an der Backe anliegend getragen.

Hals: Ausreichend lang, um dem Hund mühelos das Arbeiten mit tiefer Nase auf der Spur zu ermöglichen. Leicht gebogen, mit etwas Kehlhaut.

Körper:

Kurz in der Lende aber gut ausgeglichen.

Obere Profillinie: Gerade und waagrecht.

Lenden: Lenden kräftig und biegsam.

Brust: Brustkorb bis unter den Ellenbogen reichend. Rippen gut gewölbt und gut zurückreichend.

Untere Profillinie und Bauch: Nicht übermäßig aufgezogen.

Rute:

Stark, von mittlerer Länge. Hoch angesetzt, fröhlich getragen, aber nicht über den Rücken gerollt oder vom Ansatz nach vorne geneigt. Gut behaart, besonders an der Unterseite.

Gliedmaßen

Vorderhand

Schulter: Schulterblatt gut zurückliegend, nicht überladen.

Ellenbogen: Fest, weder ein- noch ausdrehend.

Unterarm: Vorderläufe gerade und senkrecht gut unter den Hund gestellt. Gute Substanz mit runden Knochen. Die Läufe werden zu den Pfoten hin nicht schmäler.

Vordermittelfuß: Kurz.

Vorderpfoten: Fest, Zehen eng aneinanderliegend; gut aufge-
knöchelt mit kräftigen Ballen. Keine Hasenpfoten. Nägel kurz.

Hinterhand:

Oberschenkel: Muskulös.

Knie: Gut gewinkelt.

Sprunggelenk: Fest, tief angesetzt, zueinander parallel.

Hinterpfoten: Fest, Zehen eng aneinanderliegend; gut aufge-
knöchelt mit kräftigen Ballen. Keine Hasenpfoten. Nägel kurz.

Gangwerk:

Rücken gerade, kräftig ohne Anzeichen von Rollen. Frei, ausgrei-
fend, weiter Vortritt. Gerade, ohne die Läufe hoch anzuheben;
deutlicher Schub aus der Hinterhand. Hinterhandbewegung sollte
nicht eng sein, Vorhandbewegung nicht paddelnd oder kreuzend.

Haarkleid:

Haar: Kurz, dicht und wetterbeständig.

Farbe: Dreifarbig (schwarz, braun und weiß); (blau, weiß und
braun); dachsfarbig gefleckt (Badger-pied); hasenfarbig gefleckt
(Hare-pied); zitronengelb gefleckt (Lemon-pied); zitronengelb
(lemon) und weiß; rot (red) und weiß; braun und weiß; schwarz
und weiß; ganz weiß.

Mit Ausnahme von ganz weiß können alle oben genannten Farben
auch ›Mottles‹ (getüpfelt) sein. Keine anderen Farben sind zulässig.
Die Rutenspitze ist weiß.

Größe:

Wünschenswerte mindeste *Widerristhöhe*: 33 cm.

Wünschenswerte höchste *Widerristhöhe*: 40 cm.

Das sind recht strenge Kriterien, denen die Züchter, wenn sie ihre
Hunde präsentieren, gerecht zu werden versuchen.

In genetischer Hinsicht kann man die Zuchthunde, die solchen Vorgaben entsprechen, mit den Menschen auf der Insel aus Kapitel 5 vergleichen, die niemand verlässt und auf der niemand Neues ankommt. Befinden sich die Hunde erst einmal auf der Insel, sind sie völlig von allen anderen Hunden abgeschnitten. Sie können sich nur untereinander fortpflanzen, und das ist das perfekte Szenario für Inzucht. Durch Inzucht können in jeder Spezies merkwürdige Dinge geschehen, die wir nur verstehen, wenn wir uns die biologischen Grundlagen anschauen. Ich werde dafür auch einige Beispiele aus der Humangenetik anführen, weil wir darüber schon sehr viel wissen.

Sämtliche Probleme mit der Inzucht ergeben sich aus einer grundlegenden Tatsache der Säugetierbiologie: Jedes Chromosom liegt nicht einmal, sondern zweimal vor. Das ist bei allen Säugetieren gleich, auch bei Hunden und Menschen. Die Gene, die wir und alle anderen Säugetierarten für das Leben und die Fortpflanzung brauchen, liegen auf diesen Chromosomen. Ein Chromosom jedes Paars kommt von der Mutter, eins vom Vater. Wir haben also von jedem Gen eine väterliche und eine mütterliche Kopie. Unterschiedliche Arten haben unterschiedlich viele Chromosomenpaare, beim Menschen sind es 23, beim Hund 39. Die Zahl ist relativ unwichtig. Worauf es wirklich ankommt, sind die Gene auf den Chromosomen. Im Idealfall brauchen wir beziehungsweise die Hunde sämtliche Gene beider Eltern, damit alles richtig funktioniert, aber wir kommen auch mit einem Gen aus, wenn es in gutem Zustand ist. Die Gene des anderen Chromosoms dienen dann als Reserve.

Eine schädliche Mutation in einem Gen auf einem der Chromosomen wird meist von dem normalen, funktionsfähigen Gen auf dem anderen Chromosom des jeweiligen Paars ausgeglichen. Wenn aber das »normale« Chromosom den Fehler des Mutanten nicht wettmachen kann, tritt bei dem Individuum eine genetisch bedingte Krankheit zutage, und fast immer sinkt damit die Wahrscheinlichkeit, dass sich dieses Individuum fortpflanzt. Beim Menschen hat das meist zur Folge, dass die Betroffenen weniger Kinder bekommen, während bei Hunden die Mutanten nicht für die Zucht ausgewählt und vielleicht sogar getötet werden, es sei denn, die Mutation erweist sich als Darwinsches »Naturspiel« mit exotischem Flair.

Kann das »normale« Chromosom das beschädigte Gegenstück vollständig ausgleichen, so weist beim einzelnen Menschen oder beim Hund äußerlich nichts auf die Mutation hin, die in ihm schlummert. Solch ein Individuum bezeichnet man als »Konduktor« oder Anlageträger. In späteren Generationen taucht das Problem nur auf, wenn sich zwei Konduktoren miteinander fortpflanzen. Nach den einfachen Regeln der Genetik werden in diesem Fall die Hälfte der Nachkommen Konduktoren sein wie ihre Eltern, ein Viertel besitzt zwei »normale« Chromosomen, doch bei einem Viertel haben *beide* Chromosomen das mutierte Gen. Da in diesem Fall kein normales Gen den Schaden wettmachen kann, treten bei dem Individuum wie auch immer geartete Symptome auf. Man spricht von einer *rezessiv vererbten* Krankheit.

Genetische Erkrankungen, die nur auftreten, wenn beide Eltern die mutierte Erbanlage tragen, sind beim Menschen schon lange bekannt. Vor allem deshalb schränken viele Religionen die Heirat von biologisch eng miteinander verwandten Gemeindemitgliedern stark ein. Enge Blutsverwandte haben in der jüngeren Vergangenheit einen gemeinsamen Vorfahren. Bei Geschwistern sind das die Eltern, bei Cousins und Cousinen ersten Grades die Großeltern und so weiter. Wenn ein gemeinsamer Großelternteil Konduktor einer Erbkrankheit ist, dann ist er oder sie völlig gesund und weiß wahrscheinlich nichts davon. Doch das mutierte Gen kann an die Nachkommen weitervererbt werden, auch hier nach den einfachen Erbregeln. Die Eltern von Cousin und Cousine, die ja Geschwister sind, erben das mutierte Gen mit einer Wahrscheinlichkeit von 50 Prozent von dem Elternteil, der Konduktor ist. Die Wahrscheinlichkeit, dass *beide* die Anlage haben, liegt bei 25 Prozent. Wenn sie Kinder bekommen, besteht bei jeder Schwangerschaft eine Wahrscheinlichkeit von 25 Prozent, dass das Kind das mutierte Gen beider Eltern erbt. Tritt nun das beschädigte Gen doppelt auf, also in zweifacher Dosis, kann kein normales Gegenstück den Schaden ausgleichen, und beim Kind treten, mit zuweilen verheerenden Folgen, alle Symptome auf.

In exogamen Gesellschaften, in denen sich nicht verwandte Individuen fortpflanzen, kommen solche Erbkrankheiten selten vor, weil zwar alle Menschen etwa 50 schwere Erbkrankheiten symptomfrei in sich tragen, die Wahrscheinlichkeit einer Heirat ihrer Nachkommen untereinander aber sehr gering ist. Einige Erbkrankheiten treten jedoch durchaus häufig auf. Die meistverbreitete rezessiv vererbte Erkrankung beim Menschen ist in Europa die Mukoviszidose. Verursacht wird sie meist durch eine einfache Mutation in einem Protein der Zellmembran, die verhindert, dass Chlorid-Ionen in der Zelle ein- und ausströmen können. Die unglücklichen Mukoviszidose-Patienten produzieren einen ungewöhnlich zähflüssigen Schleim, der sich in den Lungen sammelt. Der Schleim lässt sich zwar mit täglicher Physiotherapie aufwendig lösen, doch das Risiko einer Lungeninfektion ist stark erhöht, sodass die meisten Mukoviszidose-Patienten noch vor ihrem 40. Geburtstag an einer Lungenentzündung sterben.

Der Anteil der Konduktoren des Mukoviszidose-Gens ist in Europa mit 1:20 überraschend hoch. Die Gründe dafür sind hochinteressant; wir werden uns später noch damit beschäftigen. Aber nach den einfachen Regeln der Genetik liegt bei einer Konduktorenrate von 1:20 die Wahrscheinlichkeit, dass in einer exogamen Gesellschaft zwei Anlageträger Eltern werden, bei 1/20 x 1/20, also 1/400. Da unter diesen Umständen mit jeder vierten Schwangerschaft zwei Kopien des mutierten Gens vererbt werden können, liegt die Häufigkeit der Mukoviszidose somit insgesamt bei 1/1600.

Haben dagegen beide Eltern in jüngerer Zeit einen gemeinsamen

Vorfahren, der Anlageträger ist, steigt die Häufigkeit der Krankheit dramatisch an. Besonders auffällig ist das in einigen in sich geschlossenen religiösen Gemeinschaften wie den Alt-Amischen in Lancaster County, Pennsylvania. Die Vorfahren der Amischen und die eng mit ihnen verbundenen Mennoniten wanderten Anfang des 18. Jahrhunderts aus Deutschland ein. Sie zeugten reichlich Nachkommen, sodass ihre Zahl bis 2012 auf fast eine Viertelmillion anstieg. Die Amischen pflegen eine ungewöhnliche Lebensweise, denn sie scheuen moderne Annehmlichkeiten wie Auto, Telefon und Strom und fahren in Pferdefuhrwerken durch die Gegend. Wer jemals eine Kutschfahrt durch den Central Park in New York unternommen hat, war wahrscheinlich in der Kutsche eines amischen Handwerkers unterwegs.

Ich erwähne die Amischen, weil sie in genetischer Hinsicht der in sich geschlossenen Fortpflanzungsgemeinschaft bei Rassehunden entsprechen. Die Amischen pflanzen sich nur innerhalb ihrer eigenen Gemeinde fort, ähnlich den Rassehunden, deren Züchter ihre Würfe registrieren lassen wollen. Man müsste daher annehmen, dass in den endogamen Amisch-Gemeinden viel mehr Erbkrankheiten auftreten als in der allgemeinen exogamen Bevölkerung, doch dem ist nicht so. Allerdings weisen sie eine höhere Rate einiger spezieller genetischer Erkrankungen auf, die zum Teil sehr ernst sind. Eine ist SCID (Schwerer kombinierter Immundefekt), im Volksmund auch *bubble babies syndrome* genannt, weil die kleinen Patienten in sterilen Kunststoffzelten isoliert werden müssen. SCID-Patienten haben ein so schwaches Immunsystem, dass man sie von allen Infektionsquellen fernhalten muss, bis sie alt genug sind für eine Knochenmarkstransplantation. SCID wird bei den Amischen durch eine Veränderung auf dem Chromosom 15, die sogenannte IL7R, verursacht, eine Mutation am Interleukin-2-Rezeptor. Das Protein Interleukin-2 ist für die Kommunikation zwischen Zellen zuständig. Auch Mutationen in anderen Genen können SCID verursachen, allerdings nicht bei den Amischen. Hier haben die betroffenen Kinder nur diese spezifische IL7R-Mutation von einem gemeinsamen Vorfahren geerbt, der Träger des mutierten Gens war. Höchstwahrscheinlich war das einer der 200 Gründer der Amischen, die einst aus Deutschland auswanderten. In der Amisch-Bevölkerung bleibt das mutierte Gen unsichtbar, bis es bei einem Patienten durch die zweifache Dosis zum Vorschein kommt.

Auch Zuchthunde schöpfen, wie wir gesehen haben, aus dem beschränkten Genpool der Gründertiere. Ist eines von ihnen ein Konduktor, so ist das mutierte Gen im Pool enthalten und schlummert vor sich hin, bis es in einem einzigen Individuum doppelt auftritt und sichtbar wird. Gab es dagegen unter den Gründertieren der Rasse keine Konduktoren, ist die Rasse insgesamt frei von der entsprechenden Krankheit.

Theoretisch könnten sich die Amischen nun, da sie die genaue Mutation ja kennen, auf SCID testen lassen und die Krankheit vermeiden, indem sie verhindern, dass zwei Konduktoren heiraten und Kinder zeugen. Doch die religiösen Ansichten der Amischen verbieten solche präventiven Gentests. Stattdessen nehmen sie die Krankheit als »gottgegeben« hin. Andere Gemeinschaften, die vor einem ähnlichen Problem standen, gingen entschlossen dagegen an.

In der Gemeinde der aschkenasischen Juden in New York und anderswo kursierte beispielsweise eine tödliche neurologische Erbkrankheit, das Tay-Sachs-Syndrom. Die Gemeinde der Aschkenasim ist von ihrer Fortpflanzung her nicht ganz so geschlossen wie die der Amischen, aufgrund der gemeinsamen osteuropäischen Herkunft ihrer Mitglieder aber doch relativ stark endogam. Aus demselben Grund wie bei den Amischen das SCID trat das Tay-Sachs-Syndrom bei ihnen relativ häufig auf, weil die Inzucht oft zwei Anlageträger zusammenführte. Die Tay-Sachs-Mutation liegt auf Chromosom 15 in dem Gen HEXA. Da die genetische Mutation bekannt ist, kann man Träger durch einen einfachen

DNA-Test identifizieren. Anders als bei den Amischen nahm die Gemeinde der Aschkenasim das DNA-Screening beherzt wahr. Einem Konduktor wurde von der Ehe mit einem anderen Anlageträger abgeraten, und so sank die Krankheitsrate auf null. Heute kommen mehr Tay-Sachs-Babys in nicht-jüdischen Familien zur Welt, weil die Eltern aufgrund ihres geringeren Risikos nicht getestet werden.

Hundezüchter und Verbände wie der Kennel Club bemühen sich nun intensiv darum, nach dem Vorbild der aschkenasischen Juden und der Ausrottung des Tay-Sachs-Syndroms mittels DNA-Tests ein Screening von Zuchthunden durchzuführen, um Konduktoren von Krankheiten, die in der jeweiligen Rasse häufig vorkommen, zu finden und aus der Zucht auszuschließen. So ließe sich die Häufigkeit einer Krankheit rasch senken. Mit der Zeit ginge die Zahl der Anlageträger innerhalb der Rasse zurück, und mit einiger Anstrengung könnte man die Mutation sogar vollständig eliminieren. Die Rasse wäre fortan völlig frei von der entsprechenden Erkrankung.

In Großbritannien hat das wichtigste Untersuchungslabor, der vom Kennel Club finanzierte Animal Health Trust (AHT), für 21 Erbkrankheiten, die bei 65 Hunderassen vorkommen, Tests entwickelt. Auch andere Einrichtungen bieten DNA-Untersuchungen für das Auffinden von Anlageträgern und die Bestimmung der Rassezugehörigkeit an. Eine Mutation und die dazugehörige Krankheit kann in unterschiedlichen Rassen auftreten, wenn einige der Hunde, die für die Entwicklung der Rasse verwendet wurden, die Mutation bereits trugen. Das Trust-Labor bei Newmarket in der englischen Grafschaft Suffolk kann eine eindrucksvolle Erfolgsbilanz vorweisen: Bislang hat es 85 000 Hunde aus 50 verschiedenen Ländern auf 22 rezessiv vererbte Krankheiten getestet und fast 10 000 Konduktoren identifiziert.

Jede dieser Genveränderungen trat wie alle Mutationen irgendwann spontan auf. Findet sich eine Mutation und eine Krankheit nur in einer Rasse, so entstand sie wahrscheinlich, nachdem das Zuchtbuch für Einkreuzungen geschlossen worden war.

Bei einem Besuch des AHT-Labors erfuhr ich viel über seine Arbeit und darüber hinaus; dazu mehr in Kapitel 20.

16

Das Hundegenom

Am 26. Juni 2000 versammelten sich Spitzenforscher und Personen des öffentlichen Lebens im East Room des Weißen Hauses zu einem feierlichen Anlass: Präsident Clinton gab bekannt, dass die Sequenzierung des menschlichen Genoms abgeschlossen war. Nach einem langen und streckenweise unwürdigen Wettlauf zwischen staatlichen und privaten Institutionen um die Vollendung der Sequenzierung waren die Beteiligten an diesem Tag feierlich und optimistisch gestimmt. Leiter der mit öffentlichen Geldern finanzierten Initiative war der Direktor des Human Genome Project, Francis Collins; das privatwirtschaftliche Projekt wurde von Craig Venter vertreten, dem Präsidenten der Biotech-Firma Celera Genomics. Die Feier hatten sich die Wissenschaftler redlich verdient. Forscher aus allen Ländern hatten dazu beigetragen, die drei Milliarden Basenpaare, aus denen das menschliche Genom besteht, in der richtigen Reihenfolge zu entschlüsseln.[*] Der Optimismus war spürbar, wenn auch leider unangebracht.

»Dies wird die Diagnose, Prävention und Behandlung der meisten, wenn nicht aller menschlicher Krankheiten revolutionieren«, prophezeite Präsident Clinton in seiner Ansprache. Rund um den Erdball wurde eine Armada aus verschiedenen Projekten in Stel-

---

[*] Genau gesagt handelte es sich um den ersten Entwurf der menschlichen Genom-Sequenz, der zwar im Wesentlichen vollständig war, aber einige Abschnitte unwichtiger »Junk-DNA« noch nicht enthielt.

lung gebracht, die diesen Traum umsetzen sollten. Als Präsident Clinton vorhersagte, dass in naher Zukunft Krebs nicht mehr als unheilbare Krankheit, sondern »nur als Sternbild« am Nachthimmel bekannt sein werde, zog niemand ein Scheitern auch nur in Betracht. Leider wurde die Fachwelt eines anderen belehrt, und Krebs ist heute dieselbe Geißel der Menschheit wie eh und je.

Zwar haben die meisten Krankheiten eine genetische Basis, doch nur wenige werden wie Mukoviszidose, SCID oder Tay-Sachs durch die Mutation eines einzelnen Gens verursacht. An den Erkrankungen, die die meisten Menschen treffen und die größten Schäden anrichten, sind, wie man mittlerweile weiß, zahlreiche Gene mit jeweils geringer Wirkung beteiligt. Da die wissenschaftliche Armada keine klaren Gene ins Visier nehmen konnte, dümpelte sie schon bald orientierungslos dahin. Dass man die leidige Komplexität des Genoms unterschätzt hatte, wurde nun einfach all jenen angelastet, die sich hartnäckig weigerten, Versuchskaninchen zu spielen. So erklärte einer der frühen Pioniere der Genkartierung, Alfred Sturtevant, Fortschritten in der Humangenetik seien enge Grenzen gesetzt, weil »Fortpflanzungsexperimente am Menschen bedauerlicherweise verpönt sind«. Ungeachtet dieser beunruhigenden Aussage setzt sich Sturtevant allerdings energisch gegen die Eugenik-Bewegung ein, die Anfang des 20. Jahrhunderts durch Europa und Amerika fegte. Als Tiermodell wählte er die Fruchtfliege *Drosophila*. Andere Forscher experimentieren mit Mäusen oder Zebrafischen, doch obwohl diese Arten für das Labor bestens geeignet sind und man in ihrem Genom mit gentechnischen Mitteln leicht Mutationen auslösen kann, machten die offenkundigen Unterschiede zum Menschen alle Versuche der Forscher zunichte, menschliche Krankheitsgene zu identifizieren. Den Wissenschaftlern wurde klar, dass sie möglicherweise mehr Erfolg haben würden, wenn sie ein vertrauteres Tier heranzögen. Plötzlich rückten die Hunde ins Visier der gesamten Armada.

Jede Flotte braucht Karten für ihre Navigation, und ein paar Jahre nach der Feier im Weißen Haus peilte ein einflussreiches Team von Gen-Kartografen die Sequenzierung des Hundegenoms an. Hauptquartier war das neu eröffnete Broad Institute am Ufer des Charles River in Boston, das eng mit dem nahe gelegenen Massachusetts Institute of Technology (MIT) und der Universität Harvard zusammenarbeitete. Das finanziell hervorragend ausgestattete Institut kann bis heute modernste Ausstattung und erstklassige Wissenschaftler sein Eigen nennen. Die Leitung übernahm ein Großmeister der Forschung am menschlichen Genom, Eric Lander, der bereits mehrere wissenschaftliche Knüller gelandet hatte. Das Broad Institute konnte einen bahnbrechenden Erfolg, der die großzügige staatliche Finanzierung rechtfertigte, gut gebrauchen, und diesen Erfolg sollte das Hundegenom liefern.

Lander und sein Team brachten die Aufgabe schnell zum Abschluss, und schon am 5. Dezember 2005 wurde das vollständige Hundegenom in der Zeitschrift *Nature* veröffentlicht.[1] Der Aufsatz lieferte unzählige Details, die den Rahmen dieses Buchs sprengen würden, und stellte mehrere neue Methoden für die Analyse der ungeheuren Datenmengen vor, die durch den ständigen Betrieb der DNA-Sequenzierungsmaschinen generiert wurden. Das Genom des Hundes war das vierte vollständig veröffentlichte Genom nach Mensch, Maus und Ratte; Letztere waren als beliebte Labortiere ein naheliegendes Objekt. Das Hundegenom ist um etwa 500 Millionen Basen kleiner als das des Menschen (2,8 gegenüber 3,3 Gigabasen, kurz Gb) und, was überraschen mag, auch kleiner als das der Maus. Doch die Größe des Genoms sagt wenig über seine Komplexität aus. Wie ich meinen Studenten gern erkläre, liegt das menschliche Genom mit seiner Größe irgendwo zwischen Lupine und Molch.

Der Hund besitzt auch weniger Gene, also die Bestandteile des Genoms, die Proteine kodieren. Das Broad-Team suchte nach DNA-Sequenzen, die den Beginn und das Ende von Genen markieren, und fand beim Hund 19 300 Protein kodierende Gene, gegenüber 22 000 bei Menschen.

Mit einer anderen Analyse konnten die Forscher bei Hund und Mensch die Teile des Genoms identifizieren, die sich besonders schnell entwickelt hatten. Früheren Erkenntnissen zufolge hatte sich das Genom beim Menschen im Vergleich zur Maus am schnellsten in den Genen entwickelt, die mit der Hirnentwicklung zu tun haben. Das passte gut zu unserem eitlen Selbstbild intellektueller Überlegenheit. Das Hundegenom jedoch wies in den Genen für das Hirn eine ebenso rasante Evolution auf. Interessanterweise war die zweite Gruppe von Genen, die die Evolution des Menschen offenbar beschleunigt hat, mit der Spermienproduktion und den Mitochondrien verknüpft.

Letzteres betrifft nicht die Gene in der Mitochondrien-DNA, sondern die mitochondrialen Gene, die im Lauf der Evolution von der Kern-DNA »gekidnappt« wurden. Die Erklärungen für diese Beobachtung fand ich überaus faszinierend. Danach nahm die sexuelle Selektion großen Einfluss auf unsere Evolution. Der Wettlauf der Spermien um die Befruchtung des Eis ist bei vielen Spezies bekannt. Bei Primaten ist er besonders heftig und könnte die schnelle Evolution von Genen befeuert haben, die im Wettrennen um das Ei Vorteile bringen, weil sie die Produktion größerer Spermienmengen oder eine bessere Beweglichkeit ermöglichen. Die schnelle Evolution der gekidnappten mitochondrialen Gene ist nicht so leicht zu erklären. Auch hier ließe sich aber die sexuelle Selektion anführen, denn immerhin erhalten die Spermien, wenn sie blindwütig Richtung Ziellinie, also zum unbefruchteten Ei, paddeln, ihre Energie aus den Mitochondrien.

Ein Genom wird nicht »in einem Rutsch« vollständig sequenziert, sondern in Abschnitten, die etwa jeweils 50 000 Basenpaare lang sind. Die sequenzierten Abschnitte müssen dann korrekt zur Gesamt-DNA-Sequenz zusammengefügt werden, wie sie im Genom vorliegt. Chromosomen sind einfach nur lange, sehr lange li-

neare DNA-Ketten. Auf den Chromosomen eines Chromosomenpaars ist die Reihenfolge und Position der Gene identisch, doch
in der genauen DNA-Sequenz gibt es, wie wir gleich noch sehen
werden, geringfügige Unterschiede. Die Sequenz der Chromoso-
men-Abschnitte in die richtige Reihenfolge zu bringen, ist kein
Kinderspiel. Man muss dafür zahlreiche einander überlappende
DNA-Abschnitte sequenzieren und von leistungsstarken Compu-
tern zusammenfügen lassen, bis die gesamte Sequenz vorliegt. Da
dieser Vorgang sehr komplex ist, befinden sich unter den 44 Autoren des Aufsatzes aus dem Jahr 2005, der die vollständige Hunde-
genomsequenz veröffentlichte, viele Software-Ingenieure. Neben
den 44 Autoren trug nur ein Hund zu dem Projekt bei: die Boxer-
Hündin Tasha.

Der Aufsatz des Broad-Teams übertrumpfte eine zuvor erstellte
Teil-Sequenzierung des Hundegenoms durch Craig Venter und
sein Team im privatfinanzierten Institute of Genomic Research
(TIGR) in Maryland. Wie bereits erwähnt, hatte Craig Venter auch
eines der Teams geleitet, die an der Entschlüsselung des Humangenoms mitarbeiteten. Venter hatte die lange Tradition des Forschers
als Versuchskaninchen fortgesetzt und seine eigene DNA sequenziert. Und sein Pudel Shadow war dann auch der erste Hund, dessen Genom von der Wissenschaft sequenziert wurde.

Zusätzlich zur Entschlüsselung des Hundegenoms untersuchte
das Lander-Team am Broad-Institut Tashas Genom auch auf Basen,
in denen sich die einzelnen Chromosomenpaare unterschieden.
Wie wir uns noch genauer anschauen werden, lassen sich mithilfe
dieser Unterschiede genetische Krankheitsanlagen aufspüren, zunächst beim Hund, später vielleicht auch beim Menschen. Im ersten Suchdurchgang wurde die Sequenz der beiden Chromosomen
nach Differenzen in nur einem Basenpaar untersucht. Ein solcher
Unterschied, der ursprünglich durch eine Mutation im Kopiervor-
gang der DNA verursacht wurde, wird an weitere Generationen
vererbt und kann sich auf viele Nachkommen ausbreiten.

Landers Team bestimmte alle Stellen, an denen zwei Chromosomen in einer einzigen Base voneinander abwichen. So befand sich zum Beispiel auf einem Chromosom eine T-Base an der Stelle, an der auf dem anderen eine C-Base lag. Diese Sequenzvariationen werden als Einzelnukleotid-Polymorphismus bezeichnet (SNP, gesprochen *snip*, Englisch für »Schnipsel«). Durch den Abgleich der jeweiligen Sequenz von Tashas Chromosomenpaaren fand das Team des Broad-Instituts erstaunliche 770 000 Einzelbasen, in denen sich die beiden Chromosomen unterschieden. Als man die Suche nach SNPs auf die Genomsequenz von Venters Pudel Shadow ausweitete, erhöhte sich die Gesamtzahl auf fast 1,5 Millionen. Durch die eher grobe Teilsequenzierung des Genoms weiterer neun Rassehunde stieg die Anzahl der SNPs auf 2,5 Millionen. Das ist eine erstaunliche Summe, die aber über das gesamte Hundegenom nur durchschnittlich einem SNP auf 900 DNA-Basen entspricht, also etwas unter 0,1 Prozent.

Mit 2,5 Millionen SNPs lässt sich viel anfangen, vor allem, wenn man genau weiß, an welcher Stelle im Genom sie sich befinden. Vor allem kann man damit »Biochips« anfertigen, mit denen sich Hunde-DNA auf alle 2,5 Millionen SNPs parallel testen lässt. In der Praxis ist dies mehr als ausreichend, und so beschränkten sich die hergestellten Biochips auf 100 000 SNPs, weil diese Menge wirtschaftlicher und leichter zu handhaben war.

Um den Nutzen dieser Marker zu erklären, möchte ich zunächst einen wichtigen Aspekt des Chromosomen-Verhaltens einführen. Wie schon erwähnt, haben bei Säugetieren alle Individuen Chromosomenpaare, von denen jeweils eins von der Mutter, das andere vom Vater stammt. Jedes trägt dieselben Gene an derselben Stelle, und den größten Teil ihres Daseins im Zellkern bleiben diese Chromosomen für sich. Die Gene geben Anweisungen an die Zelle aus, die genau befolgt werden, und synthetisieren eine breite Vielfalt an Proteinen, die wir und alle anderen Tiere zum Wachsen und Leben brauchen.

Blutgene steuern in den roten Blutkörperchen die Herstellung von Hämoglobin, Knochengene steuern in den Knochenzellen die Herstellung von Kollagen, Haargene steuern in den Haarzellen die Herstellung von Keratin. Die Gene auf den beiden Chromosomen handeln unabhängig voneinander und erledigen still und leise ihre lebenswichtigen Aufgaben; diese doppelt vorliegenden Chromosomen nennt man Autosome.

Unterdessen werden in Hoden und Eierstöcken einige Zellen für die nächste Generation bereit gemacht. Das sind die Keimzellen, die man von den Körperzellen mit ihren Alltagsaufgaben unterscheiden muss. Die einzige Funktion der Keimzellen besteht darin, ihre DNA an die nächste Generation weiterzugeben – allerdings nicht die gesamte DNA. Wie wir gesehen haben, enthalten Körperzellen Chromosomenpaare, beim Hund 39, beim Menschen 23. Keimzellen dagegen, also Spermien und Eizellen, besitzen von dem Chromosom nur jeweils eines. Wenn ein Spermium eine Eizelle befruchtet, wird mit den Chromsomen aus beiden Zellen die übliche Anzahl wiederhergestellt. Aber es geschieht noch etwas anderes. In den Keimzellen, die später Spermien und Eizellen werden, beginnen die Chromosomenpaare miteinander zu tanzen, kommen einander immer näher, bis sie sich berühren. Bei diesen flüchtigen Kontakten geschieht etwas wahrhaft Fantastisches. Die Chromosomen, diese langen DNA-Ketten, brechen auf und ordnen sich mit ihren Tanzpartnern neu. Die Umarmung ist nach Sekunden schon wieder vorüber. Die verschlungenen Chromosomen lösen und entfernen sich voneinander. Doch in dieser kurzen Umarmung geschieht etwas wahrlich Wunderbares, wie wir noch sehen werden.

17

Die Genetik der reinrassigen Hunde

Als im Jahr 2005 das Hundegenom und die unzähligen SNPs vorlagen, hoben die Wissenschaftler umgehend den Goldschatz und revidierten den Entwicklungsbaum für Zuchthunde, der 20 Jahre zuvor mittels mitochondrialer DNA erstellt worden war. Die Zeitschrift *Nature* veröffentlichte 2010 die Ergebnisse einer umfangreichen Studie mit 912 Hunden aus 64 Rassen.[1] Verfasst hatten den Artikel 36 Wissenschaftler unter Leitung des erfahrenen Hundebiologen Robert Wayne und seiner Kollegin Bridgett M. vonHoldt. Beruhigend war, dass sämtliche Zweige des Baums zum Wolf zurückführten. Damit entfiel die theoretische Möglichkeit, dass eine andere Art über die männliche Linie Eingang in den Genpool gefunden und Erbgut zum Hundegenom beigetragen hatte. Ein Schaubild dieses Baums oder Phylogramms findet sich auf der nächsten Seite 144.

Die in dem Baum definierten Beziehungen gründen auf der Gesamtähnlichkeit zwischen den Sequenzen der Autosome, der 38 Chromsomenpaare des Hundes also, die nicht an der Festlegung des Geschlechts beteiligt sind. Rassen, die eng beieinander liegen, haben mehr DNA-Sequenzen gemeinsam als Rassen, die weit auseinander sind. Anders als der mitochondriale Baum (Wayne / Vilà, S. 33) ist der autosomale kreisförmig angeordnet. Die Rassen befinden sich außen, die Verbindungen zwischen ihnen verzweigen sich nach innen. Die Reihenfolge der Verästelung ist eine grobe Annäherung an die Zeiträume, die zwischen der Entstehung der

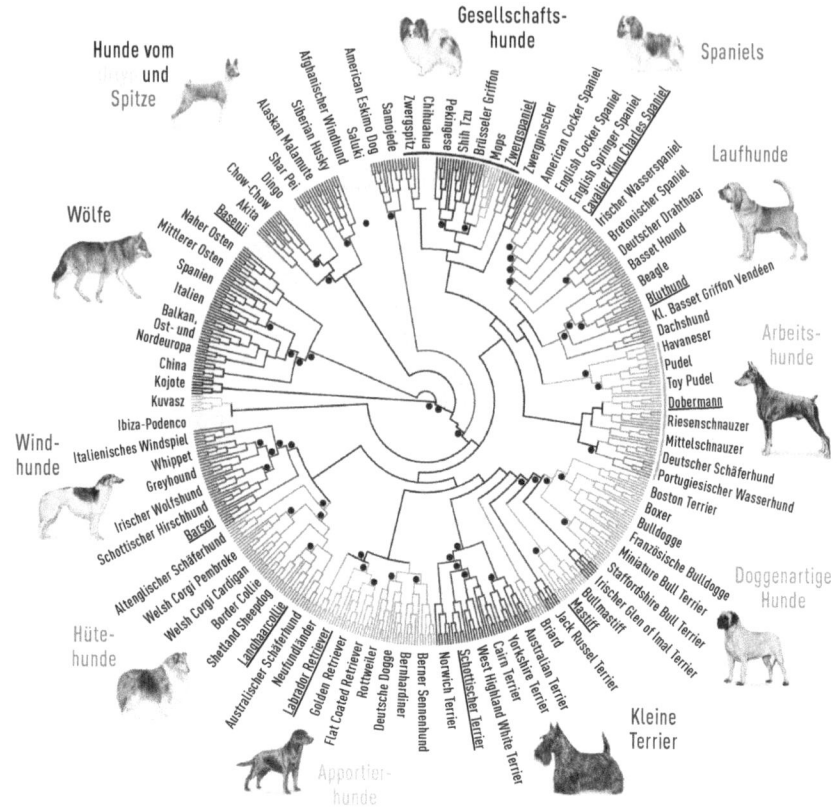

Gesellschafts-
hunde

Hunde vom
und
Spitze

Spaniels

Laufhunde

Wölfe

Arbeits-
hunde

Windhunde

Doggenartige
Hunde

Hütehunde

Kleine
Terrier

Apportier-
hunde

Dieses Phylogramm, das auf Waynes und vonHoldts Studie aus dem Jahr 2010 basiert, illustriert (autosomale) genetische Ähnlichkeit bei verschiedenen Hunderassen.

Rassen liegen. Vom Zentrum Wolf aus verzweigen sich die Äste nach außen, zunächst zu den sogenannten »Hunden vom Urtyp«, dem Basenji, dem Dingo und dem Chow-Chow, dann zu den asiatischen und arktischen Spitzen. Der nächste Ast führt zum Afghanischen Windhund und zum Saluki, und am Ende des darauffolgenden Astes liegen der Samojede und der American Eskimo Dog, die, wie bei arktischen Rassen nicht anders zu erwarten, Nachbarn sind. Der nächste größere Ast enthält alle anderen Rassen.

An dieser Stelle darf der Hinweis nicht fehlen, dass ein solcher Baum – anders als beispielsweise bei einem sorgfältig recherchierten Familienstammbaum bei uns Menschen, in dem alle Beziehungen bekannt sind – kein *absolutes*, sondern das *wahrscheinlichste* Szenario abbildet. Wir entwickeln ein Phylogramm so, dass es möglichst gut zu den genetischen Daten passt. Daher lässt sich nie garantieren, dass die Anordnung völlig korrekt ist. Auch handelt es sich streng genommen nicht um einen Evolutions-Baum, obwohl sich Schlussfolgerungen auf die Evolution ziehen lassen. Was auf den ersten Blick wie ein echter Hundestammbaum aussieht, der in der Mitte beginnt und sich nach außen verzweigt, ist in Wahrheit ein Schaubild der genetischen Ähnlichkeiten zwischen verschiedenen Hunderassen. Man kann davon ausgehen, dass Rassen, die im Schaubild nahe beieinanderliegen, von einem gemeinsamen Gründertier abstammen, aber so einfach muss es nicht sein. So befinden sich etwa der Samojede und der American Eskimo Dog am Ende eines langen Astes, deswegen müssen aber nicht alle Hunde der beiden Rassen von einem einzigen »gemeinsamen Vorfahren« abstammen. Wie wir gleich sehen werden, ist zwar bekannt, dass zwischen den Rassen intensiv gekreuzt wurde, was aber aus dem Schaubild nicht hervorgeht, wenn wir es wie einen Stammbaum behandeln. Man spricht von einem Phylogramm, damit es nicht mit einem echten Stammbaum verwechselt wird. Das gelingt allerdings nicht immer.

Mittels bestimmter Methoden, mit denen ich Sie nicht langweilen will, entsteht das Phylogramm, das am besten zu den Daten »passt«, in diesem Fall das Gebilde auf Seite 144. Dieselben Algorithmen bringen auch andere Bäume hervor, die nicht ganz so gut passen und womöglich im Detail in einigen Ästen abweichen. Trotzdem könnten sie der Realität sogar näher kommen, wenn auch nicht wesentlich.

Besonders interessant am autosomalen Baum ist, dass die meisten Züchtungen einer Gruppe, wie sie der Kennel Club oder die FCI definiert, nah beieinanderliegen. Laufhunde bilden mit anderen Laufhunden eine Gruppe, Doggenartige mit anderen Doggenartigen, Hütehunde mit anderen Hütehunden und so weiter. Hier unterscheidet sich dieses Phylogramm von dem Baum, der sich aus der mitochondrialen DNA ableitet und in dem einzelne Hunde derselben Rasse häufig von unterschiedlichen weiblichen Vorfahren abstammen. Das ist durchaus nicht so überraschend, wie es zunächst klingt. Die mitochondriale DNA enthält zwar die Gene, unter deren Steuerung Zellen mittels Sauerstoff Nahrung in Energie umwandeln, doch stellen sie nur einen kleinen Teil dar gegenüber den Tausenden von Genen, die alle anderen Aufgaben übernehmen. Tatsache ist, dass individuelle Hunde derselben Rasse unterschiedliche und Hunde verschiedener Züchtungen dieselbe mtDNA haben können. Dieser Umstand illustriert, dass die meisten Merkmale, die Rassen voneinander unterscheiden – etwa äußere Erscheinung, Temperament und so weiter –, von anderen Genen gesteuert werden. Genau diese Ähnlichkeit in all den anderen Genen erklärt die charakteristische Gruppierung nicht nur von Rassen, sondern auch von Rassegruppen im Genom-Phylogramm. Versteht man das Phylogramm als eine Kurzdarstellung der Ähnlichkeit in allen Genen, überrascht es schon nicht mehr so sehr, dass ähnliche Rassen und Rassegruppen eng beieinanderliegen.

Im Zuge der Forschungsarbeit, aus der dieses Phylogramm hervorging, kam auch die Frage auf, ob sich allein aus einer Genanalyse die Rasse eines Hundes vorhersagen lässt. Versucht wurde dies schon 1999 in einem Prozess vor einem deutschen Gericht. Ein Auto hatte bei einer Kollision mit einem Hund einen erheblichen Frontschaden davongetragen. Nach dem Zusammenstoß habe der Hund den Unfallort einfach verlassen, hieß es im Polizeibericht.

Der Fahrer und Halter des Wagens verklagte einen Ladeninhaber, dessen Hund seiner Mutmaßung nach den Unfall verursacht hatte, auf Schadensersatz. Einer der beiden Schäferhunde des Beschuldigten war offenbar um die Zeit des Unfalls wegen kleinerer

Verletzungen tierärztlich behandelt worden. Der Richter ordnete für den verletzten Hund einen Gentest an, um seine mtDNA mit der der Haare, die man an dem beschädigten Auto sichergestellt hatte, zu vergleichen. Die DNA der Haare am Auto und des Schäferhunds stammten zwar beide definitiv von einem Hund, wiesen jedoch im Detail Unterschiede in den Sequenzen auf. Nachdem der Gutachter dem Gericht dieses Ergebnis vorgetragen hatte, wies der Richter die Klage ab und ließ den verdächtigten Hund laufen (oder humpeln). Die mtDNA hatte den Hund entlastet, und erst später stellte sich heraus, dass sich Rassen anhand der mitochondrialen DNA gar nicht unterscheiden lassen. Dafür wären Kern-DNA-Sequenzen notwendig gewesen.

Heidi Parker, eine Mitarbeiterin Robert Waynes, untersuchte als Erste detailliert die Gruppierung der Rassen anhand von Kern-DNA. Sie veröffentlichte ihre Ergebnisse 2004 in der Zeitschrift *Science*.[2] Das war ein Jahr, bevor die Sequenzierung des Hundegenoms mitsamt den unzähligen SNP-Markern veröffentlicht wurde, daher musste sich Parker auf ein anderes, wenn auch durchaus effektives Gensystem stützen, die sogenannten Mikrosatelliten. Das sind kleine DNA-Abschnitte, die in nur wenige Basenpaare langen Blöcken wiederholt auftauchen. Als genetische Marker sind sie sehr nützlich, weil sich die Anzahl der Blöcke von Individuum zu Individuum unterscheidet, was relativ leicht zu messen ist. Der von dem britischen Genetiker Alec Jeffreys Ende der 1980er Jahre erfundene genetische Fingerabdruck stützt sich ebenfalls auf Mikrosatelliten.

Parker und ihre Kollegen versuchten nun, bei 414 Hunden 85 unterschiedlicher Rassen anhand von 96 Mikrosatelliten die Zuordnung zur Rasse allein mittels genetischer Daten vorzunehmen. Sie waren erstaunlich erfolgreich, denn sie konnten mehr als 99 Prozent der »Test«-Hunde der richtigen Rasse zuweisen. Nur vier Hunde wurden falsch eingeordnet: ein Beagle als Dogo Canario, ein Chihuahua als Cairn Terrier und zwei Deutsch Kurzhaar als

Kuvasz beziehungsweise Pudel. Mit 410 richtigen Zuordnungen von 414 erreichten sie eine beachtliche Übereinstimmung, und trotzdem war es verblüffend, dass in den Fehlversuchen die Hunde nicht einer sehr ähnlichen, sondern einer eher entfernten Rasse zugeordnet wurden.

Im Jahr 2004 waren die genetische Genealogie und die Testverfahren beim Menschen schon weit fortgeschritten, und natürlich ergriffen Firmen die Gelegenheit, die Technik auch für Hunde nutzbar zu machen. Ihr Angebot mochte nicht nur Besitzer reinrassiger Hunde ansprechen, sondern es versprach auch, die verschiedenen Vorfahren von Promenadenmischungen zu bestimmen. Wie bei jedem kommerziellen Unterfangen gilt auch hier, Genauigkeit und Preis gegeneinander abzuwägen. Die Zuverlässigkeit solcher Tests unterliegt keinen Regeln wie die Gesundheitsdiagnostik beim Menschen, die in den USA beispielsweise von der Lebens- und Arzneimittelbehörde FDA genehmigt werden muss. Vielmehr stehen die kommerziellen Labore genau wie Unternehmen, die Kleidung, Kosmetik oder andere Verbrauchsgüter herstellen, in Ansehen und Preis miteinander in Konkurrenz. Wissenschaftlich orientieren sich die Tests an der Analyse, die Heidi Parker und ihre Kollegen für die Analyse der Hunderassen entwickelte. Daraus folgt jedoch nicht automatisch, dass sich die bemerkenswerte Genauigkeit, die Parker in der Zuordnung der Rassen erreichte, nahtlos auf Mischlinge übertragen lässt. Ich will das erklären.

Parkers Zuordnungen aus dem Jahr 2004 gründeten auf genetischen Ähnlichkeiten bestimmter Mikrosatelliten-Marker, während für die modernere Methode 2010 SNPs zum Einsatz kamen. Die Rasse lässt sich aber mit keinem der beiden Systeme allein bestimmen. Erst in der Kombination kann man für einzelne Hunde die »wahrscheinlichste« Zuordnung zu einer Rasse vornehmen.

Beim Menschen teste ich seit mehr als 20 Jahren DNA, und mich überrascht immer wieder der Ruf der Unfehlbarkeit, den sich diese

Tests erworben und über all die Jahre bewahrt haben. Es begann wohl mit dem bemerkenswert präzisen genetischen Fingerabdruck, der rasch in einigen grausigen Vergewaltigungs- und Mordfällen zur Anwendung kam und in den Medien ausgiebig dargestellt wurde. Die atemberaubende Genauigkeit der individuellen Identifikation, die für die Technik in Anspruch genommen wurde – die Rede war oft von einer Wahrscheinlichkeit von eins zu mehreren Milliarden –, wurde in den Gerichten gründlich und öffentlichkeitswirksam unter Beweis gestellt. Anhand von DNA konnten Schuldige verurteilt und Unschuldige aus ungerechtfertigter Haft entlassen werden. Mit den Beweisen konfrontiert, erklärten sich Vergewaltiger plötzlich für schuldig, Opfern wurde das Verhör im Gerichtssaal erspart. Das ist Genetik in ihrer eindrucksvollsten Form.

Mit den Jahren verfestigte sich dieser Ruf der Unfehlbarkeit und die »DNA« fand Eingang in den allgemeinen Sprachgebrauch – nicht im ursprünglichen Sinne des Wortes (und es ist ja gar kein Wort, sondern ein Akronym für Desoxyribonukleinsäure, was man am besten schnell wieder vergisst), sondern als Metapher für ein geheimnisumwittertes Molekül. Das ist recht angenehm für Genetiker wie mich, die sich in den Mantel der Allwissenheit hüllen und eine dem Orakel von Delphi vergleichbare Macht für sich in Anspruch nehmen können. Doch im Mythos und im Leben hat alles seine Grenzen. Zwar ist eine DNA-Sequenz eine Art ultimative Wahrheit, doch braucht es für ihre Interpretation eben doch ein allzu menschliches Orakel. Und wie im klassischen Beispiel ist die Versuchung groß, die eigene Macht aufzubauschen.

An meine Arbeit über die Abstammung des Menschen werden oft unrealistisch hohe Erwartungen gestellt. Eine Frau war ernsthaft erstaunt, als ich ihr aus einem DNA-Test ihrer Mutter nicht erklären konnte, warum ihre Cousine zweiten Grades aus Yorkshire Sommersprossen hatte. Ein Mann, dem ich eröffnete, dass er wahrscheinlich keltische Vorfahren hat, beschwerte sich: »Das weiß ich schon.« »Woher denn?«, fragte ich. »Weil ich dunkle Haare und blaue Augen habe.«

Um zu den Hunden zurückzukehren: Mir scheint, auch viele Hundebesitzer, die bei ihrem Mischling einen DNA-Test durchführen lassen, erwarten die ultimative Wahrheit. Kein Unternehmen klärt seine Kunden gern über Mängel seines Produktes auf, und so kursieren gerade auf diesem heftig umkämpften Markt unrealistische Behauptungen. Auch mir fällt es schwer, die Versprechen der konkurrierenden Unternehmen zu beurteilen. Sicher ist es eine schöne Sache, die Abstammung seines Hundes testen zu lassen, aber man sollte bedenken, dass aus den genannten Gründen der Genauigkeit dieser Tests enge Grenzen gesetzt sind. Nach flüchtiger Lektüre der verfügbaren Angebote kann ich kaum glauben, dass ein ordentlicher Rasse-Zuordnungstest für zehn Pfund zu haben sein soll.

Ich wollte einen dieser Tests ausprobieren und bat meine Frau Ulla, nach einem Mischling Ausschau zu halten, dessen Besitzer bereit waren, ihren Hund freiwillig zur Verfügung zu stellen. Das war leichter gesagt als getan. Wie wir später noch sehen werden, führte Ulla Gespräche mit mehreren Herrchen und Frauchen, die regelmäßig mit ihren Hunden im Londoner Hyde Park spazieren gingen. Weil das ein reicher Stadtteil ist, waren die Tiere, denen sie im Park begegnete, allesamt Zuchthunde. Ich dachte schon, wir würden keine Promenadenmischung mehr finden. In letzter Minute jedoch, drei Wochen, bevor ich das Buchmanuskript beim Verlag abgeben musste, lernte Ulla im Pub um die Ecke den Hund Archie sowie Chris, den Wirt, seine Frau Helen und den zehnjährigen Sohn George kennen, der bei Archie eine Speichelprobe nahm. Archie war kein komplizierter Mischling, Man würde ihn wohl eher als »Designerhund« bezeichnen, denn es handelte sich um einen Labradoodle, eine Mischung aus Labrador und Pudel. Die Familie wollte einen solchen Hund, um vor einer Tierhaarallergie sicher zu sein.

Wir schickten die DNA-Probe an ein Testlabor, das einen verlässlichen Eindruck machte, und waren gespannt, was es zu Archies genetischer Zusammensetzung herausfinden konnte. Da die Ergebnisse in bewundernswerter Schnelligkeit kamen, blieb mir noch Zeit, die Familie zu den Ergebnissen zu befragen. Sie reagierte vor allem überrascht. Der DNA-Test enthüllte, dass Archie eine Mischung aus 62,5 Prozent Pudel, 12,5 Prozent Labrador und 25 Prozent Golden Retriever war. Da Archie pechschwarz ist, verblüffte es uns doch einigermaßen, dass zu einem Viertel Golden Retriever in ihm steckt. Ich bin zuversichtlich, dass die Ergebnisse technisch insofern akkurat waren, als sie sich aus der umfangreichen Rassen-Datenbank der Firma ableiteten, und ich will die Schlussfolgerungen des Berichts hier nicht in Frage stellen. Für mich lautet die interessantere Frage: Ist Archie nun eine Mischung aus fünf Achtel Pudel, einem Viertel Golden Retriever und einem Achtel Labrador, wie aus dem DNA-Ergebnis hervorgeht, oder ist er, wie der Züchter Chris und Helen beim Kauf mitteilte, ein Labradoodle?

»Da muss ich wohl der Wissenschaft glauben«, sagte Chris etwas unwirsch. Ulla fragte, ob er den Hund auch gekauft hätte, wenn er das Ergebnis des Gentests gekannt hätte. »Wenn ich das gewusst hätte, wäre ich gar nicht erst den weiten Weg hingefahren.« Aber als sie Archie das erste Mal sahen, war es um sie geschehen gewesen.

Labrador und Golden Retriever sind sich genetisch sehr ähnlich. Wir können das dem Phylogramm auf Seite 144 entnehmen, auf dem die beiden Rassen direkt nebeneinanderliegen. Denken wir außerdem daran, wie Lord Tweedmouth den Golden Retriever züchtete: Einer der Vorfahren der ersten Golden-Retriever-Dame Queenie war der Labrador Sambo. Selbst wenn die DNA-Analyse nicht vollständig stimmte, kam sie doch dem, was zu erwarten stand, recht nahe. Einmal angenommen, dass der Züchter in Hinblick auf Archies Stammbaum absolut ehrlich war und kein Anlass zum Zweifel besteht: Handelt es sich dann um einen Labradoodle oder nicht?

Hunderassen werden vom Rassestandard definiert und nicht von der Genetik, zumindest ist das bisher so. Obwohl Archie also eine Kreuzung ist, waren seine beiden Eltern wohl ein reinrassiger Labrador und ein reinrassiger Pudel, jeder seinem jeweiligen Zuchtstandard entsprechend. Aus rein genetischer Sicht kann das aber nicht stimmen. Die einfachste genetische Erklärung für das Viertel Golden Retriever bei Archie ist, dass einer seiner Großeltern ein Golden Retriever war. Meinem Gefühl nach trifft aber keine dieser offensichtlich widersprüchlichen Erklärungen zu. Vielmehr ist unser Urteilsvermögen getrübt – wenn komplizierte Probleme auf Zahlen reduziert werden, schieben wir die Vernunft nämlich gern beiseite. Genetisch gibt es so etwas wie eine »reine« Hunderasse ebenso wenig, wie es beim Menschen »reine« ethnische Gruppen gibt. Beim Menschen hat der gegenteilige Irrglaube gefährliche Missverständnisse und schreckliche Diskriminierung nach sich gezogen. Ich bezweifle, dass dieser Trugschluss der »Rasseneinheit« die Hundewelt infizieren wird, aber vor seinem schädlichen Einfluss sollte man sich hüten. Archies Besitzer sind dagegen gefeit. Als sich Chris von den »Enthüllungen« des DNA-Tests und der Überraschung über Archies Golden-Retriever-Erbe erholt hatte, kraulte er seinen Hund am Hals. Es war noch derselbe Hund. Es war derselbe Archie. Helen und George lächelten einmütig.

18

Der Tanz des Lebens

Durch den Abgleich von Ähnlichkeiten in der DNA-Sequenz lassen sich, wie gezeigt, genetische Beziehungen zwischen verschiedenen Rassen aufdecken. Man kann sogar noch einen Schritt weiter gehen und sich die Beschaffenheit der Chromosomen zunutze machen. Um zu sehen, wie das geht, kehren wir noch einmal kurz zum Tanz der Chromosomen zurück, der uns am Ende von Kapitel 16 begegnete.

Bei der Bildung von Keimzellen, also Spermien und Eiern, geschieht etwas sehr Entscheidendes. Wenn die Musik verklingt, entfernen sich die Chromosomen voneinander, setzen ihr Dasein einzeln fort und warten auf den nächsten Tanz. Für die große Mehrheit der Keimzellen tritt dieser Fall nie ein. Nur die Chromosomen in den Zellen, die später befruchtet werden, werden noch einmal tanzen, und dafür müssen sie bis zur nächsten Generation warten. Der Rest wird ausrangiert.

Unter dem Mikroskop sehen die Chromosomen nach dem Tanz genauso aus wie vorher. Aber der äußere Schein trügt. Während der kurzen Begegnung sind die Chromosomen aufgebrochen, haben DNA-Segmente mit dem Tanzpartner ausgetauscht (»Crossingover«) und sich in neuer Kombination wieder zusammengefügt. Da dieses Aufbrechen und Wiederzusammenfügen bei jedem Chromosomenpaar an einer etwas anderen Stelle stattfindet, ist nach der Umarmung in den Keimzellen die Anzahl möglicher Chromosomenkombinationen, deren jede ein anderes Mosaik der vom Vater und von der Mutter abgeleiteten Segmente ist, fast unendlich.

Der Sinn dieser Durchmischung (»Shuffling«), ja der gesamten geschlechtlichen Fortpflanzung ist die Herstellung genetischer Vielfalt bei den Nachkommen. Ihr ist es zu verdanken, dass ein Kind oder ein Welpe nie genau dieselben Gene hat wie seine Eltern. Dieser große Aufwand hat einen triftigen Grund. Im Verlauf unserer Evolution haben es seit jeher Krankheitserreger, sogenannte Pathogene, auf uns abgesehen. Bakterien, Viren, Pilze und Parasiten aller Art versuchen ständig, in unseren Körper einzufallen. Ohne Abwehr wären wir bald erledigt. Unser Immunsystem ist das wichtigste Verteidigungsbollwerk gegen diese pathogene Invasion; still und unermüdlich eliminiert es die Gefahren aus unserem System. Erst wenn es geschädigt wird, etwa durch Aids oder Immunsuppressiva, wird uns bewusst, wie gut uns das Immunsystem normalerweise verteidigt und wie infektionsanfällig wir ohne seine Hilfe sind.

Krankheitserreger wiederum wehren sich gegen diese zuverlässige Verteidigung, indem sie ständig ihre Genstruktur verändern. So entsteht beispielsweise eine Antibiotikaresistenz, wenn ein einzelnes Bakterium mutiert und von dem entsprechenden Medikament nicht mehr abgetötet wird. Das Bakterium vermehrt sich und kann inmitten der sterbenden Legionen der übrigen Bakterien gedeihen. So breitet sich die Infektion wieder aus, kann aber diesmal nicht vom Antibiotikum eingedämmt werden. Diesem Konterschlag der Krankheitserreger begegnet nun der Körper, indem auch er in jeder Generation seine genetische Ausstattung verändert, und zwar durch eine Durchmischung der Gene.

Stellen wir uns vor, wir verteilten die Karten eines Kartenspiels mit nur zwei Farben, sagen wir Herz und Pik, auf zwei Stapel. Im einen liegen schön geordnet die Herz-Karten, im anderen die Pik-Karten. Diese beiden Stapel stehen für ein Chromosomenpaar vor der Durchmischung. Die Anordnung der Gene ist in beiden gleich, doch in ihren Sequenzen gibt es leichte Unterschiede. Nun teilen wir beide Stapel an derselben Stelle und tauschen sie aus. Der Kartenwert in den neu kombinierten Stapeln bleibt gleich: As, 2,3 und so weiter bis zum König. Doch an der Austauschstelle ändert sich die Farbe von Pik zu Herz im einen Stapel und von Herz zu Pik im anderen. Ähnlich muss man sich das Mischen eines Chromosomenpaars in einer Generation vorstellen. In dem neuen Stapel gibt es bereits viele verschiedene Kombinationsmöglichkeiten, und diese Zahl erhöht sich weiter, wenn wir die anderen Chromosomen dazurechnen. Anhand dieses etwas groben Vergleichs lässt sich nachvollziehen, dass die Gesamtzahl möglicher Kombinationen unermesslich ist. Die vermischten Chromosomen verteilen sich auf unterschiedliche Keimzellen. Die meisten Spermien gehen unter, doch wenn ein Spermium ein Ei befruchtet, begegnet es dem durchmischten mütterlichen Stapel. Auf alle Chromosomen angewandt, ergeben sich irrsinnig viele mögliche Genkombinationen. Die eine Kombination, die entsteht, ist mit großer Sicherheit in der gesamten Geschichte einer Spezies noch nicht vorgekommen. Wichtig ist hier, dass auch Krankheitserreger dieser einen genetischen Kombination noch nie begegnet sind und nun auch nicht die Zeit haben, sich so zu entwickeln, dass sie ihrer Herr werden.

Einige Pflanzen und wenige Tiere haben die geschlechtliche Fortpflanzung abgeschafft. Diese Strategie kann sehr erfolgreich sein, weil für die Reproduktion nicht mehr zwei Geschlechter nötig sind. Männchen sind überflüssig. Allerdings ist der Triumph von kurzer Dauer. Früher oder später findet ein Krankheitserreger den Schlüssel zum Abwehrsystem, und wenn das bei einem einzelnen Individuum gelungen ist, wird die gesamte Population erfasst, mit verheerenden Folgen. Südamerikanische Bananen werden beispielsweise nicht über Samen geschlechtlich vermehrt, sondern über Ableger, und daher sind alle Bananenpflanzen genetisch betrachtet identische Klone. Seit ein Pilz der Art *Fusarium oxysporum* die Abwehr einer Pflanze überwinden konnte, wütet er nun durch den gesamten Bestand.

Ich habe die evolutionären Gründe für diese Genmischung auch deshalb so ausführlich erklärt, weil sie handfeste Folgen hat. Dank dieser genetischen Rekombination, wie der Fachbegriff lautet, können wir Gene kartieren und lokalisieren. Bei Hunden können diese Gene Größe, Fellfarbe oder Rutenform beisteuern, vielleicht aber auch eine Erbkrankheit wie eine Hüftdysplasie. Und das funktioniert so:

Auf die Gefahr hin, die Spielkartenmetapher überzustrapazieren, stellen wir uns vor, wir wollten das Gen finden, das für eine solche Erbanlage zuständig ist. Ein Beispiel, das beim Hund häufig vorkommt, ist die genannte Fehlstellung des Hüftgelenks oder Hüftdysplasie, die beim Labrador und anderen Rassen vorkommt. Wir nehmen nun an, dass die Erkrankung von einem fehlerhaften Gen verursacht wird, haben aber keine Ahnung, von welchem. Eine Sequenzierung des gesamten Hundegenoms liefert uns zwar auch die DNA-Sequenz des Dysplasie-Gens, allerdings gemeinsam mit 19 000 weiteren. Welches Gen der Hüfterkrankung zuzuordnen ist, lässt sich daraus aber nicht ablesen. Wir können raten, indem wir eine Gensequenz untersuchen, die beteiligt sein *könnte*, etwa die Gene für Knorpelgewebe und Kollagen, aber so eine Vermutung kann sich auch als falsch herausstellen. Meistens ist es so.

Hier kommt uns die Rekombination zu Hilfe. Sagen wir, dass wir, ohne hinzusehen, irgendwo in das Kartenspiel einen Joker einfügen, der für das Dysplasie-Gen steht. Eine positive Begleiterscheinung des Hundegenom-Projektes habe ich schon erwähnt, nämlich die Entdeckung und Lokalisierung von Zehntausenden Schnipseln (SNPs), in denen sich das Genom von einem Hund zum anderen unterscheidet. Man bezeichnet sie als Genmarker, und genauso wirken sie: wie molekulare Fähnchen, die in Abständen über das Genom verteilt sind.

Die Hüftdysplasie-Mutation trat bei einem Rassehund wahrscheinlich nur einmal auf und vererbte sich in nachfolgenden Generationen an einige der Hunde-Nachkommen weiter. Obwohl sich die ursprüngliche Mutation also vor vielen Generationen ereignet haben kann, wird das Gen, das die Krankheit verursacht (der »Joker«), von denselben Genmarkern flankiert. Wir kennen das Gen nicht, können uns aber ansehen, welche Marker mit ihm durch die Generationen gewandert sind. Wenn alle oder die meisten Hunde mit Hüftdysplasie auch denselben Marker aufweisen (sagen wir, die Herz Fünf), lässt das vermuten, dass das Dysplasie-Gen (der »Joker«) nicht weit ist, und man sollte sich die Karten in der Nähe der Herz Fünf in dem Stapel genauer ansehen. Durch eine Sequenzierung können wir somit das Dysplasie-Gen und mit etwas Glück auch die Genmutation lokalisieren, die die Krankheit verursacht. Mittels dieser sehr wirkungsvollen Methode oder geringfügig abweichenden Techniken wurden die Gene für mehrere menschliche Erbkrankheiten identifiziert. In vielen Fällen lagen die Mutationen auf bis dahin unbekannten Genen, wären also durch »Vermutungen« nie gefunden worden.

Die Rekombination erlaubt auch Einblicke in die Evolution. Wenn wir noch einmal zu unserem metaphorischen Kartenspiel zurückkehren, so wird mit dem Teilen und Mischen, das in jeder Generation vor sich geht, die Anordnung der Karten immer weiter verändert. Nach nur einer Generation enthält der rekombinierte Stapel eine lange Abfolge roter Karten und eine lange Abfolge schwarzer Karten. In den nächsten Generationen folgen mit zunehmender Rekombination des Genoms immer weniger Karten einer Farbe aufeinander.

Diese langsame Durchmischung lässt sich mithilfe derselben genetischen Marker verfolgen, die man auch für die Lokalisierung des Dysplasie-Gens nutzte. Auf diese Art lässt sich recht gut die Dauer der Evolution ermitteln. Je länger keine Einkreuzungen von außen stattfanden – und das fordern die derzeitigen Regeln für die Zulassung von Hunderassen –, desto stärker konnten sich die Chromosomen vermischen. Die Abfolgen ungemischter Karten werden mit der Zeit immer kürzer. Das bedeutet, dass sich bei einer jüngeren Rasse längere von Rekombination unberührte Chromosomenabschnitte finden als bei einer alteingeführten.

Solche Segmente werden als Haplotyp-Blöcke bezeichnet, und ihre Länge lässt sich messen. Die Gen-Ausstattung innerhalb von Rassen kann man mit dieser Methode noch genauer erforschen als mit der Messung der genetischen Ähnlichkeit, die Bridgett von Holdt und Robert Wayne 2010 vornahmen. Im Jahr 2017 veröffentlichte Heidi Parker ihre Studie zu den Haplotyp-Blöcken.[1] Erwartungsgemäß kamen ähnliche Beziehungen zwischen den Rassen heraus wie sieben Jahre zuvor bei der Studie mit unsortierten Genom-Daten, doch ergaben sich ein paar neue Erkenntnisse. Erstmals konnten wir sehen, an welchen Stellen zwei Rassen dieselben Haplotyp-Blöcke von einem gemeinsamen Vorfahren haben, obwohl sie insgesamt nicht besonders eng miteinander verwandt sind. Das war ein Blick in die genetische Geschichte der Hunderassen nicht durchs Vergrößerungsglas, sondern durchs Mikroskop.

Bei genauerer Betrachtung der Ergebnisse erfährt man unzählige Details über die Geschichte der Domestizierung, die Entwicklung der Rassen im Allgemeinen und die Eigenheiten bestimmter Rassen im Besonderen. Während uns die frühen unsortierten Genom-Bäume einen guten Eindruck über die genetischen Unterschiede zwischen Rassen verschafften, kommt mit den Haplotyp-Blöcken eine zeitliche Komponente hinzu.

Wenn sich Chromosomen im Lauf der Generationen durch Rekombination immer wieder neu formieren, werden die verbundenen Haplotyp-Blöcke nach und nach aufgebrochen. Die Positionen dieser Bruchpunkte sind im Großen und Ganzen willkürlich, und die Haplotyp-Blöcke werden mit der Zeit immer kürzer. Wenn wir also die durchschnittliche Länge gemeinsamer Haplotyp-Blöcke zweier Rassen schätzen, erhalten wir eine gute Vorstellung darüber, wie lange sie sich schon einzeln entwickeln.

Den afrikanischen Basenji verbinden mit anderen Hunderassen die kürzesten Segmente überhaupt und er wird damit seinem Ruf gerecht, ein ungewöhnlicher Hund mit einer langen unabhängigen Geschichte zu sein. Der Basenji, der in weiten Teilen Afrikas als Hetz- und Fährtenhund eingesetzt wurde, hat einige für einen Hund untypische Eigenschaften. Zum einen bellt er nicht, sondern gluckst, knurrt und bricht gelegentlich in eine Art Jodeln aus. Anders als andere Hunde, dafür aber wie der Wolf, paart er sich nur einmal im Jahr. Genau wie eine Katze putzt er sich ausgiebig und schaut gern den ganzen Tag aus dem Fenster. Wegen dieser außergewöhnlichen Eigenheiten und seiner oberflächlichen Ähnlichkeit mit Hundedarstellungen aus dem alten Ägypten gilt der Basenji als eine uralte Rasse, die vielleicht den ersten domestizierten Hunden am ähnlichsten ist.

Die Genanalyse anhand gemeinsamer Haplotypen weist dem Basenji tatsächlich eine ungewöhnliche Evolutionsgeschichte zu, die ihn von so gut wie allen anderen modernen Hunderassen unterscheidet. Auch wenn es, wie gesagt, bisweilen behauptet wird, heißt das nicht unbedingt, dass der Basenji den ersten domestizierten Hunden ähnlicher ist als alle anderen Rassen. Vielmehr hat er eine separate Abstammungslinie, konnte sich also lange Zeit ohne äußere Einflüsse entwickeln.

Wie es sich auswirkt, wenn man Rassen anhand ihrer gemeinsamen Haplotyp-Blöcke anordnet, lässt sich gut am Beispiel des Eurasiers aufzeigen. Über die Geschichte dieser Rasse wissen wir recht viel. Sie wurde 1960 in Deutschland von Julius Wipfel und Charlotte Baldamus mit dem erklärten Ziel entwickelt, einen perfekten Begleithund zu erschaffen. Wipfel und Baldamus wollten keine verzärtelte Rasse, aus der die wilden Ursprünge vollständig herausgezüchtet waren, sondern einen Hund, der einige der ursprünglichen Wolfs-Merkmale noch besitzt. Deshalb kreuzten sie einen Chow-Chow mit einem Wolfsspitz. Die Kreuzung war erfolgreich, und der Eurasier ist seither ein beliebter Begleithund mit eingeschworener Anhängerschaft, zu der auch der österreichische Tierverhaltensforscher Konrad Lorenz gehörte. Lorenz fand, dass seine Eurasierhündin Babett von allen ihm bekannten Hunden den besten Charakter hatte.

Die Herkunft der beiden Elternrassen konnte unterschiedlicher kaum sein. Der Chow-Chow stammt aus Ostasien, der Wolfsspitz aus Deutschland. Heidi Parker und ihr Team nahmen einen Eurasier in ihr Projekt auf, um den Grad der Hybridisierung zwischen verschiedenen Rassen festzustellen. Zu diesem Zweck brachen sie das Hundegenom in praktische Haplotyp-Blöcke mit jeweils 100 SNP-Markern auf, die sich über mindestens 232 Kilobasen (kb) verteilten. Dann ermittelten sie die Zahl der Blöcke, die zwei Hunde unterschiedlicher Rassen jeweils gemeinsam hatten. Je mehr Blöcke das waren, so der Gedanke, desto stärker hatte die Hybridisierung zur Entstehung der Rasse beigetragen. Wie zu erwarten, gab es etwa viermal so viele Gemeinsamkeiten zwischen Hunden desselben funktionellen Typs (Jagdhund, Arbeitshund und so weiter) wie zwischen Rassen, die im Phylogramm von Wayne und vonHoldt (Seite 33) unterschiedlichen Gruppen angehörten. Beim Eurasier jedoch ergab Parkers Analyse, dass die Rasse Haplotypen mit beiden »Eltern«-Rassen teilte, dem eng mit dem Wolfsspitz verwandten Keeshond und dem Chow-Chow. Weil die Herkunft der beiden Elternrassen geographisch so weit auseinanderlag, hatten sie nur wenige Haplotyp-Blöcke gemeinsam, und der Eurasier bildete eine neue Klade (Abstammungsgemeinschaft), die auf dem Phylogramm zwischen den beiden Elternrassen lag.

Die meisten »normalen« Rassen, das heißt, solche, die aus ähnlichen Hunden gebildet wurden, lagen, gestützt durch starke statistische Belege, auf einer Klade. Es gab allerdings auch Rassen, die nicht so sauber in klar abgegrenzte Kladen passten, darunter der Tervueren, ein Belgischer Schäferhund, der Cane Corso Italiano, der auch als italienische Dogge bezeichnet wird, der unverwechselbare Bull Terrier, seine Miniaturversion, der amerikanische Rat

Terrier, sowie der American Hairless Terrier, eine moderne Rasse, die aus einem nackten Darwinschen »Naturspiel« eines Rat-Terrier-Wurfs gezüchtet wurde. Diese Rassen durchbrachen in Parkers Studie nur knapp die Ein-Kladen-Regel, doch vier weitere Rassen hoben sich besonders hervor. Das waren der Redbone Coonhound aus Amerika, der Jack Russell Terrier, der Sloughi, ein Windhund aus Nordafrika, und der Cane Paratore, ein uralter Hütehund aus den italienischen Abruzzen. Diese Außenseiter haben eine eher unklare Vergangenheit und sind vermutlich nicht so rein, wie die Liebhaber dieser Rassen es gern hätten. Andere Rassen, die aus der Reihe tanzten, waren entweder neu und insofern noch »in der Entwicklung«, als ihr Standard noch nicht endgültig festgelegt war, oder aber die Tiere gehörten derselben Rasse in unterschiedlichen Ländern an. Der Cane Corso ist dafür ein gutes Beispiel. In seinem Herkunftsland Italien bildet er eine eigene Klade, wohingegen die Rasse in den USA eine gemischte Klade mit dem sehr ähnlichen Mastino Napoletano bildet. Aus diesen Ergebnissen können wir ablesen, dass sich die Genstruktur dieser beiden eng verwandten Hunderassen bereits zu differenzieren beginnt.

Parker und ihre Kollegen untersuchten die Ähnlichkeit von Rassen nicht nur unter dem Gesichtspunkt gemeinsamer Gene, sondern sie betrachteten auch die umliegenden Bereiche auf den jeweiligen Chromosomen. Um das zu erklären, muss ich noch einmal einen Schritt zurückgehen. Ich habe bisher unbekümmert von »gemeinsamen Genen« gesprochen, ohne deutlich zu machen, was ich damit eigentlich meine. Alle Hunde besitzen grundsätzlich dieselben Gene mit den Informationen darüber, wie ein Hund von einer Generation zur nächsten aussehen und wie sein Körper funktionieren soll. Gene sind genau genommen DNA-Abschnitte, die nicht nur einfach da sind, sondern etwas *tun*. Einige Hundegene bestimmen die Struktur der Augen, andere die Form der Knochen oder die Länge und Farbe des Fells. Alle Hunde besitzen diese Gene, sie haben also in dieser Hinsicht 100 Prozent der Gene gemein. So gesehen, wäre der Genabgleich der Rassen eine öde Angelegenheit, denn sie sind ja alle gleich.

Was ich wirklich meine, sind die *unterschiedlichen Versionen desselben* Gens, die sie gemein haben. Beispielsweise hat ein schwarzer Hund die »schwarze« Version des Fellfarbengens und ein weißer Hund die »weiße« Version. Die genaue DNA-Sequenz der beiden Versionen ist unterschiedlich, und diese Unterschiede kann man aufspüren – wie, das erkläre ich später.

Ich zögere, diesen neuen Begriff einzuführen, weil ich aus meiner langjährigen Lehrtätigkeit weiß, dass er schwer zu verstehen ist. Ich will es trotzdem probieren: Die unterschiedlichen Versionen desselben Gens werden als Allele bezeichnet, eine Kurzform für Allelomorphe oder »andere Formen«. Wenn ich von »gemeinsamen Genen« der Rassen spreche, meine ich tatsächlich »gemeinsame Allele«. Ich werde in diesem Buch weiter die unscharfe Bezeichnung »gemeinsame Gene« verwenden, schließlich schreibe ich hier kein Genetik-Handbuch, und es gibt auch keine Prüfung am Semesterende. Mir ist wichtig, dass Sie das Wesentliche verstehen und nicht dauernd den Faden verlieren, weil sie überlegen müssen: »Was war nochmal ein Allel?«

An dieser Stelle kann ich auch gleich erklären, wie DNA heutzutage analysiert wird. Wie Sie bereits wissen, ist DNA buchstäblich eine lange Kette aus vier einfachen chemischen Stoffen. Und zwar eine *sehr* lange Kette. Sie dient als Code, der den Zellen Anweisungen gibt, dieses oder jenes Protein herzustellen, etwa Hämoglobin für Blut, Kollagen für Knochen und Tausende andere Dinge, die eine Zelle und der Körper brauchen. Wie in einer geschriebenen Sprache verbirgt sich die Botschaft in der Abfolge der Buchstaben, in diesem Fall der chemischen Stoffe. Es sind nur vier Stoffe, abgekürzt A, C, G und T, doch selbst mit diesem sehr eingeschränkten Alphabet kann eine unendliche Anzahl unterschiedlicher Sequenzen entstehen, wenn sie nur lang genug sind. Und sie sind sehr lang. Das 2005 erstmals sequenzierte Hundegenom besteht in der vollen Länge aus etwa 2,8 Milliarden Buchstaben (oder »Basen«, wegen der chemischen Struktur). Damit ist es etwa so lang wie das menschliche Genom, nur dass sich die DNA, wie schon erwähnt, auf 39 Chromosomenpaare verteilt statt wie beim Menschen auf 23. Hunde haben zudem, wie ebenfalls schon erwähnt, mit 19 000 Genen rund 3000 weniger als wir Menschen.

Die gewaltige Aufgabe der DNA-Sequenzierung wurde 1977 erstmals in Angriff genommen, als der herausragende Molekularbiologe Fred Sanger aus Cambridge die Sequenz des einfachen Virus Phi X 174 veröffentlichte. Das Genom, winzig im Vergleich zu dem von Hund oder Mensch, war immerhin 5375 Basenpaare (bp) lang. Im Jahr 1981 ließ Sanger die Sequenz der menschlichen Mitochondrien-DNA folgen. Sie entwickelte sich zur Grundlage eines eigenen Forschungsgebiets, der Erforschung der Vergangenheit mittels DNA, die auch ich seit 25 Jahren betreibe. Wie Tausende anderer Wissenschaftler habe ich Fred Sanger viel zu verdanken. Seine wissenschaftlichen Leistungen wurden mit der Verleihung nicht eines, sondern gleich zweier Nobelpreise für Chemie gewürdigt, der eine 1958 für die Aminosäuresequenz des Insulins (das er in einer Drogeriefiliale von Boots in Cambridge erworben hatte!) und ein zweiter 1980 für seine DNA-Forschung. Ich weiß noch, dass ich Sanger damals in einer Vorlesung in Oxford hörte und seine Bescheidenheit bewunderte. Er hielt nicht gern Vorträge, und angeblich beschäftigte er eine Sekretärin allein zu dem Zweck, die unzähligen diesbezüglichen Einladungen auszuschlagen, die einem Nobelpreis zwangsläufig folgen. Ich hatte das Glück, dass er in Oxford eine Ausnahme machte.

Sangers Methode wird immer noch angewandt, ich selbst verwende sie für die mitochondriale DNA. Die erste Sequenzierung des Menschen- und des Hundegenoms wurde jeweils mit einer Variante der Sangerschen Methode im großen Maßstab durchgeführt. Dennoch dauerte die Entschlüsselung des Humangenoms 15 Jahre und verschlang über 1 Milliarde Dollar. Weil sie so zeitaufwendig und teuer war, suchten Forscher nach anderen, schnelleren und günstigeren DNA-Sequenzierungsmethoden, und sie entwickelten mehrere geniale Verfahren. Die erfolgreichste wurde von den beiden französischen Wissenschaftlern Bruno Canard und Simon Sarfari erfunden und anschließend von Shankar Balasubramanian und David Klenerman, zwei Chemikern aus Cambridge, weiterentwickelt. Anders als Sanger gründeten sie, wie es zu dieser Zeit üblich war, eine Firma und vermarkteten ihre Methoden kommerziell. Diese Firma, Solexa, wurde später vom US-Tech-Unternehmen Illumina gekauft, das heute Sequenzierautomaten und Reagenzien für das, wie es paradoxerweise heißt, Next-Generation-Sequencing liefert, die Sequenzierung der »nächsten Generation«.

Ich will nicht allzu tief ins Detail gehen, doch die Illumina-Methode fügt Basen, die an fluoreszierenden Farben anhaften, zu einem wachsenden DNA-Strang zusammen, der chemisch an eine kleine Durchflusszelle aus Glas gekoppelt ist und die Sequenz der Original-DNA genau kopiert. Die Basen geben, wenn sie eine nach der anderen angehängt werden, einen Lichtblitz ab, der mit einer Kamera eingefangen wird. Die Farbe des Blitzes hängt von der Base ab, die hinzugefügt wird: blau für G, rot für T, grün für C und gelb für A. Am Ende des Reaktionszyklus befinden sich an jedem gekoppelten Strang etwa 90 Basen mehr. Die Kamera hat die fluoreszierenden Blitze in der Abfolge aufgenommen, in der die Basen hinzugefügt wurden – blau, blau, rot, grün und so weiter. Die Reihenfolge entspricht somit genau der Sequenz des Originals. Millionen von Strängen können an eine Durchflusszelle gekoppelt werden, jede aus einem anderen DNA-Fragment. Modernste Software ordnet die Blitze und führt die kurzen Fragmente zu einer Sequenz zusammen, die, wenn alles gut geht, das gesamte Genom abdeckt.

In den gut 40 Jahren, die vergingen, seit Fred Sanger mühevoll die rund 5000 DNA-Basen von Phi X 174 sequenzierte, ist also viel passiert. Die neuesten Illumina-Geräte können 50 komplette Genome am Tag sequenzieren, jedes drei Gigabasen lang (3×10^9 Basen).

19

Des Pudels Kern

Die zahlreichen Arbeiten zum Hundegenom beleuchten viele interessante Facetten der molekularen Mechanismen, die an der Entwicklung vom vorzeitlichen Wolf zum modernen Hund beteiligt waren. Wie nicht anders zu erwarten, gelangen die größten Fortschritte im Bereich der körperlichen Veränderungen und ihrer Ursachen. Sie sind ja auch deutlich einfacher zu erforschen.

Genetiker arbeiten heute in einer digitalen Welt, in der sich alles um die Mutation einzelner Gene dreht. Bis vor etwa zehn Jahren hatten wir den Traum (und hier rechne ich mich mit ein), dass sich mit der DNA die gesamte Biologie und Medizin erklären ließe. Solch jugendliche Überheblichkeit ist typisch für eine neue Disziplin, und uns mangelte es wahrlich nicht daran. Mit der Zeit folgten die ersten Flops. Das »Gen«, das im einen Labor entdeckt wurde, verschwand auf mysteriöse Art, wenn ein anderes Forscherteam danach suchte. Der Genetiker, Autor und Feingeist Steve Jones sagte einmal, das Fiasko, das die Genjäger erlebten, erinnere ihn an T. S. Eliots Katzenprotagonist Macavity und seine Eskapaden:

Bibistibos, die Geheime Katze: genannt Die Schwarze Hand –
Ist König der Verbrecher, vor ihm hat kein Gesetz Bestand,
Er ist die Schmach der Polizei, des Blitzkommandos Tort:
Denn trifft es ein am Ort der Tat – ist Bibistibos nicht dort![1]

Um die Frustration über Macavitys raffinierte Volten im Zusammenhang mit dem Humangenom zu lindern, pumpte man viel Geld und Mühe in die Erforschung des Hundegenoms. Dafür müssen wir dem frechen Kater dankbar sein. Und, meine Güte, im menschlichen Genom haben seine schelmischen Pfoten wahrlich überall ihre Abdrücke hinterlassen.

Vor wenigen Jahren fassten Jonathan Pritchard und seine Kollegen von der Stanford University die Ergebnisse mehrerer Studien zusammen, die versucht hatten, das für die Körpergröße des Menschen verantwortliche Gen aufzuspüren.[2] Sie fanden im Humangenom verwirrende 697 Stellen (und folglich mindestens genauso viele Gene), die zusammengenommen aber nur 16 Prozent der Varianz erklärten. Pritchard und sein Team suchten nach den »fehlenden« Genen, dem Gegenstück zur dunklen Materie in der Kosmologie. Zu ihrem Missfallen mussten sie feststellen, dass völlig harmlos wirkende und verbreitete Genvarianten mit jeweils winzigem Effekt für erstaunliche 86 Prozent der Heritabilität (Vererbbarkeit) verantwortlich sind. Anschließend gelangten sie zu der ernüchternden Schätzung, dass 62 Prozent aller gemeinsamen SNPs die Größe beeinflussen; nur wenige von ihnen befinden sich aber überhaupt in proteinkodierenden Abschnitten.

Beim Hund, so die Annahme, müsste es leichter sein, wichtige Gene zu finden. Und zum Glück kann ich berichten, dass sich diese Vermutung als richtig herausstellte. Das liegt vor allem daran, dass Hunde anders als Menschen auf den begrenzten Wolfs-Genpool zurückgreifen, der ja durch Selektion und bei Rassehunden durch geschlossene Zucht noch verkleinert wurde. Das macht die Jagd nach den Genen bei Hunden deutlich einfacher als beim Menschen, bei dem außerhalb geschlossener Gemeinden wie den Amischen die Fortpflanzung mehr oder weniger beliebig stattfindet. Im Unterschied zu der hoffnungslos konfusen Situation beim Menschen werden beim Hund Merkmale wie die Körpergröße von nur wenigen Genen gesteuert, von denen einige auch schon identifiziert wurden. Obwohl Größe, Körperform und Gesamterscheinung beim Haushund eine extrem große Bandbreite aufweisen – größer als bei jeder anderen Spezies –, sind an dieser morphologischen Fülle nur relativ wenig Gene beteiligt. Die vielfältige Morphologie, von der riesenhaften schlanken Deutschen Dogge bis zum winzigen Zwergspitz, vom Komondor mit seinem üppigen Fell bis zum Chinesischen Schopfhund, der nackt ist wie ein Frosch, erklärt sich nur aus wenigen Genen.

Die erste Studie, in der Gene für die Körpergröße von Hunden entdeckt wurden, arbeitete mit einer großen Gruppe Portugiesischer Wasserhunde. Die insgesamt 330 Tiere wurden über einen Aufruf des sogenannten Georgie-Projekts gefunden, eine durchaus nicht unübliche Beteiligung der Öffentlichkeit an einem wissenschaftlichen Vorhaben.[3] Georgie war eine portugiesische Wasserhündin, die ihr Herrchen Gordon Lark 1986 als Streuner aufgelesen hatte. Lark verliebte sich nach eigener Aussage auf Anhieb in den Hund und die Rasse, die bei portugiesischen Küstenfischern beliebt war. Wie der Name verrät, mögen die Hunde Wasser und können hervorragend schwimmen und tauchen. Laut Rassebeschreibung der FCI ist der Hund »außergewöhnlich intelligent«, und »gehorcht freudig allen Befehlen seines Meisters«[4] und soll zudem über grenzenlose Energie verfügen – wobei ich hier anmerken möchte, dass ich noch keine Rassebeschreibung gelesen habe, die ihrem Objekt nicht schmeichelt. Georgie starb 1996 an einer Autoimmunkrankheit, und so entstand, schon fast wie nach dem tragischen Tod eines Kindes, das nach ihr benannte Projekt. Erklärtes Ziel war es, mittels moderner wissenschaftlicher Methoden Georgies Krankheit zu erforschen und vielleicht eines Tages eine Heilung zu finden.

Das kam Elaine Ostrander zu Ohren, die zu den wenigen erfahrenen Hunde-Genetikern gehört, und so nutzte auch sie den Portugiesischen Wasserhund für ihre Studie über genetische Faktoren der Skelettmorphologie. Da ich selbst schon an Forschungsarbeiten mit vielen (menschlichen) Versuchsobjekten beteiligt war, weiß ich, wie entscheidend der Rückhalt hoch motivierter Freiwilliger für den Erfolg ist. Bei allen Hunden wurden Röntgenaufnahmen und mehrere Messungen vorgenommen, um die Morphologie mathematisch genau zu erfassen und die Ergebnisse anschließend zu einer einzigen numerischen Beschreibung zusammenzuführen.

Die von Ostrander verwendeten Wasserhunde stammten von nur 31 Gründertieren ab, die etwa 24 Generationen zurücklagen. Mit 460 Portugiesischen Wasserhunden und 500 Mikrosatelliten-Markern, den Vorläufern der SNPs, ging Ostrander das Genom Abschnitt für Abschnitt durch und suchte nach den Markern, die am ehesten mit den Skelettmaßen korrelierten. Da sie auch die Maße anderer Rassen kannte, konnte sie eine Aussage darüber treffen, inwieweit diese Maße ererbt waren. Das ist ein komplizierter Vorgang, der jedoch ein relativ unkompliziertes Ergebnis zeitigt: eine Karte des Genoms mit dem ungefähren Ort der Gene, die für die Ausformung des Skeletts verantwortlich sind. Während Jonathan Pritchard, wie schon erwähnt, in einer ähnlichen Analyse des Humangenoms mehrere Hundert solcher Orte mit Genen fand, die für die Körpergröße wichtig waren, kamen beim Georgie-Projekt nur sechs einigermaßen maßgebliche Positionen heraus. Da es sich nicht so sehr um Gene per se handelte, sondern eher um Genorte, mussten die Bereiche in weiteren Schritten genauer untersucht werden, bis die Gene selbst gefunden waren. Der Vorläufer des Hundegenomprojekts hatte bereits das vielversprechende Gen namens IGF-1 gefunden, das beim Portugiesischen Wasserhund sehr nah bei dem einflussreichsten Abschnitt lag.

IGF-1 oder – mit vollem Namen – Insulinähnlicher Wachstumsfaktor 1 ist ein Protein, das an der Aktivierung des Wachstumshormons und am Knochen- und Gewebewachstum beteiligt ist. Wie man weiß, ist es beim Laron-Syndrom, das beim Menschen Kleinwuchs bewirkt, schadhaft. Doch trotz hoher Erwartungen lagen im IGF-1 keine Variationen vor, die beim Portugiesischen Wasserhund eine Wirkung aufs Wachstum hätten erklären können. Sehr wahrscheinlich lag die Erklärung in einer genetischen Veränderung in der Nähe des IGF1-Gens, die sein Verhalten irgendwie beeinflusste. Was jedoch Ostrander und ihr Team wirklich begeisterte, war, dass das DNA-Segment, das beim Portugiesischen Wasserhund IGF-1 enthält, bei allen kleinen Hunderassen vorkommt, bei den großen dagegen selten oder gar nicht.[5]

Die Schlussfolgerung aus diesem unerwarteten Befund lautete, dass die Körpergröße bei Hunden nicht wie beim Menschen von Hunderten verschiedener Gene gesteuert wird, sondern von einem einzigen, das sehr nahe am IGF-1-Gen liegt. Da man es in drei unterschiedlichen genetischen Konstellationen verschiedener Rassen fand, muss sich die Mutation entweder dreimal unabhängig voneinander ereignet haben, oder sie ist sehr alt und hat sich in einem sogenannten *selective sweep* bei allen Zwerg- und Toyrassen ausgebreitet.

Eine eindrucksvollere Demonstration für die gewaltige morphologische Veränderung, die ein einziges Gen bewirken kann, ist kaum vorstellbar. Alle Zwergrassen wären danach ursprünglich entstanden, indem man Miniaturexemplare einer Rasse mit normal großen Hunden einer anderen kreuzte und anschließend immer wieder die kleineren Welpen auswählte. Entsprechend liegen auf Heidi Parkers Phylogramm aus dem Jahr 2017 die Toy-Rassen unabhängig von ihrer ursprünglichen funktionalen Gruppe eng beieinander.[6]

Einige Forschungsvorhaben nahmen eine etwas andere Richtung, indem sie sich auf bekannte Gene mit vermuteten relevanten Aufgaben konzentrierten. Diese sogenannte Kandidatengensuche kann sehr erfolgreich sein, wenn der Kandidat gut ist; wenn nicht, ist sie zum Scheitern verurteilt. Die beiden Gene MSX2 und TCOF1, die, wie man weiß, an der Entwicklung des menschlichen Schädels beteiligt sind, wurden bei zehn verschiedenen Hunderassen sequenziert, von denen jede eine andere Schädel- oder Gesichtsform hatte. Eine einzelne Mutation auf TCOF1, die in dem assoziierten Protein eine Aminosäure veränderte, korrelierte in den verschiedenen Rassen stark mit einem kurzen breiten Gesicht.[7]

Nicht alle Studien mit Kandidatengenen führen zum Erfolg, aber sie können sehr effektiv sein.

Mutationen auf einem der vielen Kollagen-Gene, dem COL10A1, sind beim Menschen für die seltene Erbkrankheit Metaphysäre Chondrodysplasie Typ Schmid verantwortlich, die sich in Kleinwuchs und abnorm kurzen Armen und Beinen äußert. So untersuchte man dieses Gen auch bei Hunderassen wie Dachshund und Corgi, die Merkmale dieser Krankheit aufweisen. Wie sich herausstellte, war es aber in allen Fällen völlig normal.[8]

Mit einem eher unwahrscheinlichen Kandidaten landeten die Forscher in einer Studie mit Whippets dagegen einen Volltreffer. Eine Mutation im Myostatin-Gen, die nur in »zweifacher Dosis« wirksam wird, brachte eine besonders muskulöse Variante hervor, die als Bully Whippet bezeichnet wird. Whippets haben wie ihre engen Verwandten, die Greyhounds, eine schlanke Statur mit tiefer Brust und können sehr schnell rennen. Da die Züchter erfolgreiche Tiere für Hunderennen hervorbringen wollten, wählten sie für die nächste Generation natürlich die schnellsten Whippets zur Zucht aus. Besonderes Augenmerk legten sie auf das richtige Exterieur ihrer Hunde, und mehreren Züchtern fiel auf, dass hin und wieder in einem Wurf einzelne Tiere eine sichtbar stärker ausgeprägte Muskulatur hatten. Aus diesen Welpen wurden extrem schwere, starke und für Rennen deshalb ungeeignete Hunde. In der Regel wurden sie getötet. Doch die Züchter bemerkten auch, dass die Eltern dieser »Bully Whippets« und einige der anderen Welpen im Wurf nur ein wenig muskulöser als normal und auf der Rennbahn schneller waren. Solche gemischten Würfe mit Bully Whippets, Halb-Bully-Whippets und normalen Welpen sind für eine rezessive Vererbung typisch. Die Bullys hatten das Bully-Gen zweimal geerbt, die Halb-Bullys einmal, die unauffälligen Welpen dagegen gar nicht. Dieses Vererbungsschema bestimmt alle rezessiven Erbkrankheiten, auch die bekannte Mukoviszidose beim Menschen.

Der Bully Whippet hat wie die Mukoviszidose-Patientin oder Individuen mit einer anderen rezessiv vererbten Erkrankung einen erheblichen Fortpflanzungsnachteil: der Hund, weil er getötet wird, der Mensch, weil er womöglich nicht so lange lebt, dass er Kinder in die Welt setzen kann. Das wirft die hoch interessante Frage auf, warum diese Erkrankungen so verbreitet sind, obwohl doch die verantwortlichen Gene ständig durch Selektion aussortiert werden, wenn sich ein betroffenes Individuum, Hund oder Mensch, nicht fortpflanzt. Der Gesamtpopulation geht ja nicht nur eines der Gene verloren, sondern gleich zwei, wenn diese Individuen mit »zweifacher Dosis« – der Fachbegriff lautet homozygot – sterben, ohne sich fortgepflanzt zu haben.

Die Antwort auf diese Frage erklärt elegant und eingängig, warum sich Erbkrankheiten etablieren. Zwar bekommen Individuen mit einer zweifachen Dosis des mutierten Gens, also homozygote Individuen, weniger Nachwuchs, doch einige ihrer Geschwister oder einige der Welpen eines Wurfs besitzen ein mutiertes und ein normales Gen. Wenn diese heterozygoten Anlageträger einen Vorteil gegenüber Individuen mit zwei Exemplaren des normalen Gens haben, pflanzen sie sich erfolgreicher fort. Im Fall der Bully Whippets sind die Anlageträger schneller als die normalen Hunde und werden deshalb für die Zucht ausgewählt. Entsprechend gilt die Regel auch für den Menschen. Träger der Mukoviszidose-Anlage müssen einen Vorteil haben oder in der Vergangenheit gehabt haben. Höchstwahrscheinlich war das eine erhöhte Cholera-Resistenz. Bei einer sehr gut erforschten Krankheit namens Thalassämie, die im Mittelmeerraum und in Südostasien verbreitet ist, haben die Anlageträger eine verringerte Anfälligkeit für eine Malariainfektion, was ihnen einen erheblichen Vorteil verschafft. Dass sich die Thalassämie auch lange, nachdem die Malaria im Mittelmeerraum besiegt wurde, so hartnäckig hält, liegt daran, dass die Gene noch im Umlauf sind.

Die genetische Erklärung im Falle des Bully Whippet ist nicht weniger interessant. Wie die Lösung manch anderer genetischer Rätsel ist sie einem aufmerksamen Arzt zu verdanken, der einen einzelnen menschlichen Patienten genau beobachtete. Schauplatz des Geschehens war in diesem Fall die Kinderabteilung der Charité in Berlin.[9] Eine gesunde Frau hatte nach einer normalen Schwangerschaft einen Sohn zur Welt gebracht. Als nach der Geburt bei dem Baby plötzlich unwillkürliche Muskelzuckungen auftraten, Myoklonien genannt, wurde es zur Beobachtung auf die Frühgeborenenstation verlegt. Das Kind wirkte sehr muskulös, hatte ausgeprägte Muskeln an Oberschenkeln und Armen, war ansonsten aber völlig normal. Die Myoklonien ließen nach einigen Monaten nach, und der Junge entwickelte sich normal, war allerdings auch weiter überaus muskulös. Sein Fallbericht und die Genuntersuchung wurden veröffentlicht, als er viereinhalb Jahre alt war. In diesem Alter konnte er bereits mit ausgestreckten Armen zwei Drei-Kilo-Hanteln heben.

Die Forscher, die diesem Phänomen auf den Grund gingen, wählten ein Kandidatengen, in diesem Fall das Myostatin-Gen. Das Protein Myostatin ist wie IGF-1 ein Wachstumsfaktor, der jedoch nicht an der Entwicklung des Knochenwachstums, sondern an der Muskelentwicklung beteiligt ist. Die Wahl des Myostatin als Kandidatengen erwies sich als richtig, denn tatsächlich fand man dort die Mutation.[10] Sie führte jedoch bei dem Jungen in Berlin nicht etwa zu einem erhöhten Myostatin-Spiegel, sondern legte das Protein komplett lahm. Da Myostatin das Muskelwachstum verlangsamt, fehlt, wenn keines gebildet wird, seine abschwächende Wirkung, und das Muskelwachstum schreitet ungebremst voran. Diese sogenannte Null-Mutation kommt häufig vor, und der Junge hatte homozygot einen Null/Null-Genotyp. Da es sich um eine rezessiv vererbte Krankheit handelt, müssen beide Eltern Träger des Null/Wildtyp-Genotyps sein (»Wildtyp« heißt in der Genetik *normal*), was, wie gezeigt, irgendeinen Vorteil mit sich bringen muss. Tatsächlich nahm die Mutter des Jungen in ihrer Jugend als Schwimmerin an Olympischen Spielen teil, und viele ihrer Verwandten waren ungewöhnlich stark. Daraus ergibt sich eine interessante ethische Frage, die auch unsere Überlegungen zum Bully Whippet betrifft, ob nämlich Träger dieser Mutation im Wettbewerb einen unfairen Vorteil genießen. Der allgemeine Konsens geht dahin, dass die partielle Ausschaltung des Myostatin zwar einen Vorsprung bringen könnte, dies aber nur einer von unzähligen genetischen Einflüssen ist, die Spitzensportler über andere erheben; Anlagenträger sollten daher nicht diskriminiert werden.

Die Myostatin-Mutation beim Bully Whippet oder auch bei dem Jungen in der Charité machte das Gen unwirksam, was allerdings auf interessante Art und Weise geschah. Die meisten Säugetiergene lassen sich zwei Arten von DNA-Sequenz zuordnen. Die sogenannten Exone enthalten die DNA-Sequenz, die unmittelbar die Aminosäuresequenz des Genprodukts kodiert, in diesem Fall das Protein Myostatin. Jede Mutation im Kodierungsbereich solcher Exone kann, mit potentiell verheerenden Folgen, die Aminosäuresequenz des Proteins verändern. Als Forscher das Myostatin-Gen von 22 Whippets sequenzierten, entdeckten sie, dass allen vier »Bullys« ein kleines DNA-Segment von nur zwei Basenpaaren Länge fehlte. Das reichte aus, um das Gen vollständig lahmzulegen, denn die Zellen lesen die genetischen Anweisungen in Dreiergruppen. Die Sequenz legt nicht nur die Reihenfolge der Aminosäuren im Protein fest, sondern auch, welche Aminosäuren das sind.

Wenn zwei Basenpaare fehlen – man spricht von einer Deletion –, so entsteht eine sogenannte Leserasterverschiebung. Die Zelle weiß nicht, ob die DNA-Sequenz, die sie liest, die richtige ist, und fügt daher, den Anweisungen der Sequenz folgend, in der linearen Abfolge einfach eine Aminosäure nach der anderen hinzu. Die Proteinkette wächst vom einen Ende her und bricht am anderen ab. Beim Bully Whippet wächst der Myostatin-Strang, wie vom Myostatin-Gen vorgegeben, ein paar 100 Aminosäuren lang völlig normal. Dann kommt die Stelle, an der die beiden Basenpaare fehlen, und das Leseraster verschiebt sich. Weil die Sequenz in Gruppen von drei Nukleotiden gelesen wird, gerät die Aminosäuresequenz nach der Mutation völlig durcheinander. Schlimmer noch: Die Mutation verwandelt das normale dreibasige Signal für die Aminosäure Cystein in eins, das die Proteinsynthese sofort beendet und ihre Funktion zerstört. Und all das nur, weil in einem xGenom aus mehreren 100 Millionen Basen zwei fehlen. Mehr braucht es nicht.

In einem Buch über Hunde streng genommen belanglos, aber dennoch interessant ist eine Beobachtung aus dem Jahr 1807: Damals trat eine ähnlich starke Muskelentwicklung bei einer »Doppellender«-Kuh der Rasse Weißblaue Belgier auf, die sich, wie man heute weiß, aus einer ähnlichen Mutation im Myostatin-Gen ergibt.[11] Anders als die Whippet-Züchter, denen es um Schnelligkeit geht und denen daher die muskulösen Bully Whippets für den Wettbewerb zu korpulent sind, selektieren Rinderzüchter massige Tiere. Zwar hatten die Züchter keine Ahnung von den molekulargenetischen Ursachen, doch entwickelten sie die Weißblauen Belgier und die eng verwandten Piemonteser Rinder vorsichtig und kontrolliert weiter, sodass heute *alle* Tiere die Myostatin-Mutation in zweifacher Dosis tragen.

Wenn alle Tiere die Mutation haben, spricht man von einer »Fixierung«. Die Myostatin-Mutation ist im Bestand des Weißblauen Belgiers fixiert, weil die Züchter sie gezielt selektiert haben. In einem weniger reglementierten Umfeld enthält eine Gesamtpopulation überwiegend Wildtyp-Individuen und nur wenige Mutationsträger, deren Zukunft sich daran entscheidet, wie schnell sie durch Selektion ausrangiert werden. Wenn schädliche Genmutationen keinen handfesten Vorteil bringen, halten sie sich meist nur wenige Generationen.

Bei den Hunderassen gibt es ein bekanntes Beispiel für eine fixierte Mutation, nämlich beim Dalmatiner. Nicht ein Dalmatiner, sondern alle leiden unter einem hohen Harnsäurespiegel im Serum. Beim Menschen führt ein hoher Harnsäurespiegel zu Gicht, weil sich kristalline Harnsäure in der Niere und in den Gelenken ablagert, besonders im großen Zeh. Harnsäure ist das Endprodukt aus dem Abbau von Purinen, einem chemischen Bestandteil der DNA. Doch Hyperurikämie, wie ein hoher Harnsäurespiegel im Blut genannt wird, ist ein Problem, das nur Menschen und große Menschenaffen wie Gorillas und Schimpansen haben – und Dalmatiner. Alle anderen Arten und alle anderen Hunderassen bauen Purine auf andere, weniger störanfällige Art ab.

Das beim Menschen für Gicht zuständig Gen wurde bereits identifiziert. Um die Mutation beim Dalmatiner aufzuspüren, sequenzierte man zunächst das entsprechende Hundegen. Die Suche endete jedoch in der Sackgasse und musste daher von vorn beginnen. Nach umfangreichen Analysen, in die auch Kreuzungen zwischen Dalmatinern und Pointern einbezogen wurden, lokalisierte man die Anlage in einem Bereich des Genoms, der nur vier Gene enthält. Eine genaue Sequenzierung ergab, dass die ursächliche Mutation eine einzelne veränderte Base in Gen SLC2A9 ist. Dieses Gen kodiert ein Protein, mit dessen Hilfe Glukose und Harnsäure die Zellmembran passieren können.[12] Anders als bei den fehlenden Basenpaaren im Genom des Bully Whippet veränderte diese Mutation nicht das Leseraster, sondern die Aminosäuresequenz der entsprechenden Stelle: Sie ersetzte ein Phenylalanin durch ein Cystein, und auch das reicht aus, um das Gen lahmzulegen. Obwohl nur beim Dalmatiner alle Tiere an Hyperurikämie leiden, ergab eine Studie an anderen Hunden, bei denen die Krankheit diagnostiziert worden war, dass in zwei weiteren Rassen, Bulldogge und Russischer Schwarzer Terrier, einige Hunde dieselbe Mutation tragen. Das mutierte Gen muss somit entstanden sein, ehe der Dalmatiner als Rasse genetisch isoliert wurde.

Eine interessante Frage lautet, warum die »Gicht«-Mutation in der Rasse fixiert ist. Warum sind alle Dalmatiner für das mutierte Gen homozygot, während es in anderen Rassen nur selten vorkommt? Die Antwort gibt ein Gen in nächster Nähe, das die charakteristischen Fellflecken des Hundes steuert. Diese Erbanlage gefiel den Züchtern, und so wurde nicht nur die harmlose Fellfärbung selektiert, sondern auch der alles andere als harmlose Nachbar. Da die beiden Gene auf demselben Chromosom so eng beieinanderliegen, werden sie stets zusammen vererbt.

Wie bei den meisten Hunderassen überlagert das Aussehen des Dalmatiners alles andere. Es ist bedauerlich, dass die charakteristischen und begehrten schwarzen Flecken die schwere Krankheit mit sich bringen, nur weil die Gene für die Fellfärbung und die für den Purinabbau so eng beieinanderliegen. Die Selektion des einen war, wenn auch unbeabsichtigt, unweigerlich verbunden mit der Selektion des anderen.

Das Aussehen geht Hundezüchtern seit jeher über alles, weil die Einhaltung der strengen Rassestandards auf Hundewettbewerben beurteilt wird. Eines der wichtigsten Kriterien, vielleicht das wichtigste überhaupt, betrifft die Felleigenschaften: Farbe, Dichte, Haartyp (zum Beispiel gelockt) und so weiter. Es war daher nur folgerichtig, dass die Architekten des Hundegenomprojekts versuchten, die wichtigsten Gene für diese Merkmale zu finden. Die Bandbreite bei Fellfarbe und Fellstruktur ist so groß, dass man schon auf den Gedanken kommen könnte, es müssten Dutzende oder sogar Hunderte von Genen daran beteiligt sein. Doch die Genomforscher hegten die Hoffnung, dass sich scheinbar komplexe Sachverhalte anders als beim Menschen mit nur wenigen Genen erklären lassen würden.

Um dieses wichtige Prinzip zu überprüfen, brachte das Team am Broad Institute in Harvard, das das Hundegenom sequenzierte, seine gesamte eindrucksvolle technische Maschinerie in Stellung. Die Forscher entschieden, ihre Suche auf zwei Merkmale zu konzentrieren, von denen man bereits wusste, dass sie konventionell vererbt werden: das Fehlen des *ridge*, also des für diesen Hund typischen Haarkamms, beim Rhodesian Ridgeback und eine weiße Fellfarbe beim Boxer. Beide Erbanlagen sind einfach rezessiv, was bedeutet, dass beide Eltern Anlageträger sein müssen, damit sie zum Tragen kommen. Die technische *tour de force* hatte aber natürlich noch einen anderen Zweck, als nur zwei skurrile Gene bei zwei kleineren Rassen aufzuspüren (Besitzer von Rhodesian Ridgebacks und Boxern mögen mir verzeihen). Das Broad-Team wollte eine allgemeine Methodik für das Auffinden interessanter Hundegene entwickeln und anhand dieser beiden Beispiele den Erfolg ihrer Methoden unter Beweis stellen. In einer Art genetischem Flächenbombardement wählten sie 27 000 abstandsgleiche SNPs im gesamten Hundegenom aus, typisierten dann 250 Hunde verschiedener Rassen und ermittelten die durchschnittliche Länge der DNA-Haplotyp-Blöcke, die über die Generationen vererbt worden waren. Sie stellten fest, dass die Haplotyp-Blöcke innerhalb der Rassen meist lang sind und nur eine Handvoll gemeinsamer Haplotypen enthalten. Ihrer Interpretation nach spiegelte sich darin die Populationsgeschichte der Rasse wider.

Der Shiba beispielsweise ist zwar eine uralte Rasse, deren Bestand aber im Zweiten Weltkrieg so drastisch schrumpfte, dass sie fast ausstarb. Nur wenige Hunde überlebten, und so stammen heute alle Shiba von diesen wenigen Glücklichen ab, sind also sehr eng miteinander verwandt. Folglich sind die Haplotyp-Blöcke bei den Shiba im Durchschnitt lang, länger als in jeder anderen Rasse. Im Gegensatz dazu hat der Greyhound, eine ebenfalls alte Rasse, keinen solch katastrophalen Bestandseinbruch hinter sich. Mit seiner nach wie vor großen Population hat er daher die durchschnittlich kürzeste Haplotyp-Block-Länge aller Rassen. Insgesamt jedoch sind die Haplotyp-Blöcke aller Rassehunde länger als die von Hunden insgesamt und von Wildhunden im Besonderen, bei denen die Paarung vollständig willkürlich stattfindet. Die längeren

Blöcke bei Rassehunden erklären sich durch die relativ kleine Zahl von Gründertieren, die an der Bildung einer Rasse beteiligt waren. Die Haplotyp-Blöcke sind bei Hunden insgesamt auch länger als in wilden Populationen des Wolfs, von dem sie ja abstammen. In der Länge spiegelt sich somit die relativ kleine Zahl von Wölfen, die an der Entstehung des »domestizierten« Hundes beteiligt war, gefolgt von Tausenden Jahren der Selektion.

Das Broad-Team brauchte mit seiner Sättigungskartierung nicht lange, bis es die Bereiche des Genoms bestimmt hatte, in denen die beiden gesuchten Gene lagen. Beim Rhodesian Ridgeback wurde das Gen für den gegenwüchsigen Haarkamm, der typisch für die Rasse ist, in einer 750 kb langen Region von Chromosom 18 lokalisiert; sie enthält fünf bekannte Gene, von denen drei Wachstumsfaktoren für die Embryonalentwicklung steuern.[13] Nach dem Auffinden dieser Gene war auch der nächste Schritt schnell getan, nämlich, die Gene zu sequenzieren und zu erklären, was beim Ridgeback so besonders ist. Die Antwort liegt in einer Mutation, die von ihrer Art her wieder von der beim Bully Whippet oder beim Dalmatiner verschieden ist, die ja kurze Segmente der DNA ausschalten. Beim Rhodesian Ridgeback war das Gegenteil geschehen. Ein großer Brocken DNA, der alle drei Wachstumsfaktor-Gene enthielt, war verdoppelt worden. Wie mittlerweile hinreichend deutlich geworden ist, hat das Genom alle möglichen Tricks auf Lager. Die Duplikation bewirkte bei den Hunden eine doppelte Portion Wachstumsfaktoren, die ihnen nicht weiter nützte, jedoch den Haarkamm auf dem Rücken hervorbrachte, der die Rasse auszeichnet. In der ungewöhnlichen Variante ohne Kamm lag keine Duplikation vor, die Erbanlagen für die Wachstumsfaktoren waren angeordnet wie bei anderen Rassen auch. Der Haarkamm des Ridgeback ist somit eine Folge der gezielten Selektion nach diesem Merkmal. Leider macht die »Ridgeback«-Mutation die Hunde auch für die Neuralrohrfehlbildung Dermalsinus anfällig, eine Hautöffnung, die ähnlich der *Spina bifida* beim Menschen infektionsanfällig ist. Wie beim Dalmatiner hat auch hier die Selektion nach einem typischen Merkmal eine unerwünschte Begleiterscheinung.

Beim Boxer suchte das Broad-Team nach dem Gen, das für das Fehlen der Haut- und Fellpigmentierung verantwortlich ist. Auch das ist eine rezessiv vererbte Anlage; Elternteile, die diese Mutation einmal tragen, weisen eine Zwischenfärbung mit weißen Flecken auf braunem Untergrund auf. Aus Zuchtexperimenten in den 1950er Jahren hatte man geschlossen, dass derselbe genetische Fehler auch hinter dem »Irish Spotting«, der weißen Scheckung beim Basenji und beim Berner Sennenhund, und der buntgescheckten Fellfarbe beim Beagle, Fox Terrier und English Springer Spaniel steckte.

Mit der Technik der Sättigungskartierung, die sich schon beim Rhodesian Ridgeback bewährt hatte, wurde das Pigmentierungsgen des Boxers bald auf einem Abschnitt von 1 Megabase (1 Million Basen) lokalisiert, der nur ein einziges Gen enthält.[14] Dieses Gen (MITF) ist für die Embryonalentwicklung wichtig und produziert vor allem Melanozyten, Zellen also, die das Pigment Melanin herstellen.

Beim Boxer erwies es sich als schwierig, die Mutation auf bestimmte DNA-Basen zurückzuführen, weil nicht genügend genetische Variation vorlag. Man konnte daher die für die Pigmentierung verantwortlichen Mutationen unmöglich von normalen Variationen unterscheiden. Wenn man in geschlossenen Zuchtrassen nach ursächlichen Mutationen sucht, wirkt sich mangelnde genetische Vielfalt nachteilig aus. Um diesem Problem zu begegnen, griffen die Forscher auf eine zweite Rasse zurück, den Bull Terrier, der eine größere genetische Vielfalt und eine ähnliche weiße Variante aufweist. Trotzdem konnten sie nicht völlig sicher sein, ob sie die für die weiße Pigmentierung ursächliche DNA-Veränderung gefunden hatten. Das ist – ungeachtet der eindrucksvollen technischen Ausstattung, die dem Broad-Institut zur Verfügung steht – kein ungewöhnliches Ergebnis. Schließlich konnte das Team die Mutation jedoch auf das MITF-Gen zurückführen, das einen Transkriptionsfaktor kodiert: eine Proteinfamilie, die für das Ein- und Ausschalten bestimmter Gene zuständig ist.

Das MITF-Gen ist auch am Waardenburg-Syndrom beim Menschen beteiligt. Diese Erbkrankheit kann mit Taubheit, einer Lippenspalte, weißen Haarsträhnen und manchmal leuchtend blauen Augen oder sogar Augen mit unterschiedlicher Farbe (Iris-Heterochromie) einhergehen. Das faszinierende Erscheinungsbild der Heterochromie verleiht den Betroffenen eine fast schon außerirdische Aura. Man denke nur an David Bowies Verkörperung des Ziggy Stardust; und wer kann das faszinierende Gesicht des afghanischen Mädchens mit den tiefblauen Augen vergessen, das uns an die menschlichen Greuel dieses schrecklichen Krieges gemahnte? Die Genetik stellt höchst unerwartete Verbindungen her.

Ein paar Jahre später veröffentlichten die Genforschungs-Veteranen Robert Wayne und Elaine Ostrander eine breit angelegte Studie zu Fellvariationen, die zu dem bemerkenswerten Schluss gelangte, dass nur drei Gene für die schwindelerregende Fell-Vielfalt beim Haushund verantwortlich sind.[15] Mit der erfolgreichen und mittlerweile erprobten Sättigungsmethode der Genkartierung, die schon das Team am Broad Institute verwendet hatte, untersuchten Wayne und Ostrander drei Fellmerkmale. Das erste war das Vorhandensein oder Fehlen von »Furnishings«, wie man die buschigen Augenbrauen und den Bart des Highland Terrier und anderer Drahthaarhunde bezeichnet. Das zweite war die Haarlänge und das dritte der Haartyp, also glatt oder gelockt. Zunächst typisierten die Forscher die SNPs von 96 Dachshunden mit drei verschiedenen Fellvarietäten: Rauhaar mit Furnishings, Glatthaar und schließlich Langhaar. Das »Furnishings«-Gen konnten sie auf einem Segment von Chromosom 13 lokalisieren, das nur das Gen RSPO2 enthält. Das war ein hervorragender Kandidat, denn man hatte es bereits mit der Entwicklung von Haarfollikeltumoren in Verbindung gebracht, die vor allem Rassen mit Furnishing betreffen. Wie bei anderen genetischen Merkmalen des Hundes gibt es auch hier ein menschliches Gegenstück: einen ostasiatischen Haartyp, der Ähnlichkeiten mit dem Drahthaarfell von Hunden aufweist. Er wird nicht von demselben Gen verursacht, sondern vom sogenannten EDAR-Gen, das ebenfalls an diesem Signalweg für die Haarentwicklung beteiligt ist.

Eine detaillierte Analyse ergab, dass die Furnishing-Mutation einem Typus angehört, dem wir noch nicht begegnet sind. An den RSPO2-Exonen fiel nichts Außergewöhnliches auf, die Sequenzen waren alle völlig normal. Doch knapp außerhalb des Gens befanden sich zusätzliche Basenpaare – man nennt das Insertion –, was die Expression veränderte, das heißt, die Art, wie die genetische Information in Erscheinung trat. In diesem Fall wurde sie dreifach verstärkt und führte vermutlich die borstige Behaarung der betreffenden Hunde herbei.

Das Team wandte sich dann dem weichen Fell der Welsh Corgis zu, einer Rasse, die sich in langhaarige, also flauschige, und in kurzhaarige, also nicht-flauschige Individuen unterteilen lässt. Die Typisierung beider Varietäten durch die Sättigungskartierung ergab, dass sich die Mutation an einem der Wachstumsfaktor-Gene befand, dem FGFR5. Die Art dieser Mutation kennen wir schon, denn es handelte sich um den einfachen Austausch einer Aminosäure, Phenylalanin durch Cystein. Sie haben sicher bemerkt, dass Cystein an den Mutationen, denen wir begegnet sind, schon häufiger beteiligt war. Das liegt daran, dass es Molekularbrücken zwischen Proteinketten bildet, und häufig stellen diese Verbindungen sicher, dass die Proteinketten in der richtigen Richtung zusammengesetzt werden.

Um nun auch noch den Locken auf den Grund zu gehen, untersuchte das Team einen alten Bekannten, den Portugiesischen Wasserhund, der in zwei Varianten vorkommt, mit lockigem und mit welligem Fell. Mithilfe derselben Kartierungsmethode stellte man schnell fest, dass das Gen, das die beiden Haartypen steuert, ein

Mitglied der Keratin-Familie ist und bei der Mutation, wiederum bedingt durch einen einzelnen Basenwechsel, ein einfacher Austausch einer Aminosäure stattfand, Arginin durch Tryptophan.

Besonders bemerkenswert ist diese Studie, weil die Forscher durch die Untersuchung von Kombinationen aus nur drei Genen so gut wie alle Haarvariationen bei sämtlichen Rassen identifizieren konnten. So hat beispielsweise der Basset Hound auf allen drei Genen Wildtyp-Allele, was sein kurzes ungelocktes Fell ohne Furnishings erklärt. Der drahthaarige Australian Terrier besitzt auf den Genen FGFR5 und KRT71 die Wildtyp-Varianten (Wt), jedoch die mutierte Form (Mut.) des RSPO2, die das Drahthaarfell hervorbringt. Um überflüssige Wiederholungen zu vermeiden, habe ich das Ergebnis in einer Tabelle zusammengefasst.

Typ	Beispiel	FGFR5	RSPO2	KRT71
Kurzhaar	Basset Hound	Wt	Wt	Wt
Drahthaar	Australian Terrier	Wt	Mut.	Wt
Drahthaar lockig	Airedale Terrier	Wt	Mut.	Mut.
Langhaar	Golden Retriever	Mut.	Wt	Wt
Langhaar mit Furnishings	Bearded Collie	Mut.	Mut.	Wt
Lockig	Irischer Wasserspaniel	Mut.	Wt	Mut.
Lockig mit Furnishings	Bichon Frise	Mut.	Mut.	Mut.

Keines dieser drei mutierten Gene wurde im Genom von drei grauen Wölfen gefunden – zugegeben eine sehr kleine Stichprobe – und ebenso wenig bei kurzhaarigen Hunden. Das deutet stark darauf hin, dass der Urhund kurzhaarig war und weder Furnishings noch Locken besaß. Man kann daraus schließen, dass alle Rassen mit einem dieser abgeleiteten Merkmale irgendwann mit dem Urhund ihren Anfang nahmen und die mutierten Formen erst später im Zuge der Rassebildung hinzukamen.

Die Sättigungskartierung, die für die Lokalisierung dieser drei Gene so gute Dienste leistete, zeigte auch, dass die Haplotypen, die diese Gene umgaben, jeweils bei allen Rassen identisch waren. Ähnlich wie beim IGF-1-Gen für die Größe beschränkten sich somit die drei Felltypen-Gene ursprünglich jeweils auf eine Rasse, ja, auf einen Wurf und breiteten sich erst durch selektive Zucht auf die anderen aus.

Im Zusammenhang mit den Auswirkungen von Mutationen will ich als Letztes noch auf die Farbe eingehen. Bei den meisten Säugetieren wird die Pigmentierung vom Melanocortin-1-Rezeptor gesteuert. Dieser Signalweg ist für Typ und Menge des Melanin-Pigments in Haut und Haar verantwortlich. Die riesige Bandbreite der Farben, die wir im Tierreich beobachten können, ergibt sich aus nur zwei Varianten des Melanins: dem gelblich-rötlichen Phäomelanin und dem braun-schwärzlichen Eumelanin. Die feinen Abstufungen in der Färbung entstehen durch die Auffächerung dieser an sich sehr beschränkten Palette durch die Melanozyten, die Pigmentzellen. Beteiligt sind auch einige andere Gene, die überwiegend im sogenannten »K-Locus« liegen. Dort wird ein Protein produziert, das den Signalweg des Melanocortin-1-Rezeptors modifizieren kann und, wie man herausfand, bei schwarzen Hunden eine entscheidende Rolle spielt. Melanistische, also schwarzgefärbte Hunde wurden wohl durch Selektion aus dem Wildtyp-Vorfahr gezüchtet. Doch die Studie, die dies ans Licht brachte, löste einen größeren Schock aus, denn sie nahm auch schwarze Wölfe mit auf. Die meisten schwarzen Wölfe leben in Nordamerika, sehr wenige in Italien.

Das Forscherteam, zu dem auch der allgegenwärtige Robert Wayne gehörte, suchte nach dem melanistischen Gen oder den melanistischen Genen im Genom nordamerikanischer Wölfe.[16] Dafür untersuchte es auch das Leopold-Rudel, eines der Wolfsrudel, die sich nach der Wiederansiedelung kanadischer Wölfe im Yellowstone-Nationalpark 1995 formierten. Die Bewegungen und

Das Wolfsrudel im Yellowstone-Nationalpark hat einen Wapiti in den Fluss getrieben. Man beachte die Färbung der Wölfe.

die Fortpflanzung dieses Rudels wurden intensiv erforscht, und man erstellte eine genaue Genealogie. Da im Leopold-Rudel sowohl schwarze als auch Wildtyp-Individuen leben, war es naheliegend (wenn man die Tiere nicht gerade einfangen wollte), anhand der vorhandenen Proben zu untersuchen, ob mit der Färbung auch der Melanin-1-Rezeptor oder der K-Locus vererbt wurde. Die Studie erbrachte eine klare Aufteilung, in der die genetischen Varianten am K-Locus der Farbe der Wölfe entsprachen, also schwarz oder nicht schwarz. So weit, so gut.

Die Überraschung folgte mit der Genanalyse melanistischer Haushunde derselben Region. Denn sie ergab zweifelsfrei, dass die Mutation – ein Fehlen dreier Basenpaare – und die angrenzenden Sequenzen bei Wölfen und Hunden absolut identisch waren. Das musste bedeuten, dass der K-Locus entgegen dem üblichen Genfluss vom Wolf zum Hund in Nordamerika und wohl auch in

Italien den umgekehrten Weg vom Hund zum Wolf genommen hatte. Die schwarzen Wölfe waren schwarz, weil sie die melanistische Mutation von Haushunden geerbt hatten. Dieses Gen, das sich in wilden Wolfspopulationen ausbreitet, seit Haushunde gemeinsam mit den ersten Menschen vor etwa 12 000 bis 15 000 Jahren aus Asien nach Nordamerika gelangten, steht seinerseits unter dem Einfluss der Selektion. Allerdings handelt es sich bei wilden Wölfen nicht um eine künstliche, sondern um eine natürliche Selektion, wie eine Studie in der kanadischen Arktis belegte. Im äußersten Norden und Osten, wo die karge Tundra überwiegt, kommen schwarze Wölfe selten vor, wahrscheinlich, weil sie sich im Winter gegen den Schnee abzeichnen und deshalb schwerer Beute machen können. Weiter im Westen und Süden dagegen nimmt der Anteil schwarzer Wölfe zu, weil dort die Tundra in Wald übergeht, in dem die dunkle Färbung hilfreiche Tarnung bietet. Schon Darwin war bekannt, dass die Menschen in Nordamerika die gelegentliche Paarung ihrer Hunde mit wilden Wölfen förderten, um den Hunden eine Dosis wildes Blut zu verpassen. Sie banden läufige Hündinnen an einem Baum fest und überließen den Rest der Natur. Damit Hundegene auf Wölfe übergingen, muss noch etwas anderes geschehen sein, aber jedenfalls war es so.

Bislang haben wir beim Hund nur Erbanlagen betrachtet, die äußere Merkmale beeinflussen: Größe, Fellfarbe, Muskulatur und so weiter. Die Varietäten haben zahlreiche Ursachen und gehen auf verschiedenartige Mutationen unterschiedlicher Gene zurück. Die komplexen genetischen Grundlagen für diese Veränderungen wurden, so umfangreich sie auch sein mögen, mit dem neu erworbenen Wissen über das Hundegenom geklärt. Wissenschaftler konnten Kandidatengene bestimmen, die sich mit etwas Glück als Volltreffer erwiesen und als Ort für die ursächlichen Mutationen identifiziert wurden. Da mittlerweile abstandsgleiche genetische Marker für das gesamte Genom zur Verfügung stehen, kann man aber Gene auch dann lokalisieren, wenn man mit Mutmaßungen nicht weiterkommt. Diese neuen Techniken der Sättigungskartierung kommen ohne Vermutungen über die beteiligten Gene aus und durchpflügen das gesamte Genom, bis der jeweilige Ort gefunden ist.

Wenn eine Stelle erst kartiert ist, wenn man also sein Kreuz auf der Schatzkarte gesetzt hat, lässt sich über die Sequenzierung der Umgebung rasch das Gen selbst und meist auch die genaue Mutation finden, die für das entsprechende Merkmal verantwortlich ist. Die moderne Struktur der Hunderassen, die mittlerweile in sich geschlossene genetische Systeme sind, ist bei diesen Genkartierungsprojekten eine große Hilfe. Allerdings bringt die damit einhergehende genetische Isolation Inzucht und die Vererbung häufig schädlicher rezessiver Gene mit sich.

Die jüngeren Erfolge sind nicht nur der hochmodernen Technik zu verdanken, sondern auch einer grundlegenden Voraussetzung der Genetik. Um ein Hundegen zu kartieren, ist man darauf angewiesen, dass ein Merkmal innerhalb der Rasse variiert und relativ leicht aufzufinden ist. So konnte man für die Fellfarbenexperimente das Melanismus-Gen kartieren, weil auf den ersten Blick zu sehen ist, welche Hunde schwarz sind und welche nicht. Die Anlage spaltet sich innerhalb der Rasse auf, man spricht auch von »Segregation«. Tut eine Anlage das nicht und sind alle Hunde gleich, lassen sich die verantwortlichen Gene auch nicht kartieren, egal wie viele Marker man verwendet. Man kann natürlich Kandidatengene nach Mutationen untersuchen, die ein Gen offensichtlich abschalten – zum Beispiel Deletionen, die eine Leserasterverschiebung bewirken –, aber eine solche Suche aufs Geratewohl endet auch leicht in der Sackgasse.

Die großartigen Erfolge seit Veröffentlichung des Hundegenoms im Jahr 2005 wurden im Bereich der Gene gemacht, die für körperliche Erbanlagen wie Fellfarbe oder genetische Krankheiten verantwortlich sind. Mindestens so interessant, wenn nicht interessanter ist die Genetik, die Unterschieden nicht in der äußeren Erscheinung, sondern im Verhalten zugrunde liegt. Das können Unterschiede zwischen Rassen oder auch zwischen Individuen derselben Rasse sein. So ist beispielsweise der Bluthund ein hervorragender Jagdhund, scheitert aber jämmerlich, wenn er Schafe hüten soll. Umgekehrt bekommt ein Altenglischer Schäferhund eine Herde problemlos in den Griff, schafft es aber nicht, im dichten Unterholz einer Fährte zu folgen. Diese Unterschiede zwischen den Rassen sind schon Jahrtausende bekannt und werden, seit Hunde des Menschen Gefährten sind, auch intensiv durch Selektion verstärkt. Obwohl sie also eine genetische Grundlage haben, erweist es sich als extrem schwierig, die beteiligten Gene zu identifizieren. Das hat mehrere Gründe.

Erstens ist, wie gesagt, die »Segregation« der Erbanlagen eine unabdingbare Voraussetzung für die Genkartierung. Natürlich sind einzelne Bluthunde bessere Fährtensucher als andere, und manche Hütehunde passen besser auf eine Herde auf als andere. Aber anders als bei der Fellfarbe, für die alle möglichen Varianten zugelassen sind, werden Bluthunde, die keine Fährte finden, und Hütehunde, die keine Herde in den Griff bekommen, bald ausgemustert oder zumindest nicht für die Zucht ausgewählt. Das schmälert erheblich die Bandbreite der Variation innerhalb der Rasse, mit der Genetiker arbeiten können.

Der zweite Punkt ist die Frage der Beurteilung. Es ist einfach, einen Hund nach schwarzem oder weißem Fell einzuordnen, aber wie misst man beispielsweise das Hüteverhalten so, dass die Messung auch reproduzierbar ist? Es wurden schon diverse Methoden entwickelt, von einer Expertenbeurteilung (sehr zeitaufwendig und teuer) bis hin zu Leistungsumfragen unter Hundebesitzern (nicht unbedingt zuverlässig). Aufgrund dieser praktischen Probleme wurden in der Genetik bislang kaum Erkenntnisse über die hochinteressanten Verhaltensunterschiede gewonnen. Trotzdem hat die gute alte Kandidatengen-Methode ein paar bescheidene Erfolge gezeitigt.

So gelang es, die Ursache für die Schlafkrankheit Narkolepsie bei

Dobermännern zu finden.[17] Die erkrankten Hunde schlafen oft von einer Sekunde auf die andere ein, eine nicht gerade wünschenswerte Eigenschaft bei einer Rasse, die der deutsche Steuereintreiber Louis Dobermann in erster Linie als Wachhund und für seinen persönlichen Schutz entwickelte. Trotzdem gibt es eine Dobermann-Population, in der sich die Anlagen nach dieser Krankheit aufspalten, also eine sogenannte Segregation stattfindet, und so konnten Forscher mehrere Kandidatengene daraufhin untersuchen, ob sie in den Stammbäumen denselben Weg nehmen. Bei einem Gen wurden sie fündig. Es war das Hypocretin-2-Rezeptor-Gen, in dem eine Insertion, also der Einbau zusätzlicher Basenpaare, verhindert, dass im Gehirn ausreichend Hypocretin gebildet wird.

Das ist ein seltenes Beispiel dafür, dass die Jagd auf ein Gen für ein Verhaltensmerkmal von Erfolg gekrönt war. Die genetischen Ursachen für die meisten Verhaltensformen bei Hunden, die ihre Ursache im Genom haben müssen, sind nach wie vor ein Rätsel. Leider gehören dazu auch die meisten Verhaltensmuster, die Hundebesitzer besonders interessieren oder beunruhigen. So leiden beispielsweise einige Rassen, besonders der Bull Terrier, an einer Störung, die stark an eine Zwangserkrankung beim Menschen erinnert. Sie ist leicht zu erkennen, denn die betroffenen Hunde jagen ihrem eigenen Schwanz nach. Bisher konnte das Gen nicht identifiziert werden. Die erfolgreiche Behandlung der Krankheit mit Serotoninwiederaufnahmehemmern wie dem Wirkstoff Clomipramin, die auch beim Menschen gegen Zwangsstörungen eingesetzt werden, lässt allerdings vermuten, dass bei Mensch und Hund ein gemeinsamer genetischer Signalweg vorliegt.

Auch aggressives Verhalten ist für Besitzer und Züchter ein großes Problem, dessen Erforschung aber besondere Probleme mit sich bringt. Viele Hundefreunde erklären, es gebe keine schlechten Hunde, sondern nur schlechte Halter, und man solle nicht ganze Hunderassen für deren nachlässige und überforderte Besitzer bestrafen. Trotzdem werden einige Hunderassen geächtet, allen voran der American Pit Bull Terrier. Ohne Zweifel wurden diese Tiere bis vor kurzem, mancherorts bis heute, für illegale Hundekämpfe gezüchtet, also nach ihrer Leistung auf dem Kampfplatz selektiert. Das muss aber nicht heißen, dass Pit Bulls von Natur aus bösartig sind, wie es etwa eine durchgängige Genmutation nahelegen würde.

An der Genetik schätze ich auch die zahlreichen ethischen Fragen, die das Fachgebiet aufwirft. Die Suche nach genetischen Ursachen für das aggressive Verhalten des Pit Bull lässt sich leicht auf unsere eigene Spezies übertragen. Wie weit geht die individuelle Verantwortung für Gewalt, wenn sich herausstellt, dass sie in einer Mutation im Genom begründet ist? Diese Frage wird Ethiker und Gesetzgeber noch Jahre beschäftigen.

Ich möchte dieses Kapitel mit einem ungewöhnlichen Beispiel beschließen, das erst kürzlich erforscht wurde und vielleicht sogar das Geheimnis der Hundedomestizierung lüftet, das schon so lange als der Heilige Gral der Genforschung gilt. Die spannende wissenschaftliche Detektivgeschichte zeigt, wie ein einzelnes ungewöhnliches Ereignis, von aufgeweckten Menschen beobachtet, faszinierende Enthüllungen nach sich ziehen kann.

Die Geschichte begann 1961 in Auckland, Neuseeland, im Green Lane Hospital, einem Ableger der Städtischen Klinik. Drei Kardiologen unter der Leitung von Dr. J. C. P. Williams waren vier junge Patienten aufgefallen, die an supravalvulärer Aortenstenose litten. Das wichtigste Merkmal dieser Erkrankung ist eine Verengung der Aorta, des wichtigsten Blutgefäßes, das vom Herzen wegführt. Eine solche Verengung kann natürlich schwere und sogar tödliche Folgen haben. Die Ärzte beobachteten, dass die vier Kinder nicht nur dieselben kardiovaskulären Störungen gemein hatten, sondern auch mehrere andere Merkmale, etwa eine geistige Unterentwicklung unterschiedlichen Grades und eine ungewöhnliche Gesichtsform. Wegen ihrer leicht spitz zulaufenden Ohren und der engstehenden Zähne erhielten sie den Spitznamen »Elfen«. Alle hatten ein breites Philtrum, das ist die Rinne zwischen Oberlippe und

Nase, an dem man sie gleich erkennen konnte. Besonders aber fiel das extrem freundliche Wesen dieser Kinder auf. Sie lächelten unablässig, waren im Umgang fröhlich und unbefangen. Wenn eine Störung eine Vielzahl von Symptomen aufweist, wird sie als Syndrom bezeichnet und erhält häufig den Namen ihrer Entdecker, in diesem Fall Dr. Williams und sein Göttinger Kollege Alois Beuren, der das Syndrom ein Jahr später beschrieb.[18]

Bald fielen in den kardiologischen Kliniken rund um den Erdball weitere Fälle auf, die zum Williams-Beuren-Syndrom passten. Man nahm an, dass die Aortenklappenstenose mit der Struktur der Aortenwand zu tun hatte. Wie alle Arterien ist die Aorta eine dicke elastische Röhre, die sich ausdehnt und zusammenzieht, wenn das Herz Blut aus der linken Herzkammer in den Körper pumpt. Für die Elastizität der Aortenwand ist das Protein Elastin verantwortlich. Ich habe vor vielen Jahren für meine Dissertation zum Elastin geforscht. Dieses außergewöhnliche Protein ist, wie der Name sagt, elastisch. Es findet sich nicht nur in den Wänden von Blutgefäßen, sondern auch in der Haut, die durch dünne Elastinfasern gestrafft wird, zumindest, solange man jung ist. Mit der Zeit brechen die Verbindungen zwischen den Elastin-Molekülen auf. Beschleunigt wird dieser Prozess durch das Sonnenlicht, zur Verzweiflung der Sonnenhungrigen und zum Entzücken der Hersteller diverser Lotionen, die behaupten, den Alterungsprozess anhalten oder gar rückgängig machen zu können.

Kurz nach der Entdeckung des Elastin-Gens auf dem menschlichen Chromosom 7 suchten die Wissenschaftler nach offensichtlichen Elastin-Gendefekten bei Erkrankungen wie dem Williams-Beuren-Syndrom, an denen dieses Chromosom beteiligt sein könnte. Das führte alsbald zu der Entdeckung, dass der entsprechende Bereich des Genoms durch den Verlust großer DNA-Abschnitte (Deletionen) oft durcheinandergerät. Das Genom ist nicht so stabil, wie man sich das vorstellen mag. Bei Patienten des Williams-Beuren-Syndroms wurden aufgrund von Deletionen tatsächlich das Elastin-Gen und einige Gene davor und danach lahmgelegt. Größere DNA-Verluste geschehen oft unvermittelt, sodass viele Fälle spontan und ohne familiäre Vorbelastung auftreten. Bei solchen sporadischen Erkrankungen waren ähnliche umfangreiche Deletionen zu beobachten, von denen das Elastin-Gen betroffen war. Die Patienten mit dem Williams-Beuren-Syndrom hatten daher – egal, ob die Krankheit vererbt wurde oder spontan auftrat – nur ein funktionierendes Elastin-Gen statt der üblichen zwei. Bei einem Enzym-Defekt spielt das normalerweise keine Rolle, weshalb Anlageträger der meisten rezessiv ererbten Krankheiten symptomfrei sind und mit nur einem Exemplar des Gens wunderbar zurechtkommen. Ist das Protein aber am Aufbau einer Struktur wie der Aortenwand beteiligt, hat es handfeste Folgen, wenn nur halb so viel produziert wird wie normal. In allen Fällen, in denen ein Elastin-Gen lahmgelegt wird, entsteht eine Aortenklappenstenose.

Nach der Entdeckung des Williams-Beuren-Syndroms stellte man auch bei einigen anderen Patienten mit Aortenklappenstenose fest, dass ihnen eins der Elastin-Gene fehlte. Doch die anderen Merkmale des Syndroms hatten sie nicht, auch nicht die außergewöhnlich offene Persönlichkeit. Warum nicht? Die wahrscheinlichste Erklärung ist, dass – anders als bei Patienten, die nur unter einer Aortenklappenstenose leiden – bei Patienten mit dem Williams-Beuren-Syndrom noch ein anderes Gen in der Nähe fehlt oder mutiert ist.

Aber was, höre ich Sie fragen, hat denn das mit Hunden zu tun?

Die Verbindung haben wir einmal mehr Elaine Ostrander von den US-amerikanischen National Institutes of Health und Bridgett vonHoldt von der Universität Princeton sowie einem fachübergreifenden Team aus Forschungswissenschaftlern verschiedener Universitäten zu verdanken. Wie wir wissen, interessiert sich Dr. Ostrander seit langem für die Domestizierung des Hundes. Sie und ihre Kollegen fragten sich, ob das ausgeprägt freundliche Sozialverhalten der Patienten mit Williams-Beuren-Syndrom auch ein Merkmal domestizierter Hunde sein könnte, das ihrem wilden Vorfahren, dem Wolf, fehlt.

Den ersten Hinweis lieferte eine Sättigungskartierung am Genom von 701 Hunden aus 85 Rassen sowie 92 arktischen Wölfen.[19] Die Fragestellung war recht einfach: Gibt es Stellen im Genom, die bei Hunden und Wölfen deutlich voneinander abweichen? Zwei Regionen stachen heraus. Der Bereich mit den größten Unterschieden lag auf dem Gen SLC 24A4, das vor allem mit dem Aufbau von Haaren und Zähnen zu tun hat. Nicht weit dahinter folgte das Gen WBSCR17, das auf dem Hundechromosom 6 in unmittelbarer Nähe des Elastin-Gens liegt. Genlocus und -reihenfolge waren in Säugetiergenomen erstaunlich konsistent, was darauf hindeutete, dass dieses Gen auch für die anderen Symptome des Williams-Beuren-Syndroms beim Menschen verantwortlich sein könnte. Mittlerweile wusste man, dass bei diesem Syndrom die fehlende DNA-Sequenz etwa 1,5 Megabasen lang ist und ein Segment mit etwa 28 Genen ausschaltet, darunter auch WBSCR17.

Es folgte eine Reihe von Verhaltenstests derselben Art, wie sie auch für die Diagnose des Williams-Beuren-Syndroms beim Menschen üblich war. Man wählte dafür 18 Hunde und 12 Wölfe in Gefangenschaft, die den Umgang mit Menschen gewöhnt waren. Beim einen Versuch mussten die Tiere ein Puzzle lösen, beim zweiten wurde das Sozialverhalten bewertet, beim dritten das soziale Interesse an Fremden. Ohne ins Detail gehen zu wollen, fasse ich die Ergebnisse kurz zusammen. Beim Puzzeln suchten die Hunde die meiste Zeit beim Menschen nach Fingerzeigen für die Lösung, wohingegen die Wölfe einfach loslegten und dann auch ein besseres Ergebnis erzielten. Nun folgten die Tests zum Sozialverhalten. Im ersten saß die Versuchsleiterin nur da, ohne das Forschungsobjekt zu beachten, und blickte auf den Boden, auf den ein Kreis mit einem Umfang von etwa einem Meter gemalt war. In einer Abwandlung dieses Versuchs rief sie das Tier beim Namen (auch die Wölfe waren ja mit dem Menschen sozialisiert worden). In diesem

Versuch verbrachten die Hunde deutlich mehr Zeit im Kreis als die Wölfe, wenn sie die Person kannten, im anderen Fall war es nur geringfügig mehr Zeit.

Obwohl die Zahl der an dem Experiment beteiligten Tiere gering war, konnten sich die Wissenschaftler davon überzeugen, dass Hunde, nicht aber Wölfe das übersteigert freundliche Sozialverhalten zeigten, das auch mit dem Williams-Beuren-Syndrom assoziiert wird, andererseits aber nicht in der Lage waren, ohne menschliche Anleitung zu handeln. Als man die dafür zuständigen Mutationen beim Hund bestimmen wollte, erhielt man gemischte Ergebnisse. In der DNA-Region gab es reichlich genetische Variation, wobei Mutationen vor allem in den Genen für den Transkriptionsfaktor II vorlagen. Niemand weiß bislang genau, wie diese Gene funktionieren und was die Mutationen bewirken, aber die Antwort wird vermutlich nicht lange auf sich warten lassen. Klar ist, dass diese Gene einer starken positiven Selektion zugunsten der Tiere unterliegen, die, ähnlich wie Patienten mit dem Williams-Beuren-Syndrom, ein besonders freundliches Sozialverhalten an den Tag legen, gegenüber denen, die dieses Verhalten nicht zeigen.

Es gibt noch viel zu tun, aber dieser faszinierende Forschungsbereich, der mit den Beobachtungen der drei aufmerksamen Ärzte in Neuseeland begann, hat den ersten soliden Hinweis darauf geliefert, dass die »Domestizierung« eine maßgebliche genetische Basis hat und nicht nur durch angepasstes Verhalten entstand.

Die Forschung, die zu guter Letzt eine faszinierende mögliche Verbindung zwischen einer seltenen Krankheit beim Menschen und der genetischen Grundlage für die Domestizierung des Hundes fand, bediente sich der modernsten Technik, die je für das Hundegenom herangezogen wurde. Noch sind nicht alle Geheimnisse gelüftet. Pickte sich der Mensch durch künstliche Selektion die genetischen Merkmale heraus, die den Hund ihm gegenüber freundlich stimmten, gleichzeitig aber dazu führten, dass das Tier nicht mehr selbständig denken konnte?

20

Im Labor

In diesem Buch sind wir zahlreichen faszinierenden Genstudien zu Hunden und Wölfen begegnet. Viele dieser Studien wurden in der Medizin von Wissenschaftlern durchgeführt, die Hunde stellvertretend für Menschen erforschten. Robert Wayne, Elaine Ostrander und ihre Teams interessieren sich dagegen schon lange für die Evolution von Wölfen und Hunden. Beide steuerten Erkenntnisse zum Genomprojekt bei, doch als die gut ausgestatteten Teams wie das des Broad Institute ihr fantastisches Technikarsenal für die nächsten Großprojekte in Stellung brachten, nutzten die Hundeenthusiasten unter den Forschern die Erkenntnisse zum Genom fortan für Studien, die eher dem Hund als dem Menschen dienten. Eine solche Forschergruppe arbeitet unter Leitung von Dr. Cathryn Mellersh im Labor des Animal Health Trust (AHT) in der Nähe von Newmarket. Dr. Mellersh erklärte sich freundlicherweise bereit, mich zu einem Gespräch zu empfangen. Nach ihrer Promotion an der Universität Leicester hatte sie einige Jahre bei Dr. Ostrander in Seattle gearbeitet, ehe sie nach Großbritannien zurückkehrte und die Stelle beim Trust antrat.

Newmarket in Suffolk ist der Mittelpunkt des britischen Pferderennsports und Heimat des National Stud, des britischen Hauptgestüts für Vollblutpferde. Gestiftet wurde es von William Hall Walker, Sohn eines wohlhabenden Brauereibesitzers. Der Pferdezüchter hatte im Ersten Weltkrieg besorgt festgestellt, dass es in Großbritannien nicht genügend Vollbluthengste gab, um die Kavallerieregimenter mit Nachschub zu versorgen. So nahm das National Stud 1915 seine Arbeit mit Walkers Bestand an Vollblütern auf und entwickelte sich zu einem Zentrum, das heute die gesamte Bandbreite von Dienstleistungen rund um die Vollblutzucht anbietet. Seit 2008 gehört es dem Jockey Club, der im Galopprennsport dem Kennel Club für Hunde entspricht. Das National Stud ist die naheliegende Heimat für den Animal Health Trust, eine Stiftung, die sich, 1942 gegründet, der Tiergesundheit, speziell von Katzen, Hunden und natürlich Pferden widmet.

Der Trust ist mitten im Grünen auf dem weitläufigen Gelände eines Anwesens außerhalb von Newmarket zu Hause. Auf dem Weg in die Laboratorien kam ich an Pferden vorbei, die auf großen Koppeln standen oder über das Gelände geführt wurden. Auf den Rasenflächen tollten Hunde unter den aufmerksamen Augen ihrer Hundeführer. Der Ort strahlte Wohlstand und Ruhe aus.

Mit der Laborleiterin Dr. Cathryn Mellersh über die Feinheiten der Laborgenetik zu sprechen, war mir eine besondere Freude. In ihrem Büro faulenzten ihre beiden Hunde Libby und Tess, die sie, wie sie mir erzählte, aus einem Tierheim geholt hatte. Wahrscheinlich hatten Schausteller die beiden für Hunderennen eingesetzt, bis sie zu alt dafür waren. Es ist durchaus keine Seltenheit, dass Menschen ihre Hunde an einen Zaun oder Laternenpfahl binden, wenn sie sie nicht mehr brauchen. Mir war gleich klar, dass ich es nicht nur mit einer Wissenschaftlerin, sondern mit einem engagierten »Hundemenschen« zu tun hatte. Für Cathryn Mellersh waren Hunde kein Werkzeug für die medizinische Forschung, sondern sie forschte aus dem tiefen Bedürfnis heraus, den Tieren zu helfen.

Der AHT erforscht vor allem Krankheiten, die durch Inzucht entstehen, das wiederkehrende Problem aller Rassehunde. Wie wir in früheren Kapiteln gesehen haben, sind Tiere in der geschlossenen Rassezucht für rezessiv vererbte Erkrankungen anfällig. Konduktoren weisen zwar häufig keine Symptome auf, bei homozygoten Tieren jedoch bricht die Krankheit aus.

Im Jahr 2008 zeigte der größte britische Fernsehsender BBC1 den Dokumentarfilm *Pedigree Dogs Exposed* (der in Deutschland unter dem Titel *Rassereine Krüppel: Hunde zu Tode gezüchtet* lief). Die Inzucht, die für die Aufrechterhaltung von Rassestandards bei Zuchthunden vor allem in Hundeschauen notwendig sei, habe die Gesundheit mehrerer Rassen stark beeinträchtigt, hieß es in dem Film. Es folgte ein öffentlicher Aufschrei und eine Flut negativer Publicity für den Kennel Club. Werbeträger zogen ihre Unterstützung zurück, und die BBC erwog ernsthaft, ihre Berichterstattung über die jährliche Crufts-Hundeausstellung, das Aushängeschild des Kennel Club, einzustellen. Der Verband musste der Welt zeigen, dass er die Probleme mit der Inzucht ernst nahm und etwas dagegen tat. Kurze Zeit nach den blamablen Enthüllungen stockte der Kennel Club seine Unterstützung für die Genforschung des AHT spürbar auf, sodass Dr. Mellersh und ihr Team das Forschungsprogramm zu Erbkrankheiten beim Hund erweitern konnten. Auf den Film möchte ich hier nicht weiter eingehen, darüber wurde schon genug gesagt und geschrieben.

Cathryn Mellershs Team hat es sich zum Ziel gesetzt, diagnostische DNA-Tests für rezessiv vererbte Krankheiten zu entwickeln, um die mutierten Gene aus den Rassen zu eliminieren.[1] Wie sie mir erklärte, ist das allerdings nicht so einfach. Nur eine DNA-Probe zu erhalten, kann sich schon als schwierig erweisen. So dürfen Tierärzte in Großbritannien keine Blutproben für Forschungszwecke entnehmen, auch wenn der Hundehalter zustimmt. Dazu kommt, dass die Tiere ja Menschen und Familien gehören, die man mit großer Umsicht ansprechen muss, wenn man ihre Zustimmung erhalten will. Das dauert seine Zeit, und wenn man als DNA-Quelle eine Blutprobe braucht, bekommt man sie erst, wenn bei dem Hund sowieso eine Blutuntersuchung ansteht, bei der ein paar zusätzliche Tropfen für wissenschaftliche Zwecke abgezweigt werden können. Diese Schwierigkeit war mir vor meinem Besuch bei Dr. Mellersh nicht bewusst, ist aber ein echtes Forschungshindernis.

Wie schon in früheren Kapiteln angesprochen, lassen sich Mutationen auf unterschiedliche Weise lokalisieren. Heutzutage ist die Standardmethode die Sättigungskartierung mit bestimmten SNPs, mit der man untersucht, welche Erbanlagen sich nach der entsprechenden Krankheit aufspalten. Dafür braucht man mindestens sechs nicht miteinander verwandte Hunde, die an der betreffenden Krankheit leiden. Bei seltenen Krankheiten, die nur in wenigen Rassen vorkommen, findet man nicht so leicht genügend Besitzer, die bereit sind, ihren Hunden eine Blutprobe entnehmen zu lassen. Um diese Schwierigkeit zu umgehen, sequenziert Dr. Mellersh mittlerweile bei einzelnen betroffenen Hunden anhand von DNA aus einer Speichelprobe das gesamte Genom. Diese Methode bringt allerdings wieder andere Probleme mit sich.

Hunde haben nämlich jede Menge Bakterien mit jeweils eigener DNA im Rachen. Ist diese Kontamination zu groß, kann sie die Selektivität der Sequenzierungsreaktionen stören, und man erhält DNA-Sequenzen, die überwiegend nicht vom Hund, sondern von den Bakterien stammen. Dr. Mellershs Team nimmt, um diesem Problem zu begegnen, eine Vorab-Sequenzierung der DNA aus dem Abstrich vor und lehnt alle Proben ab, die zu weniger als 90 Prozent vom Hund stammen. Stimmen die Voraussetzungen, werden die bakteriellen Sequenzen der Proben zwar trotzdem gelesen, können aber anschließend vom Computer aussortiert werden.

Wie Sie sehen, steht und fällt in der Laborforschung der Erfolg oft damit, ob man solche praktischen Probleme lösen kann. In meinem Labor in Oxford schätzte ich unter den Studierenden und Forschern deshalb nicht unbedingt die Genies am meisten, sondern diejenigen, denen es gelingt, ein Experiment auch wirklich durchzuziehen.

Cathryn Mellersh berichtete mir anschließend von ihren jüngsten Erfolgen. Da viele noch nicht veröffentlicht sind, darf ich hier nichts darüber verraten, ich kann jedoch einige Beispiele nennen, über die bereits in Fachzeitschriften berichtet wurde. Im Jahr 2014 nahm ein Neurologe Kontakt mit Dr. Mellershs Team auf. In seiner Tierklinik hatte er einen Ungarischen Vorstehhund mit einer ungewöhnlichen Ataxie untersucht, einer Störung der Bewegungskoordination. Da der Ungarische Vorstehhund, ein mittelgroßer Jagdhund, in Großbritannien selten ist, bestand nur eine geringe Chance, genügend Proben für eine Genassoziationsstudie zu finden. Mellersh nahm daher stattdessen eine komplette Genomsequenzierung dieses einen Hundes vor. Sie vermutete, dass der betroffene Hund für ein mutiertes Gen homozygot war und dass dieses Gen in keiner anderen Rasse vorkommt. Das Problem war, dass es im Genom des Vorstehhunds neben diesem mutierten Gen noch viele andere Varianten geben konnte, und genauso war es. Die DNA-Sequenzierung ergab mehr als 300 Varianten, von denen jede die Schuldige sein konnte. Mellersh und ihr Team gingen geduldig alle 300 durch, bis sie ein Gen fanden, das von der abgeleiteten Aminosäuresequenz des kodierten Proteins her gut zu der Bewegungsstörung passte. Weitere Versuche bestätigten diese Vermutung.

Aus diesem frühen Erfolg mit dem Ungarischen Vorstehhund folgerten Dr. Mellersh und ihr Team, dass sie nur mit der Sequenzierung des gesamten Genoms weiterkamen, und so brachten sie das AHT-Projekt »Schenken Sie einem Hund ein Genom« auf den Weg. Züchter und Hundeliebhaber aus dem gesamten Land wurden aufgerufen, sich für einen Hund ihrer Lieblingsrasse an den Kosten der Genom-Sequenzierung zu beteiligen. Die Initiative kam gut an und ist bis heute ein großer Erfolg. Die Zahl der Sequenzen, die für eines der Genom-Projekte des Labors für einen Abgleich zur Verfügung stehen, nimmt ständig zu.

Als Nächstes lokalisierte das AHT-Team die Mutation für eine Augenkrankheit beim Riesenschnauzer. Es ging genauso vor wie beim Ungarischen Vorstehhund, hatte jedoch den zusätzlichen Vorteil, auch beide Eltern sequenzieren zu können. So konnte man die Suche auf Varianten einengen, die beim betroffenen Hund homozygot und bei beiden Eltern heterozygot vorlagen. Dank dieser Strategie ließen sich irrelevante Sequenzen herausfiltern, was die Suche deutlich erleichterte.

Ein weiterer Erfolg der Genom-Sequenzierung betraf eine Mutation mit einer Cystein-Tyrosin-Substitution, die das Team bei einem Parson Russell Terrier mit einer rezessiv vererbten spinozerebellären Ataxie aufspürten.[2] Dasselbe Gen wurde auch bei vier menschlichen Patienten mit spinozerebellärer Ataxie identifiziert. In diesem Fall führten Dr. Mellershs Hundestudien die Forscher in der Humanmedizin auf den richtigen Weg, ein seltenes Beispiel dafür, dass die Ziele des Hundegenomprojekts verwirklicht werden konnten. Die Mutation beim Menschen ist, kaum überraschend, nicht dieselbe wie beim Hund und entstand völlig unabhängig.

In einem anderen Fall allerdings liegt die Mutation beim Hund und beim Menschen nicht nur auf demselben Gen, sondern ist bei beiden Spezies völlig identisch. Es handelt sich um eine verbreitete Form der rezessiv vererbten Augenkrankheit Progressive Zapfen-Stäbchen-Degeneration (PRCD) beim Labrador Retriever und mehreren anderen Hunderassen mit dem Vererbungsmuster, das uns mittlerweile vertraut ist. Die Mutation wurde nach langer Jagd schließlich in einem neu entdeckten Gen unbekannter Funktion gefunden, das man nach der Krankheit PRCD benannte. Genau wie die Mutation beim Parson Russell handelt es sich um den einfachen Austausch einer Base, eines Tyrosin gegen ein Cystein. Wie wir im letzten Kapitel gesehen haben, kann ein Cystein die dreidimensionale Struktur des kodierten Proteins stören und so seine Funktion ausschalten.

Beim Menschen wurde die PRCD-Mutation erstmals bei einer Frau aus Bangladesch entdeckt und seither bei vielen weiteren Patienten gefunden. Beim Hund gibt es dieselbe Mutation in den folgenden Rassen: Australischer Treibhund, Australian Stumpy Tail Cattle Dog, American und English Cocker Spaniel, Amerikanischer Eskimohund, Chesapeake Bay Retriever, Chinesischer Schopfhund, Entlebucher Sennenhund, Finnischer und Schwedischer Lapphund, Kuvasz, Finnischer Lapplandhirtenhund, Labrador Retriever, Kleinpudel, Nova Scotia Retriever, Portugiesischer Wasserhund, Australischer Silky Terrier und Toy-Pudel.

Ich habe sämtliche betroffenen Rassen aufgezählt, um zu illustrieren, dass viele Rassen, die in Funktion und äußerer Erscheinung auf den ersten Blick wenig miteinander gemein haben, über ein unglaublich kompliziertes Geflecht von Vorfahren trotzdem auf einen einzigen Hund zurückgeführt werden können.

Wenn eine Genmutation allerdings in einer Rasse fixiert ist, also – wie bei der Hyperurikämie der Dalmatiner – alle Hunde homozygot sind, bringt die Untersuchung der Anlageträger keine Vorteile mehr. Bei Verhaltensanlagen, für die vermutlich die Selektion die Fixierung des verantwortlichen Gens herbeigeführt hat, kann sich diese Konstellation zu einem unüberwindbaren Problem auswachsen. Ein Züchter in den USA entwickelte eine recht altmodische Alternativmethode, um die Krankheit vollständig aus der Rasse der Dalmatiner zu eliminieren: Er kreuzte einen Dalmatiner mit einem Pointer. Sämtliche Nachkommen waren Hyperurikämie-Träger, doch indem der Züchter sie über mehrere Generationen untereinander paarte, erhielt er schließlich Dalmatiner, die äußerlich mit dem Original identisch waren, die Hyperurikämie-Mutation jedoch nicht im Genom hatten. Selbst Experten konnten die Tiere nicht von anderen Dalmatinern unterscheiden. Leider stieß das Experiment auf hartnäckigen Widerstand, nicht etwa, weil die Hunde nicht wie Dalmatiner ausgesehen hätten, sondern weil die Liebhaber der Rasse sie als »nicht rassenrein« ablehnten. Zum Glück ist der Widerstand über die Jahre aufgeweicht, und die Hunde können nun, befreit vom Risiko schmerzhafter Blasensteine, als Dalmatiner registriert werden. Die Reaktion einiger Hundebesitzer belegt nur allzu deutlich, dass manch ein Zeitgenosse seinen Hund lieber leiden lässt, als sich darüber zu freuen, dass er einen Dalmatiner sein eigen nennen kann, der bis auf dieses eine alle typischen Rassemerkmale besitzt.

In einer perfekten Welt würde der AHT natürlich alle Konduktoren einer Rasse beseitigen, doch Mellersh räumt ein, dass es bis dahin noch ein weiter Weg ist. Einige Rassen haben eine sehr hohe Trägerrate, etwa der Shar-Pei, von dem es Ende des Zweiten Weltkriegs nur noch wenige Exemplare gab. Heute sind 40 Prozent der Shar-Peis Träger für eine Form des Glaukoms, also des Grünen Stars, und obwohl die Mutation bekannt ist, wäre es ein Fehler, mit den Konduktoren nicht weiter zu züchten. Ein zu schneller Ausschluss kann dazu führen, dass wertvolle genetische Vielfalt in der Rasse verloren geht und sich andere rezessiv vererbte Krankheiten einschleichen. Cathryn Mellersh empfiehlt, ein paar Generationen lang Konduktoren mit mutationsfreien Hunden zu paaren und dann nach und nach die Zahl der Konduktoren zu senken. Mit etwas Glück trägt die Hälfte der Hunde in diesen Würfen die Mutation nicht, und zumindest einige haben alle erwünschten Rassemerkmale. Verhindern muss man vor allem, dass durch die Paarung zweier Konduktoren Hunde mit dem schmerzhaften Glaukom zur Welt kommen.

Die Vorteile einer solch umsichtigen Vorgehensweise zeigen sich nun, da für immer mehr genetische Krankheiten Tests zur Verfügung stehen. In einigen Rassen kursieren bis zu sechs schwere Erbkrankheiten. Da dürfte es schwerfallen, auch nur einen Hund zu finden, der keine dieser Mutationen trägt. Der Trust rät daher, alle Hunde, mit denen man züchten will, testen zu lassen und die Paarung zweier Konduktoren auszuschließen.

Alle Tier- und Pflanzenpopulationen mit starker Inzucht sind für Erbkrankheiten anfällig. In der Wildnis wurden die Populationen mehrerer bekannter Tierarten zeitweise schon bis auf wenige Individuen dezimiert. Falls sich ein solch kleiner Bestand wieder erholt, ergeben sich die bekannten Probleme, die uns bei Rassehunden begegnet sind. Auch wenn keine spezifischen rezessiv

vererbten Krankheiten auftreten, ist oft das Phänomen der sogenannten Inzuchtdepression zu beobachten, die die biologische
»Fitness«, also die Angepasstheit und Tauglichkeit, schwächt, weil
Fruchtbarkeit, Infektionsresistenz und Überlebensrate sinken. Vor
1000 Jahren brach beispielsweise die Schimpansen-Population ein.
Weil alle heutigen Schimpansen von den wenigen Überlebenden
abstammen, sind sie relativ eng miteinander verwandt. Die Folgen
sind eine hohe Sterblichkeit im Säuglings- und Jugendalter, geringe Fruchtbarkeit und mangelnder Fortpflanzungserfolg.

Solange Rassehunde gezüchtet werden, wird es durch die Inzucht genetische Probleme geben. Man kann sie eindämmen, aber
nie völlig beseitigen. So der Wille da ist, bekommt man sie aber in
den Griff. In den letzten Jahren stellen sich auch Zoos den Negativ-
folgen der Inzucht und entwickeln, um die Risiken zu minimieren,
Fortpflanzungspläne, die auch einen regelmäßigen Austausch von
Tieren zwischen den Zoos vorsehen. Wenn man versucht, eine
Spezies vor dem Aussterben zu bewahren, sind solche Maßnahmen
unerlässlich. Wird ein bestimmtes Maß an genetischer Vielfalt un-
terschritten, ist wegen der Inzuchtdepression ein Überleben so gut
wie unmöglich.

In ferner Vergangenheit richteten sich die Kriterien für die
Zuchtselektion grundsätzlich nach der Leistung des Hundes, und
das Aussehen war nur eine sekundäre Erwägung. In den letzten
150 Jahren hat sich das verändert, weil sich die Hundezucht eng am
definierten »Rassestandard« orientiert, und der legt in erster Linie
das Erscheinungsbild fest. Der Anreiz für einen Hundebesitzer, mit
seinem Rüden einen wichtigen Wettbewerb zu gewinnen, ist groß,
weil ihm anschließend lukrative Deckgelder winken. Das bringt
die Züchter in einen Interessenkonflikt. Wenn sich etwa in einem
DNA-Test herausstellt, dass ein Hund mit allen erwünschten Rassemerkmalen auch Träger einer schweren Erbkrankheit ist, sollte
er dann aus dem Wettbewerb ausgeschlossen werden? Dies könnte
dazu führen, dass Züchter ihre Hunde vorsichtshalber gar nicht

testen lassen. Falls nun aber der Sieger eines Wettbewerbs tatsächlich die Anlage trägt – egal, ob mit oder ohne Wissen seines Besitzers – und anschließend ein beliebter Zuchtrüde wird, so zeugt er viele Nachkommen, die mindestens zur Hälfte die Anlage einmal tragen. Das geschah kürzlich mit einem Irischen Setter, der in der angesehenen britischen Crufts-Hundeausstellung den Titel »Best in Show« erhielt und anschließend mindestens 1000 Nachkommen zeugte. Wie sich herausstellte, ist der Rüde Konduktor einer ererbten Augenkrankheit. Da homozygote Tiere erst im Alter von etwa zehn Jahren erblinden, schreiben die Besitzer und auch die Tierärzte das oft dem hohen Alter zu. Ich war übrigens erstaunt, als Cathryn Mellersh mir erzählte, dass Hunde mit Blindheit viel besser zurechtkommen als Menschen: Sie hatte einmal einen blinden Retriever, der allein mit seinem Hör- und Geruchssinn einen Ball finden und apportieren konnte. Trotzdem: Wenn ein beliebter Zuchtrüde Träger einer Erbkrankheit ist, so ist das ein ernstes Problem.

Ob sich die genetische Gesundheit von Hunden verbessern lässt, hängt letztendlich von den Züchtern ab. Eine vergleichbare Situation beim Menschen war, wie erwähnt, die Tay-Sachs-Krankheit der Aschkenasim, die dank großer Führungsstärke und Entschlossenheit völlig beseitigt wurde. Der Kennel Club kann mit gutem Beispiel vorangehen, darf aber niemandem Vorschriften machen. Seit zehn Jahren wird er jedenfalls der Aufgabe gerecht, die in der BBC-Dokumentation angeprangerten Missstände zu bekämpfen, indem er unter anderem die Forschungsarbeit des Animal Health Trust finanziell unterstützt. Er hat seinen Worten Taten folgen lassen. Nun muss er, da er gesetzlich keine Handhabe hat, das Wohl der Hunde durch Überzeugungsarbeit verbessern. Ich beneide ihn nicht um diese Aufgabe.

21

Der Wissenschaftler,
der aus der Kälte kam

Ein mittlerweile berühmtes Experiment zu den Mechanismen der Domestizierung fand schon vor vielen Jahrzehnten in Russland statt und nahm auch ohne das gigantische Rüstzeug der Gentechnik die Schlussfolgerungen der modernen Genforschung vorweg. Die Studie war für sich genommen schon hochinteressant, doch es grenzte an ein Wunder, dass sie überhaupt durchgeführt werden konnte. Als der Wissenschaftler Dmitri Beljajew mit seinen Forschungen begann, befand sich das Stalin-Regime auf dem Höhepunkt. Nachdem die Kollektivierung der landwirtschaftlichen Betriebe Anfang der 1930er Jahre massive Ernteeinbußen nach sich gezogen hatte, hatte Stalin den Ukrainer Trofim Lyssenko, Sohn eines Landarbeiters, mit der Aufgabe betraut, die landwirtschaftliche Produktion in der Sowjetunion drastisch zu steigern. Lyssenko ging recht eigenwillig an die Aufgabe heran, denn er lehnte die etablierte Vererbungstheorie rundweg ab und behauptete, Gene spielten für den Ernte- oder Milchertrag keine Rolle. Lyssenko zufolge ließen sich Verbesserungen nur durch einen anderen Umgang mit Tieren oder Pflanzen erzielen. Im Zusammenspiel zwischen Natur und Umwelt wurde die Natur, also die Genetik, vollständig ausgeblendet. Mit dem wachsenden Einfluss Lyssenkos verloren seine Gegner nach und nach ihre Stellungen, wurden eingesperrt oder sogar hingerichtet. Die Genetik war in der Sowjetunion geächtet,

Fachbücher verschwanden aus den Universitätsbibliotheken, Genforscher wurden zu Staatsfeinden erklärt.

Unter diesen, gelinde ausgedrückt, wenig verheißungsvollen Bedingungen machte sich Beljajew an die Arbeit. In Moskau schrieb er zunächst eine Dissertation mit dem unvorsichtigen Titel *Variation und Vererbung silberfarbigen Fells bei Silberfüchsen*. Er überlebte den Krieg und das Stalin-Regime und zog 1958 gen Osten in die sibirische Stadt Nowosibirsk, wo er den Rest seines Forscherlebens verbrachte.

Bald nach seiner Ankunft im neuen Labor nahm er sein heute berühmtes Zuchtexperiment in Angriff, das er als kommerzielles Unternehmen tarnte, um dem langen Arm Lyssenkos und seines Gefolges zu entgehen. Silberfüchse wurden schon seit dem 19. Jahrhundert in russischen Pelzfarmen gezüchtet und brachten einen guten Preis. Ihren Namen verdanken sie den weißen Grannenhaaren, die den ansonsten blauschwarzen Pelz durchziehen, doch tatsächlich handelt es sich nur um eine Farbvariante des bekannten und weit verbreiteten Rotfuchses *Vulpes vulpes*. Beljajew behauptete, mit seiner Forschung den Anteil der silbernen Haare erhöhen und so den Wert des Pelzes steigern zu wollen. Mit diesem erklärten Ziel begann er sein selektives Zuchtprogramm. In Wahrheit orientierte er sich vollständig an der Darwinschen Vererbungslehre.

Statt die Füchse auf Grundlage ihrer Fellfarbe zu züchten, wählte er ein völlig anderes Kriterium aus, ja er selektierte überhaupt nicht nach körperlichen Merkmalen, sondern nur nach einer einzigen Verhaltensvariation, nämlich Zahmheit. Beljajew begann mit 30 Männchen und 100 Weibchen aus einer Zuchtfarm in Estland, in der man 50 Jahre lang ohne jede Selektion Silberfüchse gezüchtet hatte. Beljajew beobachtete nun, wie die Tiere auf Menschen reagierten. Obwohl schon ihre Vorfahren in Gefangenschaft gelebt hatten, blieben die Füchse in ihrem Innersten doch Wildtiere. Die meisten reagierten mit einer Mischung aus Angst und Aggression auf Menschen, zogen sich, wenn man sich ihnen näherte, in den hinteren Teil des Käfigs zurück und bissen sofort zu, wenn jemand versuchte, sie anzufassen. Wie zu erwarten, gab es jedoch zwischen den Individuen der Kolonie Unterschiede. Etwa 10 Prozent der Tiere waren sichtbar duldsamer gegenüber dem Menschen. Die Bühne war bereitet, das Experiment konnte beginnen.

Als die Welpen etwa vier Monate alt waren, versuchten Beljajew oder eine seiner Mitarbeiterinnen, sie zu streicheln. Das wurde in den folgenden drei Monaten mehrmals wiederholt. Beljajew wählte die am wenigsten aggressiven Tiere für die Züchtung aus; das war seine Versuchsgruppe. Daneben gab es eine Kontrollgruppe mit zufälliger Verpaarung. Nachdem Beljajew nur 20 Generationen selektiv gezüchtet hatte, zeigten die Versuchsfüchse ein

Dmitri Beljajew mit seinen selektiv gezüchteten Füchsen. Fotografiert in Nowosibirsk, Sibirien, 1984.

durchgängig verändertes Verhalten. Die Welpen verhielten sich, kaum, dass sie die Augen erstmals öffneten, freundlich gegenüber dem Menschen. Sie waren verspielt und beschäftigten sich gern mit den Tierpflegern, und das in einem Ausmaß, das zu Beginn des Versuchs, nur 20 Generationen zuvor, unvorstellbar gewesen wäre. Das war eine erstaunliche Verhaltensänderung, doch noch erstaunlicher war das Tempo, in dem sie sich entwickelte. Unter natürlicher Selektion verläuft die Evolution quälend langsam, und auffällige Veränderungen wie die der Füchse bilden sich über Jahrtausende oder gar Jahrmillionen aus. Hier vollzogen sie sich in einem Bruchteil der Zeit. Und es gab noch mehr Überraschungen.

Obwohl das Kriterium für die Selektion ausschließlich das Verhalten der Füchse betraf, zeichneten sich in der Versuchsgruppe nach einer Weile auch körperliche Veränderungen ab. Die Tiere entwickelten Schlappohren und ein unregelmäßigeres Fell mit verschiedenfarbigen Flecken. Der Schädel wurde breiter, die Schnauze kürzer. Beide Merkmale sind normalerweise auf Jungtiere beschränkt und erinnern sonderbar an die Unterschiede zwischen Wolf und Hund.

Brian Hare, der sich auf Tierkognition spezialisiert hat, wollte herausfinden, ob diese parallel zur Domestizierung auftretenden Veränderungen auch die Fähigkeit einschlossen, menschliche Gesten zu lesen. Im Sommer 2004 besuchten er und eine Forschungskollegin das Institut in Nowosibirsk und prüften die Versuchsfüchse auf Herz und Nieren.[1] Sie führten den Versuch mit dem unter Bechern versteckten Futter durch und stellten zu ihrer Überraschung fest, dass die Versuchsfüchse ihn mit Bravour bestanden und das Futter viel öfter aufspürten, als es nach der reinen Wahrscheinlichkeit zu erwarten war. Den Versuch auf die Kontrollgruppe zu übertragen, war nicht einfach, weil diese Füchse so scheu waren. Mit allerlei Tricks brachte man sie dazu, mitzumachen, allerdings mit ziemlich schlechtem Ergebnis.

Neben den Verhaltensänderungen, die leicht auf das einzige

Selektionskriterium Zahmheit zurückzuführen sind, hatte der Assimilationsprozess offenbar auch ein genetisches Paket mit körperlichen Veränderungen und kognitiven Fähigkeiten mit sich gebracht, das wir vom domestizierten Hund kennen.

Aus Beljajews Arbeit lässt sich heute die Schlussfolgerung ziehen, dass einige körperliche Veränderungen, die mit der Domestizierung einhergehen, keine unmittelbaren genetischen Ursachen haben, sondern Folge sekundärer hormoneller Anpassungen sind, die sich aus der Selektion nach Zahmheit ergeben.

Obwohl Beljajew seine Studien an Füchsen durchführte, könnten seine Erkenntnisse auch die biologischen Mechanismen erklären, die in der Bindung zwischen Mensch und Hund wirksam sind. Im Jahr 2015 wies eine japanische Forschergruppe eine Beteiligung des Hormons Oxytocin an der Bindung zwischen Mensch und Hund nach, die in einer für beide verständlichen Kommunikation gründet. Oxytocin wird manchmal als »Liebeshormon« bezeichnet, weil es Anziehung und Verbundenheit zwischen Individuen fördert. Allerdings ist das offenbar eine sekundäre Wirkung des Hormons, das in erster Linie dafür zuständig ist, bei der Geburt den Gebärmutterhals zu weiten.

Oxytocin ist ein kurzes Neuropeptid, das aus nur neun Aminosäuren besteht und im Hypothalamus gebildet wird, der tief im Gehirn hinter den Augen liegt. Es ist ein Beleg für den Geiz der Evolution, denn es schiebt ein beeindruckendes Repertoire an diversen Vorgängen rund um die geschlechtliche Fortpflanzung an, darunter die enge Verbundenheit, die wir als »Liebe« bezeichnen. Alle Säugetiere produzieren aus denselben Gründen Oxytocin, doch weil sich menschliche Babys im Vergleich zu anderen Tieren so langsam entwickeln und daher jahrelang von ihren Eltern, besonders der Mutter, abhängig sind, ist die »Bindungs«-Wirkung des Oxytocins beim Menschen besonders intensiv.

Lange nahm man an, dass Oxytocin nur bei Angehörigen derselben Spezies Anziehung und Verbundenheit fördert. Doch der aufsehenerregende Aufsatz der japanischen Wissenschaftler aus dem Jahr 2015 widerlegte diese Vermutung. Die Forscher wiesen nach, dass Oxytocin an der starken Bindung beteiligt ist, die Menschen zu ihren Hunden entwickelt haben – und umgekehrt.[2]

Die Japaner ließen 30 Hundebesitzer und ihre Hunde einander fest in die Augen sehen und ermittelten vorher und nachher bei allen Beteiligten den Oxytocin-Spiegel. Es ist seit langem bekannt, dass zwischen Mutter und Baby eine starke Bindung entsteht, wenn sie einander lange und intensiv ansehen. Die japanische Studie konnte nun erstmals nachweisen, dass dieser hormonelle Mechanismus mit Oxytocin auch die Bindung zwischen Hund und Mensch befördert. Nachdem sich die beiden tief in die Augen geblickt hatten, war der Oxytocin-Spiegel höher, und zwar nicht nur bei Herrchen und Frauchen, sondern auch bei den Hunden.

Bei Begegnungen zwischen Menschen und gefangenen Wölfen blieb diese Reaktion auch dann aus, wenn die Tiere den engen Kontakt mit Menschen gewöhnt waren. Sehr wahrscheinlich ist somit die starke Bindung zwischen Mensch und Hund mittels Oxytocin eine unmittelbare Folge des Selektionsprozesses, der aus Wölfen Hunde machte.

Oxytocin wird für die Behandlung von Autismus und Posttraumatischer Belastungsstörung verwendet. Es ist zwar noch nicht bewiesen, aber aus diesem Grund könnte auch der Einsatz von Hilfshunden für diese und andere Erkrankungen vorteilhaft sein. Dass auch bei den Hunden der Oxytocin-Spiegel stieg, nachdem sie ihrem Menschen tief in die Augen geblickt hatten, legt die Vermutung nahe, dass die »Liebe« tatsächlich erwidert und auf Seiten des Hundes nicht etwa vorgetäuscht wird, um uns Menschen zu einem für ihn positiven Verhalten zu verleiten.

Als Dmitri Beljajew 1985 starb, führte seine langjährige Mitarbeiterin Ludmila Trut das Projekt weiter. Es finanziert sich zum Teil daraus, dass die erstaunlich freundlichen Füchse als Haustiere verkauft werden.

22

Der Herbstabtrieb

Als Wissenschaftler habe ich mich überwiegend mit DNA und Evolution beschäftigt, und somit fühlte ich mich durchaus in der Lage, dieses Buch zu schreiben. Doch als ich anfing, wurde mir schnell die Gefahr bewusst, dass dem Buch der Hauptprotagonist fehlen könnte: der Hund. Zum Glück war Hilfe nah. Meine Ehefrau Ulla wuchs im ländlichen Dänemark mit Hunden auf und ist daher frei von den Vorurteilen, die mich seit meinen Kindheitserfahrungen mit dem Höllenhund in unserer Nachbarschaft plagen. Ulla liebt Hunde und zeigt das auch. Um den wissenschaftlichen Part, der den Großteil dieses Buches ausmacht, zu unterfüttern, führte sie mehrere Gespräche mit Hundebesitzern, zu denen wir im nächsten Kapitel kommen.

Zunächst jedoch hatte ich im Vorfeld einer Neuseeland-Reise einen Besuch bei einem Mann arrangiert, der mit Hunden arbeitet. Ich ging davon aus, dass seine Hunde für ihn keine Haustiere, sondern Arbeitspartner waren, wie es viele Jahrtausende lang üblich war.

Ewan lebt und arbeitet im Mackenzie-Distrikt, dem Hochplateau auf der Südinsel unterhalb der Neuseeländischen Alpen. Der Blick über den türkisfarbenen Lake Pukaki zum schneebedeckten Gipfel des höchsten neuseeländischen Berges, des Aorangi, ist wirklich einmalig. Einige Berge auf dieser Erde wirken einschüchternd, andere enttäuschend, manche Gipfel verbergen sich hinter den Bergen um sie herum, doch der Aorangi, den Neuseeländer auch den

»Wolkenstecher« nennen, ist einfach nur wunderschön. Er steht allein in der Landschaft, ein gleißend weißes Baiser aus Schnee und Eis, das zwischen dem türkisblauen See und dem kobaltblauen Himmel zu schweben scheint.

Dort arbeitet Ewan mit seinen Hunden. Wie den meisten Neuseeländern liegt ihm jede Gefühlsduselei fern. Er weiß, dass er in einer fantastischen Landschaft lebt und arbeitet, doch nachdem er zehn Jahre lang auf dem Hochland Schafe getrieben hat, geht er locker damit um.

Die neuseeländische Wirtschaft hängt stark vom Export landwirtschaftlicher Produkte in alle Welt ab, und seit die erste Fuhre gefrorenen Lammfleisches bereits im Jahr 1882 England erreichte, betreibt das Land schwunghaften Handel mit Fleisch und Wolle. Der offiziellen staatlichen Statistik zufolge gibt es in Neuseeland immer noch mehr Schafe als Menschen, auch wenn der Abstand seit dem Höhepunkt der Schafzucht im Jahr 1982 schrumpft. Damals kamen auf 3,18 Millionen Menschen 70 Millionen Schafe, also 22 Schafe pro Person. Bis 2015 haben mehrere Faktoren – unter anderem der internationale Preisverfall der Schafwolle und eine Umstellung der Viehhaltung auf Milchvieh, um der Nachfrage der Chinesen nach Milchpulver nachkommen zu können – den Schafbestand auf etwas unter 30 Millionen Tiere reduziert. Gleichzeitig ist die neuseeländische Bevölkerung auf 4,6 Millionen gewachsen, was das Schaf-Mensch-Verhältnis auf nur noch knapp über sechs zu eins senkt.

Um die immer noch großen Herden zusammenzutreiben, leben in Neuseeland etwa 200 000 Arbeitshunde. Ohne sie könnte man auf den weitläufigen Flächen des Hochlandes keine Schafe halten. Diese Arbeitshunde sind naturgemäß Welten von den verwöhnten Schoßhunden entfernt, zu denen sich einige ihrer Verwandten entwickelt haben. Wenn Herrchen und Frauchen zu beschäftigt sind, mit ihnen im Park Gassi zu gehen, steht für sie jedenfalls kein professioneller Hundeausführer bereit. Über das Verhältnis dieser

Arbeitshunde zu ihren Besitzern, den Leitern der Schafstationen und den professionellen Schaftreibern also, wollte ich gern mehr erfahren.

Ich hatte mich mit Ewan und seinen Hunden bei ihm zu Hause in der Nähe von Omarama verabredet. Einige Tage nach unserem Telefonat rief er mich noch einmal an. Er habe einen Auftrag im nahe gelegenen oberen Ahuriri-Tal, sagte er und bot mir an, mich mitzunehmen. Ich packte die Gelegenheit beim Schopf. Beim Herbstabtrieb werden die Mutterschafe und ihre Lämmer aus den Bergen ins Tal gebracht. Einige Lämmer dürfen sich auf den fetten Talwiesen dick und rund fressen, während andere direkt zum Metzger kommen. Die Mutterschafe werden unterdessen auf die Decksaison vorbereitet, damit der Lämmer-Kreislauf wieder von vorn beginnen kann.

Wir trafen uns an einem kühlen Februarmorgen kurz nach Sonnenaufgang. Wie viele Täler, die von den Alpen abzweigen, ist auch das obere Ahuriri Valley in der Sohle breit, an den Seiten aber steil, ein Ergebnis von Jahrmillionen der Erosion und der Ablagerung dicker Schichten aus Gletschermergel. Das Tal ist immerhin so eben, dass eine unbefestigte Straße 35 Kilometer weit in die Berge hineinführt, ehe sie vor den noch mit Gletschern überzogenen Bergen endet, die das Ahuriri Valley vom Hunter Valley im Süden trennen. Im Tal gibt es drei Schafstationen. Zwei sind in Betrieb, die dritte wurde 2004 vom Ministerium für Naturschutz erworben, das die Schafe abschaffte und ein Schutzgebiet für den Kaki oder Schwarzen Stelzenläufer einrichtete, einen der seltensten neuseeländischen Vögel. Unser Schafabtrieb fand am unteren Ende des Tals statt, das zur Ben-Avon-Station gehört.

Wir hatten uns an der alten Holzbrücke verabredet, die über den Ahuriri River führt. Die Brücke war gerade stabil genug für Ewans Pickup. Während ich auf ihn wartete, blickte ich über das weiß gestrichene Geländer in das klare blaue Wasser unter mir, dessen unwirkliche Farbe sich daraus erklärt, dass winzige Partikel des feinen Steinmehls der Gletscher das Licht streuen. Direkt unter der Brücke, nah am von Natternkopf bewachsenen Ufer, stand eine Forelle in der Strömung, auf die ich bei anderen Gelegenheiten wohl Jagd gemacht hätte.

Bald kündigte eine dicke Staubwolke über dem unbefestigten Weg die Ankunft Ewans und seiner Hunde an. Ein paar Minuten später stießen zwei weitere Treiber mit ihren Hunden zu uns. Ich öffnete das Tor am anderen Ende der Brücke, sprang auf den Beifahrersitz von Ewans Pickup, und schon ging es los, immer im Zickzack den Haarnadelkurven des holprigen Fahrwegs in Richtung Bergkamm folgend. Ein seltener Maorifalke mit wunderschönen dunkelbraunen Streifen auf cremefarbenem Gefieder sauste knapp vor uns über den Weg, als wir unter einer Felsnase hindurchfuhren. Vorbei an grau-gelben Königskerzen, die stolz aufgerichtet den Weg säumten, kamen wir höher und höher und sahen ständig neue Gipfel vor uns auftauchen. Oberhalb des Tals lag Mount Barth, dessen ewiger Schnee im hellen Sonnenlicht weiß glitzerte. Als wir 600 Meter oberhalb vom Talboden den Bergkamm erreichten, türmten sich am Horizont die Giganten der Neuseeländischen Alpen vor uns auf. Mount Sefton, Mount Tasman und dazwischen der Aorangi, dessen wunderschöner Gipfel 3600 Meter über dem Meeresspiegel aufragt. Was für ein Arbeitsplatz!

Ewan suchte mit dem Fernglas am Berghang vor uns nach den Schafen. Es waren Merinos, die widerstandsfähigste Rasse in Neuseeland. Die Tiere müssen zäh sein, um gegen Wind, Regen und Schnee zu bestehen, die den größten Teil des Jahres über das Hochland fegen. Die warme Merinowolle ist legendär, doch das Schaf stellt auch viel Lanolin her, das das Fell wasserfest macht und vor den Elementen schützt. Weil in dieser fettigen Schicht viel Staub klebenbleibt, sind die Merinos schmutzig grau und schwer zu erkennen, daher das Fernglas. Ich hatte selbst mit dem Fernglas Mühe, die Tiere zu entdecken, doch Ewan erfasste schnell, an welchen Stellen die Schafe standen.

Der Leiter der Schafstation hatte Ewan mitgeteilt, es handele sich um 1200 Mutterschafe mit Lämmern. Bei einer durchschnittlichen Lammzahl von 1,25 pro Schaf in diesem Jahr bedeutete das, dass fast 3000 Schafe talwärts getrieben werden mussten. Die Tiere verteilten sich über ein großes ansteigendes Becken. Es erstreckte sich etwa einen Kilometer bis zu einem mit Felsformationen gespickten Grat, der aus der Ferne aussah wie der Rücken eines Stegosaurus. Diese Felsplatten sind typisch für das Hochland, wo Regen, Wind und Frost das weichere Gestein abgetragen und die knochenähnlichen Felstafeln freigelegt haben.

Mittlerweile säumte ein Gestrüpp aus Matagouri-Büschen den Weg, die im Lauf der Evolution zum Schutz gegen Moas dichte Dornen entwickelt hatten. Die Laufvögel sind schon lange ausgestorben, aber die Dornen sind geblieben. Weiter oben wuchsen statt Matagouri Tussockgräser, die unterhalb der Gipfel schließlich nacktem Felsgeröll wichen. Ewan und seine Freunde besprachen den Abtrieb. Brian und seine Hunde wollten die Südseite übernehmen, John die Mitte, Ewan die Nordflanke. Wir fuhren noch einen halben Kilometer bergauf, ehe Ewan die Hunde aus der Box ließ, die hinten auf dem Pick-up stand. Sie wirkten aufgeregt und schienen sich genau wie Ewan darauf zu freuen, die Schafe zusammenzutreiben. In dem Rudel, denn genau darum handelte es sich, befanden sich zwei schwarz-braune Huntaways. Diese kräftige neuseeländische Rasse wurde gezielt für diese Landschaft gezüchtet. Über ihre Abstammung weiß man nichts Genaues, doch in der Ahnenreihe soll es Labrador, Rottweiler und Dobermann gegeben haben. Die Besitzer der Arbeitshunde nehmen allerdings aus Prinzip nicht an Hundeschauen teil und beschäftigen sich auch nicht mit Rassemerkmalen. Für einen Treiber zählt nur, dass seine Hunde gut arbeiten, und auf Ewans Hunde traf das jedenfalls zu.

Huntaways dirigieren die Schafe aus der Entfernung mit einem tiefen Bellen und ihrer einschüchternden Erscheinung. Ein kurzer greller Pfiff aus Ewans Pfeife, und die beiden Huntaways rannten links und rechts mit raumgreifenden Sätzen den Berg hinauf. Ihre Aufgabe war es, zu verhindern, dass die Schafe auseinanderliefen und über den Bergrücken verschwanden. Als sie ihre Position oberhalb der Herde eingenommen hatten, pfiff Ewan noch einmal, und die Hunde bellten tief und laut. Die Schafe blickten auf, sahen die Huntaways über den Bergkamm mit den Felsspitzen laufen und setzten sich talwärts in Bewegung. Nun schickte Ewan vier Border Collies los, die auf seinen Pfiff hin den Berg hinaufhechteten, um die Herde einzukreisen und den Tieren die Umkehr unmöglich zu machen. Die Collies, die in geduckter Haltung Ausreißer mit einem kurzen Bellen zurechtwiesen, schleusten die Herde durch eine Rinne in der Mitte des Beckens. Je tiefer die Schafe kamen, desto dichter drängten sie sich in der Herde, und ich musste unwillkürlich an einen Heringsschwarm denken, der, von einem Delphin verfolgt, durchs Wasser wirbelt. Die beiden Huntaways trieben Nachzügler zur Herde zurück, die sich, von den Collies energisch in enger Formation gehalten, langsam Ewans Truck näherte.

Als auf der rechten Flanke eine Gruppe auszubrechen versuchte, wies Ewan die Hunde sofort mit einem Pfiff an, ihnen den Weg abzuschneiden. Ewan und ich stiegen ins Auto und fuhren ein Stück rückwärts den Berg hinunter. Die Schafe folgten uns, flankiert von den Hunden, wie ein talwärts strömender grauer Fluss. Über uns stieß ein Kea, der nur in Neuseeland heimische Bergpapagei, einen heiseren Schrei aus, als wolle er uns, die wir Frieden und Ruhe des Hochlands gestört hatten, mit einem »Auf Nimmerwiedersehen« verabschieden.

Die Koppeln lagen von der alten Brücke aus drei Kilometer stromaufwärts, und so bereiteten wir eine Flussüberquerung vor. Der Ahuriri besteht wie so viele Flüsse auf der Südinsel aus zahlreichen Flussarmen. So ein Flussarm folgt nicht etwa immer demselben Verlauf, sondern ändert ständig seinen Weg durch die Kiesablagerungen am Talboden. Die Schneeschmelze im Frühjahr verschiebt mit ihren Fluten die Steine und drängt den Fluss zur Seite, sodass er neue Kanäle bildet und alte aufgibt. Nur dort, wo festes Gestein im Untergrund das Wasser durch ein enges Flussbett zwingt, kann man auch eine Brücke bauen. Über die Kiesbänke anderer Flüsse, wenn auch nicht über den abgelegenen Ahuriri, führen bis zu einen Kilometer lange Brücken. Auch solche breiten Brücken müssen aber nach einiger Zeit, wenn das Wasser seinen Weg wieder verändert hat, versetzt werden.

Hätte es in den Bergen viel geregnet, wäre die Flussüberquerung zu gefährlich gewesen, und wir hätten den Abtrieb verschieben müssen. Zu unserem Glück herrschte schon seit einer Woche Trockenheit, und der Wasserstand war niedrig genug, um an der üblichen Stelle den Fluss zu überqueren. Schafe sind trittsicher, aber ängstlich, und man darf daher nichts übereilen. Während die Huntaways die Herde von hinten in Schach hielten und ihnen eine Umkehr unmöglich machten, liefen die Border Collies an den Flanken auf und ab. Am Flussufer zögerten die vordersten Schafe, in das eisige Wasser zu springen. Nun musste unbedingt verhindert werden, dass die Herde in Panik geriet. Die Hunde verhielten sich still.

Gefühlte Minuten später wurde das erste Schaf durch den zunehmenden Druck von hinten ins Wasser gestupst, und die Herde folgte ihm durch den Fluss, der an dieser Stelle so flach war, dass die Tiere nicht schwimmen mussten. Zwei der Collies sorgten ein Stück flussaufwärts dafür, dass die Schafe, die hinten folgten, nicht abdrifteten. Die Herde war so groß, dass es ganze 20 Minuten dauerte, bis das letzte Schaf den Fluss überquert hatte. Kurz darauf erreichten die Tiere die Weide, und Ewan schloss das Tor hinter ihnen. Bald schon rupften sie in aller Ruhe das frische grüne Gras. Kurz darauf folgten erst Brians, dann Johns Herde. Der gesamte Abtrieb hatte neun Stunden gedauert. Obwohl ich Ewan und den Hunden nur zugesehen hatte, war ich völlig erledigt.

Als wir hinter dem letzten Schaf das Koppeltor geschlossen und die Herde in die Verantwortung des Stationsleiters Bruce übergeben hatten, brachten wir die Hunde wieder ins Auto und machten uns auf den Heimweg. Ewan wohnt in einem bequemen Bungalow inmitten von acht Hektar Wiesen, mit ein paar Rindern, einem Stall voll Hühner und einigen Dutzend Schafen, mit denen er seine Hunde ausbildet. Er ist Profi und übernimmt alle möglichen Arbeiten. Am einen Tag hilft er im Hochland beim Schaftrieb, am nächsten treibt er im Flachland Rinder oder Rotwild. Wenn er nicht mit den Hunden unterwegs ist, hilft er als Punktrichter bei Treibhundeprüfungen. Das aktive Leben in der Natur tut ihm gut. Mit seinen 70 Jahren ist er fit und schlank wie ein 30-Jähriger.

Im Schuppen hinter dem Haus zeigte mir Ewan zwei Border-Collie-Welpen. Er hatte die zwei Monate alten Jungtiere aus einem Wurf von sechs Welpen behalten, um sie auszubilden, und die übrigen verkauft. In einem anderen Gehege hielt er zwei etwas ältere Huntaway Welpen, die er ebenfalls selbst gezüchtet hatte. Einen wollte er behalten, den anderen hatte er bereits an einen Landwirt in Wales verkauft. Wenn der Welpe etwas älter war, sollte er einmal halb um den Erdball zu seinem neuen Zuhause geflogen werden. Ewans Hunde waren hoch geschätzt und wertvoll; einer kostete zwischen 5000 und 10 000 Neuseeland-Dollar.

Ewan besaß zwölf ausgewachsene Arbeitshunde, Border Collies und Huntaways, die er im Freien hielt. Jeder Hund hatte als Hütte ein in der Länge halbiertes Plastikfass, das flach auf dem Boden lag. Auf den ersten Blick sah das spartanisch aus, ein krasser Gegensatz zu den gepolsterten Plüschbetten, die ich auf der Crufts-Hundeausstellung gesehen hatte. Allerdings waren die Hütten wasserdicht und dank einer dicken Strohschicht bequem und warm.

Ewans Hunde waren keine Haustiere, sondern seine Haupterwerbsquelle. Damit sie im Team arbeiteten, musste er sich die Dominanzposition erarbeiten. Andernfalls wären die Hunde beim Treiben nutzlos gewesen, womöglich dem erstbesten Hasen hinterhergejagt und auf Nimmerwiedersehen verschwunden. Es hing alles davon ab, dass sie seine Anweisungen befolgten. Er war ihr Anführer, sie sein Rudel.

Was mich an Ewan und seinen Hunden am meisten interessierte, war seine Einstellung zu ihnen. Liebte er sie? Bevor ich Ewan kennenlernte, hatte ich vermutet, dass die Antwort »Nein« lautete und er sie nur als Werkzeuge für seinen Beruf betrachtete. Aber als ich ihm die Frage stellte, kam postwendend ein »Ja«. Ich fragte ihn nach dem Grund; die meisten Hundebesitzer verwirrt diese Frage, weil sie zwar bereitwillig die Liebe zu ihrem Hund bekunden, die Ursachen dafür aber nicht in Worte fassen können.

Ewan war jedoch von einer Vermenschlichung seiner Hunde weit entfernt. Es fiel ihm nicht schwer, gleich mehrere Gründe für seine Liebe zu nennen. Sie machten ihm viel Freude, ganz zu schweigen davon, dass sie ihm und seiner Familie ein regelmäßiges Einkommen sicherten. Sie verhalfen ihm zu einem Leben an der frischen Luft, das er mit ihnen im Hochland verbringen konnte, in einer der schönsten Landschaften der Erde. Er war sehr stolz auf sie. Seine größte Befriedigung sei, wenn ein Welpe zu einem erwachsenen Hund heranwachse und er beobachten könne, wie er durch das Training immer besser werde und schließlich bei der Treibarbeit neben den anderen Hunden seine Aufgabe übernehme. Nicht alle Hunde schafften das, viele verkaufe er schon als Welpen weiter. Das geschehe auch, erzählte Ewan, wenn ein Hund alt werde und körperlich der anstrengenden Arbeit nicht mehr gewachsen sei. Ewan hatte noch für jeden alten Hund ein Zuhause gefunden, wo er seinen Lebensabend verbringen konnte. Noch nie hatte er einen Hund einschläfern lassen müssen, weil er alt oder krank war. Er hatte Achtung vor seinen Hunden und, ja, ganz gewiss liebte er sie. Ob diese Liebe erwidert wurde, konnte er nicht sicher sagen, und im Grunde spielte es auch keine Rolle. Sie waren ein gutes Team.

Ich verabschiedete mich von Ewan und fuhr über den Lindis-Pass zurück in unser Feriendomizil. Es war früher Abend, als das Auto den Passscheitel erreichte. Die tiefstehende Sonne breitete einen sanften Schleier aus samtener Bronze über die Berge, aus dem sich die Grasbüschel erhoben wie kleine Wattebäusche.

23

Die Frau, die mit Hunden spricht

Meine Frau Ulla verfolgte bei ihren Interviews mit Hundebesitzern die, wie ich es nenne, »Easy Rider«-Methode: Man macht keinen Plan, sondern fängt einfach an und lässt sich treiben. Genauso ging Ulla die Sache an, packte ihr Aufnahmegerät ein und zog los. Als ich die Aufnahmen später abhörte, wurde darin dermaßen viel gelacht, dass es eine Ewigkeit dauerte, die Interviews aufzuschreiben. Man denke also bitte die Heiterkeit, die die Gespräche würzte, aber nicht so leicht in Worte gefasst werden kann, immer mit. Die entspannte Atmosphäre half jedenfalls den Hunden und ihren Herrchen oder Frauchen, von denen Ulla die wenigsten vorher gekannt hatte, locker zu bleiben. Ich hätte das mit Sicherheit nicht hinbekommen.

Diese Interviews bilden keineswegs einen statistisch repräsentativen Ausschnitt ab, denn die meisten ergaben sich aus Zufallsbegegnungen im Londoner Hyde Park unweit Ullas Londoner Studio. Ich hätte erwähnen sollen, dass sie Malerin ist und daher die Nähe der Galerien sucht, die ihre Arbeiten ausstellen und hin und wieder verkaufen.

Der einzige Hund, mit dem ich behaupten kann, eine Art Freundschaft zu unterhalten, ist Sergio, ein stürmischer Italienischer Spinone, der auf der Isle of Skye zu Hause ist. Ulla und ich verbringen einen großen Teil des Jahres auf der Insel, und Sergio gehört einem Freund und Nachbarn, der ein paar Häuser weiter wohnt. Sergio ist neun Jahre alt und zwar nicht riesig, aber doch groß und kräftig. Als wir ihm zum ersten Mal begegneten, hielt ich mich deshalb bewusst im Hintergrund. Ulla zögerte nicht, mit den Fingern durch Sergios dickes Fell zu fahren, und bekam auch gleich von dem Sabber ab, der ihm, typisch für seine Rasse, ständig aus dem Maul trieft. Wenn wir auf die Insel kommen, scheint Sergio immer schon zu wissen, dass wir da sind. Er taucht vor unserem Tor auf und gibt uns eine ungewöhnliche Vorstellung, die darin besteht, dass er, in gedämpften Klagelauten leise vor sich hin singend, kleine Kreise zieht. Mit der Zeit hat er sich an mich gewöhnt, doch wenn ich allein komme, ist seine Enttäuschung unübersehbar. Er verliert dann rasch das Interesse und trottet wieder nach Hause.

Bonnie und Bernie

Kurz bevor ich mich mit dem neuseeländischen Schaftreiber Ewan traf, um ihn nach seinem Leben mit den Arbeitshunden zu befragen, lernte Ulla Bonnie und ihr neues Frauchen Bernie kennen. Sie lebten auf der Südinsel in einem geräumigen Landhaus vor den Toren Wanakas, wo wir Urlaub machten. Bonnie, die »Hübsche«, machte ihrem Namen alle Ehre. Sie war vier Jahre alt, eine Mischung aus Collie und Kelpie, einem australischen Hütehund, und die langen Beine verliehen ihr einen elegant schwingenden Gang, ähnlich dem der Wölfe, die wir bei Shaun Ellis im Jahr zuvor beobachtet hatten. Bernie und ihr Ehemann Paul hatten zwei Jahre zuvor ihre zu jedem Unsinn bereite Springer Spaniel-Hündin Minnie verloren und nach einem Ersatz gesucht. Minnie war ein echter Charakterhund gewesen, mit einer charmanten Art, um Futter zu betteln: Sie setzte sich neben den Esstisch und blickte die Gäste mit einem tieftraurigen Blick an, dessen Botschaft unmissverständlich und unübersehbar war. Minnies Geduld wurde immer mit einem Bröckchen Kuchen oder einem anderen Häppchen belohnt. Aber nun war sie nicht mehr da. Bernie und Paul wollten sie nicht durch einen ähnlichen Charakter ersetzen und suchten daher nach einem völlig anderen Hund. Fündig wurden sie auf *Forever Homes*, einer neuseeländischen Website, die für alle möglichen ungewollten Tiere ein neues Zuhause sucht. Ihnen gefiel Bonnie auf Anhieb, und so besuchten sie die Dame, die sich um die Hündin kümmerte, seit sie sie von einem Schafhof gerettet hatte.

»Wir hatten schon eine Weile nach einem Hund gesucht«, erklärte Bernie. »Wir waren uns sicher, dass wir gleich wüssten, wenn wir den richtigen vor uns hätten. Und so fuhren wir hin, um zu sehen, ob sie dieser besondere Hund war.«

»Und war es Liebe auf den ersten Blick?«, wollte Ulla wissen.

»Na ja. Ja. Wir wussten schon, was für eine Aufgabe wir da vor uns hatten.«

»Ja, bei Bonnie fällt einem gleich auf, dass sie extrem schüchtern ist. Was haben Sie von der Frau erfahren, die sie gerettet hat?«

»Die Dame, die sich um sie kümmerte, besaß einen Hof und hatte Bonnie von einer Schaffarm in der Nähe mitgenommen. Sie war als Arbeitshund auf die Station gekommen, verweigerte aber die Arbeit. Wie überall auf der Welt sind die Bauern in Neuseeland nicht gerade sentimental. Bonnie zu füttern kostete Geld, und so versuchten sie alles, um sie zum Arbeiten zu bringen. Sie schlugen sie, und als sie trotzdem nicht mitmachte, wurde sie in Ketten gelegt.«

»Das ist wirklich schlimm, so eine Geschichte zu hören.«

»Sie bellt nicht, weil man ihr das mit Schlägen abgewöhnt hat. Sie sollte wie ein Heading Dog eingesetzt werden, der ähnlich dem Border Collie nicht bellt und tief geduckt die Schafe hütet. Die Schaffarmer schlagen die Tiere oft als Welpen schon so lange, bis sie nicht mehr bellen, oder sie legen ihnen ein ›Bellhalsband‹ um, das ihnen, sobald sie einen Laut von sich geben, einen elektrischen Schlag versetzt oder ein hohes Fiepen ausstößt, und das macht den Hund ganz verrückt.«

»Aber jetzt kann sie ein glückliches Leben führen, oder?«, meinte Ulla. »Ich habe vorhin einen kleinen Spaziergang gemacht. Hier hat sie ein wunderschönes Haus, umgeben von Wiesen und weiten

Feldern, auf denen sie rennen kann – alles, was sich ein Hund nur wünscht.«

»Ja, aber erst im Gespräch mit einem Landwirt wurde mir klar, dass ich nicht zu viel von ihr erwarten sollte. Gebrauchshunde gehen nach draußen, verausgaben sich eine halbe Stunde lang und legen sich dann schlafen. Später arbeiten sie vielleicht noch einmal, aber die meiste Zeit liegen sie nur da und warten.«

»Die Hunde verbrauchen also schnell sämtliche Energie, sind dann völlig erledigt und brauchen ihre Ruhe? Meine Güte, das klingt nach mir. Aber jetzt, wo sie sich hier eingewöhnt, wird sie da nicht so langsam weniger Arbeitshund und mehr Familienmitglied?«

»Ja, sie kommt ins Haus und bewegt sich ganz frei. In der Ecke da drüben steht ihr Körbchen, da legt sie sich nachts rein. Früher ist sie nie ins Wohnzimmer gegangen, wenn der Fernseher lief, weil sie den natürlich noch nicht kannte. Als sie zu uns kam, hatte sie vor praktisch allem Angst. Sie rannte davon, wenn wir den Kühlschrank aufmachten. Dann habe ich ihn ihr gezeigt und gesagt: ›Schau mal, das Geräusch kam von der Kühlschranktür.‹ Als sie es das nächste Mal hörte, war es kein Problem mehr.«

»Weil sie klug ist und sehr schnell lernt«, sagte Ulla.

»Abends, wenn sie von draußen reinkommt, springt sie gleich auf unser Bett.«

»Sie und Paul sind doch sehr praktische Menschen, das gefällt mir. Viele Leute würden sagen: ›O nein, nicht aufs Bett.‹ Ich habe früher mit meinem Cocker Spaniel *im* Bett geschlafen. Er hat mich sogar in die Ecke gedrängt.«

»Sie liegt im Bett zwischen uns auf dem Rücken, Pfoten in die Luft. Sie liebt es, wenn man ihr den Bauch krault. Wenn es dann Zeit zum Schlafen ist, knipsen wir das Licht aus und sagen: ›Los geht's, ab ins Bett‹, dann geht sie geradewegs ins Körbchen.«

»Das ist wirklich toll. Mich überrascht, dass Sie in nur drei Monaten so weit gekommen sind.«

»Ja, sie ist ein sehr schlauer Hund, das finde ich gut, aber trotz der schlechten Behandlung auf dem Hof merkt man, dass immer noch ihre Hütehund-Instinkte durchkommen. Wenn sie zum Beispiel auf der anderen Seite der Wiese ist und ich sie rufe, rennt sie sofort los und setzt sich neben mich. Minnie hat das nie getan.«

»Bonnie ist also im Herzen immer noch ein Hütehund, aber viel glücklicher als vorher«, fasste Ulla zusammen.

Sheba und Alexander

Alexander Thynn, Lord Bath, ist ein interessanter, ungewöhnlicher und, man kann schon sagen, exzentrischer Aristokrat. Ich lernte ihn 1997 kennen, als ich versuchte, DNA aus einem fossilen Menschenknochen zu gewinnen. Das große Anwesen um den Landsitz Longleat, ein wunderschönes elisabethanisches Haus in Wiltshire im Südwesten Englands, reicht bis zu den berühmten Schauhöhlen der Cheddar Gorge. In einer dieser Höhlen, Gough's Cavern, wurden im letzten Jahrhundert zwei menschliche Skelette gefunden, denen ich DNA entnehmen konnte. Dafür brauchte ich Lord Baths Erlaubnis, da ihm die Höhle gehörte. Er interessierte sich sehr für meine Arbeit, zumal ich eine genetische Übereinstimmung zwischen einem der Skelette, dem sogenannten Cheddar Man, und seinem Butler Cuthbert fand. Als ich ihn damals auf Longleat besuchte, um die Ergebnisse mit ihm durchzugehen, war er stets in Begleitung seiner cremefarbenen Labradorhündin Boudicca. Vielleicht plante ich im Unterbewusstsein bereits dieses Buch, jedenfalls entnahm ich ihr eine DNA-Probe. Es kam nichts weiter dabei heraus, weil meine DNA-Analysetechnik eng am Menschen orientiert war, aber Lord Bath erinnerte sich Jahre später daran und gewährte meiner Frau Ulla freundlicherweise ein Interview. Mittlerweile war Boudicca gestorben, und Sheba, ein Labrador mit reichlich Pudel-Einkreuzung, hatte ihren Platz auf Longleat eingenommen. Das Gespräch fand in Lord Baths Wohnräumen in der zweiten Etage statt, in dem sein Vater einst eine Sammlung von NS-Memorabilien aufbewahrt hatte. Als Alexander Bath nach dem Tod seines Vaters den Titel erbte, verbannte er als Erstes die Sammlung aus dem Haus und verwandelte die Räume in einen bequemen Wohnbereich mit fantastischem Blick auf den See und die bewaldete Parklandschaft, die sich dahinter ausdehnt. Wie es sich für die Besitzer eines großen Landguts geziemt, hat die Familie seit jeher Hunde, doch wie dem folgenden Gespräch zu entnehmen ist, tat das der Liebe zwischen Hund und Herrchen keinen Abbruch.

Ulla begann ihr Interview mit einer sehr direkten Frage.

»Alexander, können Sie mir sagen, warum Sie ihre Hunde lieben? Ich meine damit: Welche Eigenschaften schätzen Sie an Ihren Hunden am meisten?«

Nach einigem Nachdenken erwiderte er: »Bei Boudicca waren es ihre Treue und Liebe. An Sheba gefällt mir, dass ich ein fester Teil der Umgebung bin, in der sie sich sicher fühlt. Jetzt, da Boudie nicht mehr da ist, glaube ich, Sheba spürt, dass sie nicht allen Erfordernissen gerecht wird.«

»Beim Mittagessen ist mir etwas aufgefallen. Boudicca konnte, weil sie ein Labrador war, nicht aufhören zu essen, und wer etwas zum Füttern dabei hatte, wurde ihr bester Freund. Sheba ist da viel zurückhaltender.«

»Ja, sie wird sicherlich kein dicker Hund, aber sie hungert auch nicht gerade.«

»Jedenfalls ist sie ein glücklicher Hund. Würden Sie sagen, dass Sie Ihre Hunde als Familienmitglieder behandeln?«

»Na ja, wir sind schon so eine Art Sippe.«

»Mein alter Cocker Spaniel, den ich als Kind hatte, schlief immer bei mir im Bett. Mir machte das überhaupt nichts aus. Können Sie sich vorstellen, dass Ihr Hund aufs Bett darf oder sogar darin schläft?«, fragte Ulla.

»Das durften sie immer. Sheba ist da ziemlich energisch und legt sich sogar auf mich drauf, aber wenn ich etwas hin und her rutsche, verliert sie die Geduld und rückt ein wenig ab.«

»Sie nimmt also sozusagen selbstverständlich an, dass es auch ihr Bett ist. Wenn jemand Platz machen müsste, dann Sie!«

»Die Erwartungshaltung könnte da sein, und jeder Widerstand würde sie wohl überraschen. Wenn wir essen, kommt Sheba und legt mir den Kopf aufs Knie, um mich daran zu erinnern, dass sie immer noch geduldig auf den Nachtisch wartet, der ihr zusteht.«

»Sie hat sehr gute Manieren, Ihre Sheba. Angesichts dieser großen Liebe zwischen Hund und Herrchen würde ich Sie gern noch fragen, was Sie machen würden, wenn Sheba krank würde. Ich kannte einmal einen Hund namens Timmy, einen Labrador wie Boudicca, den ich immer im Park ausgeführt habe. Als er etwa zwölf Jahre alt war, ging die Hüfte kaputt, und sein Frauchen ließ ihm eine künstliche einsetzen. Wie weit würden Sie bei Ihrem Hund gehen?«

»Wenn mein Hund Schmerzen hätte, müsste ich nicht lange nachdenken. Sie darf keine Schmerzen haben, dagegen müssten wir etwas unternehmen. Bei Boudicca habe ich das auch so entschieden. Sie konnte nicht mehr aufstehen, und obwohl sie keine Schmerzen hatte, blieb ihr nicht mehr viel vom Leben. Als sie sehr alt war und sich nicht mehr bewegen konnte, war die Lebensqualität so schlecht, dass ich das nicht mehr verlängern wollte.«

»Sie haben Boudicca offenbar sehr geliebt. Heute ist es möglich, einen Hund nach seinem Tod klonen zu lassen und gewissermaßen einen identischen Ersatz zu bekommen. Käme das für Sie in Frage?«

»Ich habe mit allen Hunden, die ich mir ausgesucht habe, Glück gehabt, deswegen bestand nie die Notwendigkeit zu klonen. Ich freue mich auf den nächsten Hund, der mich mit seiner Persönlichkeit auch wieder überrascht. Ich bin eigentlich nicht für einen identischen Hund, auch wenn es bei Boudicca schön gewesen wäre, sie wieder zu bekommen. Bei einem neuen Hund ist es immer ungewiss, wie er sich entwickelt. Mit Kindern ist es wahrscheinlich dasselbe.«

»Gab es zwischen dem einen und dem anderen Hund mal eine Lücke? Wenn ein Hund gestorben war oder Sie ihn gehen lassen mussten, gab es da mal einen Zeitraum, in dem Sie keinen mehr haben wollten?«

»Ich hatte in meinem Leben viele Hunde, schon als Kind und auch später. Wenn ich einen Hund verliere, geht es auch mal eine kurze Zeit ohne, aber eigentlich denke ich immer bald darüber nach, was für einen Hund ich mir als Nächstes hole. Als Boudicca starb, wollte ich es mit einer Kreuzung zwischen Labrador und Pudel probieren, einem Labradoodle, und das ist Sheba. Sheba ist mehr Pudel als Labrador, wenn ich mir also irgendwann wieder einen Hund zulege, könnte es ein Labrador werden, auch wenn der sein Futter mehr liebt als mich.«

Elton und Ulf

Ulla machte Urlaub in Palma de Mallorca, als sie im Stadtzentrum nahe der Kathedrale an einer Hundeboutique vorbeikam. Angelockt von der Schaufensterauslage ging sie hinein und kam rasch mit Ulf, dem schwedischen Eigentümer, ins Gespräch. Er hatte sich auf anspruchsvolle Hunde-Porträtfotos spezialisiert, und Ulla fragte ihn, was für Leute seine Dienste in Anspruch nahmen.

»Wir waren erstaunt, wie viel Geld Menschen heutzutage für ihren Hund auszugeben bereit sind. Was verlangen Sie denn für ein Hundeportrait?«

»Wenn ich Ihnen ein kleines machen soll, kostet das etwa 150 Euro, das größte bis zu 600 Euro. Das hier ist Elton, mein eigener Hund. Elton ist ein Jack Russell Terrier. Er hat mich auf die Idee mit dem Laden gebracht. Er ist schon ziemlich alt, 13 Jahre, aber mit etwas Glück wird er noch mindestens 16, wenn er gesund bleibt.«

»Elton wie Elton John?«

»Ich war drauf und dran, das zu sagen. Es gibt nur einen Elton.«

»Würden Sie mir noch ein paar andere Sachen in Ihrem Laden zeigen? Was ist das zum Beispiel?«

»Das sind kleine Hundefiguren, handgeschnitzt aus speziellen Hölzern. Die hier ist aus Walnussholz. Das da ist ein Yorkshire Terrier, dies ein King Charles Spaniel, die kosten 499 Euro. Für einen größeren Hund geht der Preis natürlich hoch, bis auf 1000 Euro für eine richtig große Figur. Aber die meisten Leute wollen die kleineren Hundemodelle, deshalb habe ich die großen gar nicht im Laden.«

»Das ist wirklich hervorragende Qualität. Wo werden die hergestellt?«

»Die hier kommen aus Großbritannien, wie viele Artikel hier im Laden. Deutschland ist auch ein großer Produzent für Hundeaccessoires, zum Beispiel die Betten. Sie bestehen vollständig aus organischen Fasern und sind mit Naturlatex gefüllt. Die da drüben sind aus Harris-Tweed, das heißt, sie wurden von Hand gefärbt. Der Preis reicht von 200 Euro für ein kleines Bett bis 500 Euro für ein großes wie das hier.«

»Das ist riesig. Groß wie ein Swimmingpool.«

»Ja. Das können Sie vor das Sofa auf den Boden stellen. Die Betten sind sehr bequem. Ich habe einmal eins an eine Frau verkauft, die gar keinen Hund hat, und sie hat mir erzählt, dass sie oft selbst drin schläft!«

»Was für hübsche Halsbänder und Leinen! Damit könnte man ein Schiff auftakeln und über den Atlantik segeln!«

»Ja. Die sind aus echtem Schiffstau, die Beschläge aus Edelstahl. Die wurden in Großbritannien handgefertigt; das Seil und ein passendes Halsband kosten etwa 100 Euro. Also recht günstig. Mit der Leine hier liegen Sie eine Preisstufe höher, die wurde aus Hamburger Schiffstau gefertigt, und man kann Farbe und Stärke selbst auswählen. Seil und Halsband liegen bei 150 Euro. Die gehen garantiert nie kaputt. Sie altern nicht. Sie reifen.«

»Hier auf dem Tisch haben wir Schlüsselanhänger und Tassen mit Hundebildern, und da sind ein paar Geburtstagskarten. Davon werde ich welche mitnehmen, weil ich die dänische Tante mehrerer Hunde bin. Hier stehen Weinflaschen mit Hundebildern auf dem Etikett. Die sind doch aber bestimmt nicht für Hunde gedacht?«

»Nein, die kauft man als Mitbringsel für den Hundesitter, wenn man in den Urlaub fährt. Die Etiketten werden von einem Mann aus Palma von Hand gemalt. Das ist guter Wein, und ich berechne 90 Euro für die Flasche.«

»Und der Metall-Hund hier, wofür ist der?«, fragte Ulla.

»Das ist eine Kaffeemühle. Ich fand das einfach abgefahren. So eine kostet zwischen 150 und 300 Euro, je nachdem, wie kunstvoll sie gefertigt ist. Ich arbeite auch mit einer jungen Frau in New York zusammen, die Hundekleidung entwirft. Ich würde meinem Hund eher keine Kleider anziehen, obwohl er schon ziemlich alt ist und ich ihn im Winter manchmal zudecke. Aber es herrscht rege Nachfrage nach Hundekleidung von Top-Designern wie der Frau in New York, deshalb werde ich künftig wohl ein paar Kleider vorrätig halten. Ich kaufe auch Fairtrade-Kleidung aus Nepal. Da stricken sie wunderschöne Pullover aus regionaler Wolle. Weil die nepalesischen Schafe in den Bergen leben, ist ihre Wolle besonders warm. Ich habe hier ja mein eigenes Geschäft, und da kann ich verkaufen, was ich möchte. Ich muss nicht unbedingt Millionen damit verdienen.«

Roo und Stephen

Ulla lernte Roo und sein Herrchen Stephen im Hyde Park kennen. Roo ist ein wunderschöner sechs Jahre alter Dalmatiner mit schwarzen Flecken auf weißem Grund, eine Hunderasse, die historisch eng mit dem Postkutschenzeitalter verknüpft ist. Damals ließ man den leicht erkennbaren Dalmatiner neben der Kutsche herlaufen, damit er sie vor Straßenräubern beschützte.

Roo ist nicht nur ein Familienhund, sondern auch ein Hunde-model, denn sie hat schon in mehreren Werbekampagnen mitge-wirkt, unter anderem für das Feinkostkaufhaus Fortnum & Mason in Piccadilly und die schicke Modekette Cath Kidston. Anders als vielen ihrer menschlichen Kolleginnen ist Roo die Sache nicht zu Kopf gestiegen.

»Roo ist ein sehr freundlicher Hund mit einem angenehmen Charakter. Sie freut sich immer, uns zu sehen, und begrüßt uns mit einer Art Lächeln und einem kleinen Kängurusprung, wenn wir sie rufen. Und sie ist extrem treu«, erklärte Stephen.

»Sie würden also sagen, dass Sie Roo lieben? Das ist eine dumme Frage, nicht wahr, aber Bryan ist Wissenschaftler.«

»Ja, definitiv, das würde ich sagen. Sie schenkt mir bedingungs-lose Liebe, und ich versuche, das zu erwidern. Im Park begrüßt sie alle, aber wenn ich pfeife, weiß sie genau, dass sie kommen muss. Dann gebe ich ihr eine kleine Belohnung oder auch mal eine Mohr-rübe.«

»Ist Roo für Sie ein Familienmitglied?«

»Oh, ganz bestimmt. Natürlich ist sie ein Familienmitglied. Sie hat im Erdgeschoss ihren eigenen Bereich, darf aber nicht nach oben in die Schlafzimmer. Ihr Bett steht unter der Treppe, da liegt sie oft und schläft. Das ist ihr Reich.«

»Roo darf also zum Beispiel nicht auf Ihr Bett?«

»Nein. Ihr Bereich ist das Erdgeschoss, das weiß sie. Wir haben ziemlich strenge Regeln dafür, was Roo darf und was nicht. Am Tisch geben wir ihr nichts, sie frisst nur aus ihrer Schüssel in der Waschküche. Manchmal geben wir ihr Essensreste, aber nicht di-rekt vom Tisch, sondern auch in ihrer Schüssel.«

»Sie haben gesagt, Sie geben Roo im Park manchmal eine Mohr-rübe. Ist sie etwa Vegetarierin?«

»Bei Dalmatinern muss man mit dem Futter vorsichtig sein. Wegen der Purine haben sie Probleme mit Rindfleisch, deshalb er-nähren wir sie überwiegend vegetarisch. Wir geben ihr Trockenfutter mit Huhn, Getreide, Mais und solchen Sachen, das speziell für ihre Rasse hergestellt wird.«

»Wo haben Sie Roo her?«

»Wir wollten einen Dalmatiner, aber man muss da schon aufpassen. Jemand empfahl uns einen Züchter an der Westküste. Wir sind hingefahren und haben uns den Wurf angesehen. Sie waren alle süß, aber meine Frau und ich fühlten uns beide zu demselben Welpen hingezogen. Dalmatiner haben manchmal Probleme mit den Ohren und den Augen, darauf haben wir besonders geachtet, und so weit geht es ihr gut. Im Moment ist die Rasse nicht besonders begehrt, anders als in den 1960er Jahren, als der Film (*101 Dalmatiner*) in die Kinos kam. Ich weiß gar nicht, warum. Dalmatiner kommen ursprünglich aus Kroatien, wo sie zunächst als Jagdhunde eingesetzt wurden. Sie sind sehr stark und sehr schnell. Über eine lange Strecke kann Roo einen Greyhound abhängen.«

»Viele Leute sind offenbar bereit, unendlich viel Geld für ihre Hunde auszugeben. Bryan und ich waren gerade auf der Crufts-Ausstellung und haben da ein riesiges Sortiment an Accessoires gesehen, bis hin zu gepolsterten Ledersofas für 500 Pfund oder mehr. Käme so etwas für Sie in Frage?«

»Nein. Schließlich ist sie doch ein Hund, das sollte man ins rechte Verhältnis setzen. Roo ist eine tolle Begleiterin und ein echter Familienhund. Wenn sie nicht bei uns ist oder wenn wir sie zur Betreuung abgeben müssen, vermissen wir sie. Wir haben also eine wirklich enge Bindung. Sie bekommt natürlich ihre Kontrolluntersuchungen beim Tierarzt und alle notwendigen Impfungen, aber bei speziellen Möbeln ist für mich wirklich Schluss. Das ist hier in Großbritannien ein Riesengeschäft, eins der erfolgreichsten überhaupt, aber ich würde für Roo keine unnötig großen Summen ausgeben.«

»Was, wenn Roo – Gott behüte – sehr krank wäre und zum Beispiel eine neue Hüfte bräuchte?«

In diesem Moment betritt Stephens Frau das Zimmer. Sie spricht sehr schnell in einer Sprache, die Ulla als Schwedisch erkennt.

»Es ist immer schön, eine Skandinavierin zu treffen, besonders wenn sie so einen tollen Hund wie Roo hat. Ich habe Stephen gerade gefragt, was Sie tun würden, wenn Roo ernsthaft krank wäre. Würden Sie die Behandlung bezahlen oder sie einschläfern lassen?«

»Roo ist erst sechs Jahre alt, hat also noch ein langes Leben vor sich. Je nachdem, welche Krankheit es ist, würde ich die Behandlung wohl bezahlen. Aber wenn sie alt wäre und keine gute Lebensqualität in Aussicht hätte und wenn der Tierarzt es empfehlen würde, wäre es, glaube ich, das Beste, den Hund einschläfern zu lassen. Wir wären alle furchtbar traurig, weil wir unseren Hund lieben, aber auf der anderen Seite wollten wir auch nicht, dass Roo leidet.«

»Das wäre grausam«, sagte Ulla. »Was für ein Jammer, dass wir Menschen in diesem Land derzeit die Möglichkeit nicht haben.«

Sergio und Innes

Seit 20 Jahren verbringe ich einen Teil des Jahres auf der Isle of Skye vor der Nordwestküste Schottlands. Ohne diese regelmäßige Dosis Wildnis wäre ich sicher schon vor langem durchgedreht. Mein kleines Haus auf der Insel gehörte einst dem großen gälischen Dichter Sorley MacLean, und wenn ich schreibe, stelle ich mir oft vor, wie sein Geist durch das Haus weht. Das Häuschen liegt nahe am Meer in einem Weiler – von einem Dorf kann man kaum reden – und wird vom Granitberg Glamaig überragt, dem höchsten Punkt des Gebirgsmassivs der Red Cuillins.

Ein paar Häuser weiter wohnen Innes und Anna mit ihren vier Töchtern, die ich von kleinen Kindern zu schönen jungen Damen habe heranwachsen sehen. Wie viele Inselbewohner erledigt Innes verschiedene Arbeiten, baut unter anderem Bergpfade oder bessert sie aus. Er musiziert auch mit einer gälischen Band, die in der ganzen Welt auftritt. Sein Hund ist der neunjährige Italienische Spinone Sergio, der einzige Hund, für den ich so etwas wie Zuneigung empfinde. Ich habe mich langsam an ihn gewöhnt und gehe mittlerweile sogar auf der hügeligen Heide, die hinter dem Haus beginnt, mit ihm spazieren. Allerdings glaube ich nicht, dass er sich viel aus mir macht. Ulla verliebte sich natürlich auf den ersten Blick in ihn. Das Gefühl beruhte auf Gegenseitigkeit, deshalb befragte nicht ich Innes zu Sergio, sondern Ulla.

»Innes, ich kenne Sergio, seit er zu euch kam. Aber sag mir doch, warum ihr euch überhaupt einen Hund zugelegt habt.«

»Auf die Frage gibt es gleich mehrere Antworten. Als Anna und ich uns überlegten, uns einen Hund zuzulegen, erfuhr Anna, dass eine Freundin ihrer Schwester einen Wurf mit elf Spinone-Welpen hatte. Sie suchte verzweifelt ein Zuhause für die Tiere und fragte uns, ob wir eins haben wollten. Damals ging uns das alles ein bisschen schnell, aber wir dachten, wir könnten uns die Welpen ja wenigstens mal ansehen. Das machten wir und sagten ja.«

»Das ist eine große Verantwortung.«

»Das stimmt. Und wir merkten bald, dass wir Sergio eigentlich deshalb genommen hatten, weil unsere Tochter Katie gerade aus dem Haus gegangen war. Ähnlich schwer war es, als unsere zweite Tochter Iona nach Edinburgh ging, um Lehramt zu studieren.«

»Sergio war also in Wahrheit ein Ersatz für eure Tochter Katie?«

»Ja, ich glaube schon, obwohl uns das damals nicht bewusst war. Heute spielt das natürlich keine Rolle mehr; er ist ein festes Mitglied der Familie. Es hat alles ein gutes Ende gefunden.«

»Wie war das in deiner Jugend? Hattet ihr zu Hause Hunde?«

»Ja, ja. In meiner Kindheit und Jugend hatten wir immer einen Hund, deshalb war ich das gewöhnt. Für Anna war es schwieriger, weil sie nicht mit Hunden aufgewachsen ist. Aber sie kommt ganz gut zurecht.«

»Du hast gesagt, dass Sergio aus einem großen Wurf kommt.

Sergio, der übermütige Italienische Spinone, zu Hause auf der Isle of Skye.

Warum habt ihr ihn genommen und nicht einen der anderen Welpen? Habt ihr ihn ausgesucht oder er euch?«

»Das ist schwer zu erklären, aber als wir uns die Welpen ansahen, stach er sozusagen heraus. Ich hatte ein Foto der Mutter gesehen und mir vorgestellt, dass sie ein bisschen größer ist als ein Collie. Als ich sie dann sah, dachte ich: Wow, ist das aber ein großer Hund. Der Welpe, den ich aussuchte, war ein Rüde und sollte noch viel größer werden als sie. Er hatte schon damals riesige Pfoten.«

»Sergio war schon immer ein lebhafter Hund, das weiß ich, aber hat er sich schnell bei euch eingelebt?«

»Ja. Er war sofort ein Teil der Familie. Er geht bereitwillig überall mit hin. Er begleitet mich, wenn ich einen Weg baue oder auch mal eine Mauer. Dann sitzt er da und überwacht die Arbeit. Aber ich bin fest davon überzeugt, dass der Hund zu Hause an letzter Stelle stehen und das auch wissen muss, sonst gäbe es echte Probleme.«

»Manche Leute, mit denen ich in London gesprochen habe, sagen, es wäre normal für sie, dass ihr Hund aufs Bett springt oder sogar bei ihnen im Bett schläft. Wie ist das mit Sergio?«

»Nein, ganz bestimmt nicht. Zum einen rennt er den ganzen Tag mit den Schafen über die Hügel und wälzt sich in allen möglichen Sachen. Außerdem ist er so groß, dass er jemand verletzen würde, wenn er aufs Bett spränge. Deshalb haben wir klare Regeln.«

»Ich habe noch eine Frage. Manche Besitzer sagen, dass ihr Hund für sie sterben würden, obwohl sie das natürlich nicht genau wissen können. Manche sagen sogar, dass sie für ihren Hund sterben würden. Wie weit würdest du gehen, um Sergio zu retten?«

»Ich würde ihn schon retten, wenn ich kann. Ich würde es jedenfalls versuchen. Aber ich kann mir keine Situation vorstellen, in der ich mein Leben aufs Spiel setzen würde, um seins zu retten. Das ist eine schwierige Frage, und ohne eine konkrete Situation vor Augen zu haben, kann ich darauf nicht so leicht antworten, aber ich würde jedenfalls nicht alles für ihn geben. Ich meine, man würde doch seinen Hund nicht retten, wenn man sich selbst dabei umbringt, oder?«

»Ist Sergios Haltung teuer? Wofür gebt ihr Geld aus?«

»Futter. Er braucht etwa alle vier Wochen einen großen Sack Trockenfutter. Zwischendurch bekommt er Knochen und Essensreste. Wenn er in den Bergen ein totes Schaf findet, zerbeißt und frisst er die Knochen. Er hat gelernt, dass er keine Schafe jagen darf. Das hat seinen Grund, denn hier in der Gegend werden Hunde erschossen, wenn sie es auf Schafe abgesehen haben. Aber Sergio liebt die Hasenjagd, und wenn er mal einen erwischt, was selten vorkommt, frisst er ihn auch auf. Und er jagt gerne Rauhfußhühner und Waldschnepfen. Er hechtet oft plötzlich in die Heide und stöbert einen Vogel auf, aber er schafft es nie, einen zu fangen.«

»Abgesehen vom Futter, was gibt es noch?«

»Eigentlich nicht viel. Beim Tierarzt bekommt er seine Spritzen, manchmal ist sein Körbchen so zerkaut, dass er ein neues braucht, und von Zeit zu Zeit geben wir ihm kleine Leckereien.«

»Ich weiß. Wenn ich in Inverness bin, kaufe ich auch immer etwas für Sergio. In London gibt es Geschäfte, in denen man für den Hund sündhaft teure juwelenbesetzte Halsbänder und Leinen kaufen kann.«

»In London gibt es noch alle möglichen anderen Sachen.«

»Das stimmt wohl. Sergio ist der natürlichste Hund, den ich kenne. Mit einem Designer-Halsband sähe er lächerlich aus.«

»Das stimmt, aber die Gefahr besteht auch nicht. So etwas bekommt er nicht.«

»Wenn Sergio krank wäre und zum Beispiel ein neues Kniegelenk bräuchte und wenn er noch ein paar Jahre vor sich hätte, käme das für dich in Frage?«

»Das ist auch schwierig zu beantworten. Es hängt davon ab, was notwendig wäre. Wenn es unkompliziert wäre und Sergio ansonsten wohlauf und wenn die Operation ihm wirklich helfen würde, dann würde ich sicher darüber nachdenken. Aber wenn Sergio danach jahrelang Steroide oder so etwas einnehmen müsste, nur damit er am Leben bleibt, würde ich das sicher nicht machen.«

»Noch eins am Schluss, Innes: Bestimmt hat dich schon mal jemand darauf angesprochen, dass deine und Sergios Frisur sich ziemlich ähnlich sind. Versuchst du absichtlich, wie dein Hund auszusehen?«

»Das höre ich öfter, aber diese Frisur hatte ich schon lange, bevor der Hund zu uns kam!«

Enzo und Deborah

Zu Ullas Bekanntschaften im Hyde Park zählen Enzo und sein Frauchen Deborah. Enzo, auch ein Italienischer Spinone, ist drei Jahre alt. Deborah, die aus Kalifornien kommt, hat Hunde, seit sie im Alter von sieben Jahren den Mischling Eric rettete und mit nach Hause nahm.

»Eric – wir haben ihn nach [dem britischen Komiker] Eric Morecambe benannt – war wahrscheinlich teils Golden Retriever, teils Rottweiler, mit einem Einschlag Deutscher Schäferhund. Aber wir haben es nie genau erfahren, und es war uns auch egal, als er sich erst bei uns eingelebt hatte. Wie sich herausstellte, war er ein wunderbarer Hund, voller Liebe. Als er einige Jahre später starb, war meine Mum sehr einsam. Deshalb kauften wir ihr einen neuen Hund, einen Shih Tzu namens Masie. Sie war viel kleiner als Eric und ein ganz anderer Charakter. Ich meine, Shih Tzus sind großartig, aber sie war eben völlig anders.«

»Mir scheint, Sie mögen lieber große Hunde«, sagte Ulla.

»Ja, definitiv. Die sind mir lieber. Komischerweise kommt es mir oft so vor, als fühlten sich große Hunde innerlich sehr klein. Enzo ist als Spinone ganz schön groß, aber er hält sich manchmal für einen Schoßhund. Er legt mir eine Pfote aufs Knie und sieht mich mit einem absolut unschuldigen Gesichtsausdruck an.«

»Sie würden sicher sagen, dass Sie Ihren Hund lieben. Bryan wüsste gern, ob Sie erklären können, warum. Ich weiß, die Frage klingt für Sie und für mich etwas komisch, aber nicht für Bryan, der wissenschaftlich an die Sache herangeht.«

»Das ist einfach zu beantworten. Es ist die Gesellschaft und die bedingungslose Liebe – und was sonst noch? Enzo verhilft mir zu vielen sozialen Kontakten, seit ich nach London gezogen bin. Wenn ich nur mit ihm in den Park gehe, treffe ich schon alle möglichen netten Leute. Sie zum Beispiel. Und meinen Jungs, die 15 und 17 sind, tut Enzo auch gut. Sie müssen Verantwortung für ihn übernehmen, nicht immer, aber wenn wir weg sind. Dann müssen sie auch mal an jemand anders denken, das ist besonders für Teenager wichtig. Es ist sehr interessant zu beobachten, wie sich ihre Beziehung zu Enzo entwickelt, je älter sie werden.«

»Sie würden also sagen, Enzo ist ein Familienmitglied?«

»Oh ja, absolut. Ich habe mich mal mit einem anderen Hundebesitzer unterhalten, und wir waren uns einig, dass unsere Hunde natürlich nicht menschlich sind, auch wenn wir ihnen menschliche Eigenschaften zuschreiben. Trotzdem ist Enzo Teil der Familie. Er ist ein ausgeprägter Menschenhund, kein Hundehund, wenn Sie wissen, was ich meine. Ihm ist die Gesellschaft von Menschen lieber als die von Hunden. Aber mir ist natürlich bewusst, dass er ein Hund und kein Mensch ist und dass es da eine Grenze gibt, die ich bewusst nicht übertrete. Ich spende zum Beispiel lieber an Organisationen, die anderen Menschen helfen, als an Hilfsorganisationen für Hunde. Was manche Leute für ihre Hunde ausgeben, kann ich nur schwer nachvollziehen. Ich meine nicht Tierarztrechnungen oder Futter, sondern Sachen wie Designer-Halsbänder und so. Enzo ist mit einer einfachen Leine vollkommen glücklich, und ich bin mir sicher, dass das für alle Hunde gilt. Aber ich weiß schon, dass das heutzutage eine wahre Goldgrube ist.«

»Ich habe Leute kennengelernt, die sagen, dass sie für ihren Hund sterben würden. Ob sie das wirklich ernst meinen, ist etwas anderes, aber jedenfalls sagen sie es«, merkte Ulla an.

»Ein Hund kann sehr teuer werden, vor allem, weil man heute viel leichter zum Tierarzt gehen kann als früher. Manche Leute lassen ihrem Hund eine neue Hüfte einsetzen, wenn sich damit das Leben fünf oder sechs Jahre verlängern lässt, das wäre vor 20 Jahren nicht möglich gewesen. Wenn Enzo sehr krank würde, ohne Aussicht auf Heilung, würde ich ihn sofort einschläfern lassen. Ich wäre furchtbar traurig, aber es wäre trotzdem die beste Entscheidung.«

»Und wenn Enzo eines Tages stirbt, würden Sie ihn dann durch einen anderen Rassehund ersetzen, und wenn ja, was für einen?«

»Ich würde einen Hund suchen, der dieselben Eigenschaften hat wie Enzo. Er muss nicht genauso groß sein oder so etwas, aber ich hätte gern, dass er im Verhalten Enzo möglichst ähnlich wäre. Sie wissen schon, sanft und verspielt. Die Eigenschaften, die ich an ihm mag.«

»Würden Sie in dem Fall darüber nachdenken, Enzo zu klonen? Das kann man heutzutage schon machen, auch wenn es sehr viel kostet, irgendwo zwischen 50 000 und 100 000 Dollar.«

»Sicher, aber nicht für den Preis. Wenn ich über das Klonen einen Hund wie Enzo bekäme und es deutlich billiger wäre, würde ich darüber nachdenken, aber soweit ich weiß, ist es durchaus nicht sicher, dass der Klon in jeder Hinsicht identisch wäre.«

»Als wir uns kennengelernt haben, erwähnte ich Enzos ›Cousin‹ Sergio auf der Isle of Skye. Er ist der einzige Hund, mit dem sich Bryan ein wenig angefreundet hat. Spinones sind als Rasse nicht so verbreitet. Darf ich daher fragen, wie Sie zu Enzo gekommen sind?«

»Wir haben zunächst den Kennel Club angeschrieben und einige Rassen herausgesucht, bevor wir uns für einen Spinone entschieden. Es gab acht geprüfte Züchter, von denen ich mit dreien in Kontakt trat, die schon länger Spinones züchteten. Ich wollte einen Hund mit dunklem Fell, und ein Züchter in York hatte einen Wurf, der diesen Anforderungen entsprach. Wir wollten einen Rüden und fanden dort einen Welpen mit einer sogenannnten »Mönchskutten«-Färbung und einem weißen Fleck im Gesicht. Als ich ihn sah, wusste ich gleich, dass er der richtige Hund für mich war.«

Blue und Lana

Blue ist ein hübscher Rhodesian Ridgeback, eine sehr muskulöse Rasse, die bekanntermaßen aus dem südlichen Afrika stammt und für die Löwenjagd gezüchtet wurde. Da es im Hyde Park, wo Ulla Blue und sein Frauchen Lana kennenlernte, keine Löwen gibt, verlief das Gespräch ablenkungsfrei.

»Ist Blue eigentlich ein Männchen oder ein Weibchen? Und wie lange haben sie diesen wunderbaren Hund schon?«

»Blue ist ein Rüde, er ist 18 Monate alt. Obwohl er ausgewachsen ist, benimmt er sich im Park noch manchmal wie ein kleiner Welpe. Er spielt unheimlich gern, aber weil er so viel Kraft hat, macht er, glaube ich, vielen Leuten Angst, wenn er über den Rasen auf sie zurennt. Zu Hause ist er völlig anders. Da sitze ich unheimlich gern mit ihm auf dem Sofa und kuschle mit ihm.«

»Sie würden also sagen, dass er ein richtiges Familienmitglied ist?«

»Oh ja. Unsere Tochter interessiert sich mehr für Blue als der Rest der Familie, die beiden liegen oft einfach zusammen auf dem Boden. Weil er so groß und sanft ist, muss er wohl nichts beweisen, und deshalb kann man auch sanft zu ihm sein.«

»Er ist ein sehr hübscher Hund mit dem kleinen Haarkamm auf dem Rücken. Wie sind Sie zu ihm gekommen?«

»Oh ja, er ist reinrassig. Wir haben ihn in München zu uns geholt, wo mein Mann damals arbeitete, und ihn mitgenommen, als wir vor gut einem Jahr nach London zogen. Kennen Sie sich mit der Rasse aus?«

»Nein, nicht besonders. Ich weiß nur, dass die Hunde früher Löwen gejagt haben.«

»Ja, das sagt man ihnen nach, aber in Wahrheit war ihre wichtigste Aufgabe, das Vieh vor Löwenangriffen zu beschützen. Im Rudel töteten sie auch manchmal einen Löwen, aber meistens hielten sie den Angreifer auf Abstand, bis der Jäger mit der Flinte kam und den Rest erledigte.«

»Blue sieht aus wie ein typischer Londoner Haushund, überhaupt nicht gefährlich.«

»Auf Sie mag er so wirken, aber unsere Reinemachfrau fürchtet sich vor ihm. Er rennt ihr immer entgegen, und obwohl ich ihr schon so oft gesagt habe, dass er nicht beißt, hat sie immer noch schreckliche Angst.«

»Wie ist es mit einem Hund in München, verglichen mit London?«

»Da ist alles viel einfacher. Viele Leute haben einen Hund. Man kann mit dem Hund in die Wirtschaft gehen. Wenn man einkaufen geht, sitzen vor dem Laden mehrere Hunde und warten, bis ihre Besitzer fertig sind.

Ich habe mit meinem Mann eine Abmachung. Er wollte ein Motorrad haben, und ich sagte, erst, wenn unsere Tochter Abitur gemacht hat. Dann wollten meine Tochter und ich einen Hund, und so bekamen wir Blue. Mein Mann hat immer noch kein Motorrad. Aber er hat schon einen Porsche, das muss vorerst genügen.

Ich wollte einen großen Hund, einen Riesenhund mit Hängeohren und breiter Schnauze. Mein Mann begegnete beim Joggen hin und wieder einer Frau mit zwei Ridgebacks. Eines Tages machte er halt, um sie danach zu fragen, aber sie konnte ihm nicht viel über die Hunde erzählen. So kamen wir zu Blue.«

»Ich hoffe, Ihr Mann liebt ihn genauso wie Sie.«

»Ja, wir könnten uns ein Leben ohne ihn gar nicht mehr vorstellen. Wenn man ins Haus kommt, will er einen als Erstes begrüßen. Das ist bedingungslose Liebe. Bei einem Hund wie Blue weiß man, woran man ist.«

»Manche Leute sagen, sie würden für ihren Hund sterben. Wie weit würden Sie gehen?«

»Oh Gott, das ist eine schwierige Frage. Würde ich für ihn sterben? Ich würde ihn wohl vor dem Ertrinken retten. Aber wenn es ein reißender Fluss wäre und ich wüsste, dass ich es nicht schaffen könnte – nein, dann würde ich am Ufer bleiben.«

»Was ist mit Ihrem Mann?«

»Na ja, er hofft noch auf sein Motorrad, also wohl eher nicht.«

Dolce und Massih

Massih stammt aus Afghanistan und kam auf der Flucht vor den Taliban nach London. Ulla traf ihn mit seinem Chow-Chow Dolce im Hyde Park. Bei einem grünen Tee neben The Serpentine, dem größtenteils im Hyde Park liegenden See, unterhielt sie sich mit Massih.

»Dolce ist ein wirklich schöner Hund. Chow-Chows kommen, glaube ich, aus China. Stimmt das?«

»Ja, es sind richtig gute Wachhunde, die chinesischen Kaiser ließen ihren Palast von ihnen bewachen. Man merkt, dass Dolce nicht nur ein Haushund ist, sondern von Natur aus auch ein Wachhund. Wenn zum Beispiel jemand zu lange vor dem Haus steht und uns belauschen könnte, dann bellt sie. Ich habe ihr das nicht beigebracht, sie tut es einfach.«

»Haben Sie nach einem Wachhund gesucht, als Sie sich Dolce angeschafft haben, oder haben sie sich aus einem anderen Grund für einen Chow-Chow entschieden?«

»Ich habe sie auf dem Winter Wonderland, dem Weihnachtsmarkt im Hyde Park, bekommen. Dort traf ich einen Freund, der in eine Wohnung umziehen wollte, in der er keinen Hund halten durfte. Ich hatte schon über einen Hund nachgedacht, und da ich ein wenig beschwipst war, habe ich ihm etwas Geld gegeben und bin mit Dolce an der Leine nach Hause gegangen. Ich habe es nie bereut.«

»Komisch, die besten und die schlechtesten Entscheidungen im Leben trifft man oft im angeheiterten Zustand. Wie alt ist Dolce?«

»Sie ist sieben Monate alt und schon ziemlich groß, wächst aber noch. Das Futter ist mittlerweile ganz schön teuer, aber das macht mir nichts aus. Sie ist ein sehr gesunder und glücklicher Hund.«

»Hat Ihr Freund Sie erst darauf gebracht, sich einen Hund zuzulegen, oder hatten Sie in Ihrer Familie immer schon Hunde?«

»Kurz nach meiner Geburt schaffte mein Vater einen Hund an. Aber wir hatten zu Hause alle möglichen Probleme. Es war Krieg, und wir mussten fliehen. Mein Hund verschwand. Ich war erst zwei Jahre alt und kann mich deshalb nicht mehr an alles erinnern, aber wir flohen aus der Stadt. Als mein Vater später noch einmal in das Haus zurückkehrte, war der Hund wieder da. Sein Name war Jack. Er war kein Rassehund wie die, die man hier so sieht. Jack war ein einfacher Straßenhund. Wirklich nichts Besonderes. Wir mussten ihn zurücklassen, als wir das Land verließen.«

»Da sind Sie bestimmt sehr traurig gewesen.«

»Ja, aber wir hatten wirklich keine Zeit, weiter darüber nachzudenken. Wir konnten ihn nicht mitnehmen, und wir mussten schnell weg. Wahrscheinlich fand er sich zurecht. Mit dem Leben auf der Straße kannte er sich ja aus.«

»Wie ist das mit Dolce? Käme sie auch damit zurecht?«

»Kann sein. Sie ist natürlich ein völlig anderer Hund, aber sie ist schon sehr selbständig. Wenn sie einen Haufen machen muss, geht sie möglichst weit von mir weg, damit ich sie nicht sehe. Das habe ich ihr nicht beigebracht, es ist ihr natürlicher Instinkt. Ich lasse sie einfach machen. Sie ist ein wunderbarer Haushund.«

»Wie kommt sie mit dem Rest der Familie aus?«

»Wir lieben sie alle. Für mich ist sie wie ein Baby, wissen Sie. Ich nehme sie hoch und trage sie auf der Schulter, wenn sie müde wird. Da ist sie sogar ziemlich stur. Sie bleibt plötzlich auf dem Gehweg stehen, oder wo wir eben gerade sind, legt sich auf den Bauch, streckt die Beine von sich und macht keinen Schritt mehr. Dann muss ich sie tragen. Ich bin mir sicher, sie weiß genau, was sie da tut.«

»Wie sehr, würden Sie sagen, lieben Sie Ihren Hund?«

»Ich kenne Leute, die sagen, sie würden für ihren Hund sterben. Das würde ich nicht tun, aber ich würde nicht zulassen, dass ihr etwas zustößt. Wenn sie ins Wasser fallen würde, würde ich reinspringen und sie retten.«

»Und wenn sie krank wäre und eine teure Operation bräuchte, zum Beispiel eine neue Hüfte?«

»Das würde ich ganz bestimmt machen. Ich habe vorsorglich eine Versicherung abgeschlossen, aber auch wenn ich es mir nicht leisten könnte, würde ich Dolce nicht abschreiben. Auf mich achte ich nicht so sehr wie auf sie. Sie kann mir ja nicht sagen: ›Mir tut der Brustkorb weh‹ oder so etwas.«

»Wie ist es mit kleinen Spielsachen für Dolce? Kaufen Sie so etwas?«

»Ich würde schon Geld dafür ausgeben, aber ich habe noch nichts gefunden, was ihr gefällt. Sie mag keine Teddybären, sie mag nicht hinter Bällen herrennen. Sie will nur in den Park gehen und herumlaufen, bis sie so richtig müde ist. Dann legt sie sich flach auf den Boden und tut, wie schon gesagt, keinen Schritt mehr. Ich gehe jeden Tag in den Park und sehe viele Hunde, deshalb weiß ich, dass die meisten natürliche Lebewesen mit einem eigenen Charakter sind. Manche jagen gerne Vögel oder Eichhörnchen, mit denen wollen die anderen nichts zu tun haben.

Aber die Hunde, die man hier sieht, sind völlig anders als die zu Hause in Afghanistan. Für Dolce wäre es da viel zu heiß. Manche Hunde sind sehr wild, zum Beispiel die Herdenschutzhunde der Kutschi. Die leben in der Schafsherde und beschützen sie vor Wölfen. Davon braucht man immer nur einen. Die würden Dolce problemlos töten. Von denen würde ich mich fernhalten.«

»Gab es in Afghanistan, dort, wo Sie gelebt haben, Wölfe?«

»Nein, nicht in der Nähe unseres Dorfs. Aber dort, wo meine Mutter herkommt, gab es viele Wölfe. In ihrem Dorf hatten alle Angst vor ihnen und hielten sie für sehr gefährlich.«

»Haben sie Menschen angegriffen?«

»Nein, ich glaube nicht, aber das heißt nicht, dass sie nicht gefürchtet waren, im Gegenteil.«

»Man kann sich nur schwer vorstellen, dass alle Hunde, die heute im Park herumlaufen, von Wölfen abstammen.«

»Ist das so? Das habe ich nicht gewusst. Das ist erstaunlich, wenn es stimmt.«

Kalias, Sebastian, André, Zdeno und der Wolf

In einem schicken Teil von Notting Hill, nicht weit von Ullas Atelier, liegt eine sehr außergewöhnliche Kombination aus Café, Boutique und Salon für Hundebesitzer und ihre Tiere. Neben der üblichen Auswahl von Tee- und Kaffeezubereitungen wird (den Menschen) Wein serviert, der Hundeklientel ein schmackhafter Imbiss. Eine schillernde Auswahl an reich geschmückten Accessoires nimmt den Großteil des Erdgeschosses ein, während sich im

Keller der Hundesalon befindet. Herrchen und Frauchen sitzen an kleinen Tischen und warten bei einem Glas Sekt oder einer der vielfältigen Kaffeespezialitäten, bis ihre Liebsten herausgeputzt und geföhnt sind. Das Luxuscafé gehört dem immer schick gekleideten André, einem gebürtigen Jamaikaner. Er führt es mit seinem slowakischen Partner Zdeno und zwei riesenhaften Hunden: dem Mastiff Kalias und dem Großpudel Sebastian.

»Kalias ist ein ungewöhnlicher Name für einen Mastiff, oder? Gibt es dazu eine Geschichte?«

»Früher hatte ich einen Chihuahua. Als er starb, dachte ich über einen neuen Hund nach, und da traf ich einen Bekannten, der einen Mastiff hatte. Mein Freund kam aus Dubai und musste wieder dorthin zurück, konnte den Hund aber nicht mitnehmen. Ich erklärte mich bereit, ihn zu übernehmen. So kam ich zu einem englischen Mastiff mit arabischem Namen. Kalias bedeutet ›schöner Liebhaber‹, hat man mir jedenfalls gesagt.«

»Ich würde Sie gern fragen: Lieben Sie ihren Hund?«
In diesem Moment gesellte sich Andrés Freund Luke zu uns, der mehrere Hunde in den Park ausgeführt hatte. André wurde zu einem Klienten in den Hundesalon gerufen, und so setzte ich das Gespräch mit Luke fort. Auch die Hunde wechselten: Lukes Hund Marshall, eine Rottweiler-Schäferhund-Mischung, nahm Kalias' Platz ein.

»Dann möchte ich Ihnen die Frage stellen, Luke: Lieben Sie Ihren Hund?«

»Nun, das will ich mal wissenschaftlich beantworten. Im Gehirn gibt es einen Stoff, der heißt Serotonin. Wenn man jemanden mag, stellt das Gehirn diesen Stoff her, und man lächelt und fühlt sich so richtig gut. Dasselbe bei Hunden. Wenn wir einen Hund streicheln, gefällt ihm das, und uns gefällt es auch, und so rauscht auf beiden Seiten das Serotonin. Je häufiger wir das machen, desto näher kommen wir uns. Aber wir richten uns da nach unseren Bedürfnissen, nicht nach denen des Hundes.«

»Wie ist das bei Ihnen zu Hause? Schläft Marshall im Bett?«

»Nein. Er geht vielleicht mal mit den Vorderpfoten drauf, aber er springt nicht hoch. Er schläft hinter dem Fußende. Er weiß, wo sein Platz ist. Ich bezeichne mich auch nicht als Hundetrainer, sondern eher als Hunde-Moderator.«

»Ich bin mir sicher, Sie würden sich für Marshall einsetzen, wenn er in Gefahr wäre. Aber wenn er nun in einen See fiele oder so etwas: Würden Sie hinterherspringen?«

»Nein, ich würde ihm nachbrüllen, dass er verdammt noch mal da rauskommen soll. Als ich noch ein Kind war, ist unsere Hündin einmal tatsächlich ins Meer gefallen, zwischen Boot und Anleger. Die Leine rutschte hinterher, und sie ging unter. Ich dachte, wenn sie unter den Anleger gerät, ist sie verloren, und deshalb sprang ich hinterher. Meine Mutter, der schon klar war, was ich vorhatte, fürchtete, Sohn und Hund zu verlieren, und schrie mich an, ich solle es sein lassen. Aber ich bin trotzdem gesprungen. Es war Flut, und ich wusste, wie die Strömung verlief. Wäre Ebbe gewesen, hätte ich es aufgegeben.«

In diesem Moment kehrte André zurück. Ulla fragte ihn:

»Geben Sie viel Geld für Kalias aus? In diesem Geschäft ist die Frage besonders angebracht. Da drüben sehe ich einen Herrn, der sich eine wunderschöne Auswahl an Schmuckhalsbändern anschaut. Für mich sieht das nach Swarovski aus.«

»Stimmt. Die mache ich selber. Ich kaufe die Kristallglassteine bei Swarovski und entwerfe die Muster. Ich kann fast alles damit besetzen, einen Gürtel, ein Halsband, was Sie wollen.«

»Und wenn Kalias, Gott behüte, ernsthaft krank würde und, sagen wir, ein künstliches Gelenk bräuchte, würden Sie eine Operation bezahlen?«

»Solange es finanziell machbar wäre, schon. Aber nicht, wenn ich dafür Schulden machen müsste. Und wenn er dazu noch eine andere, tödliche Krankheit hätte, natürlich auch nicht.«

»Sie haben vielleicht schon gehört, dass man einen Hund nach seinem Tod klonen lassen kann. Würden sie so etwas mit Kalias tun?«

»Ja, ich weiß, danach werde ich oft gefragt. Wenn jemand sagt: ›Wo kann ich das machen lassen?‹, lautet meine Antwort: ›In Südkorea für 50 Riesen.‹ Ich habe sogar eine Kundin, die das gemacht hat, sie musste nur 25 000 Pfund bezahlen. Der Hund sah aus wie das Original, bis auf ein paar helle Fellflecken, die an einer anderen Stelle waren. Sie sagte, er hätte dieselbe Persönlichkeit, aber wenn man 25 000 Pfund für einen Hund ausgibt, muss man sich das wahrscheinlich einreden.«

»Während wir hier reden, sitzt Kalias die ganze Zeit still daneben. Er ist ein sehr gelassener Hund«, merkte Ulla an.

»Ja, er hat ein wunderbares Temperament. Ich finde immer, wenn ein Hund von rohem Fleisch ernährt wird, wirkt sich das positiv aufs Gemüt aus, weil in dem Futter keine Zusatzstoffe sind. Wenn meine Mutter vorbeikommt, bringt sie oft Hühnchen mit. Ich schneide das Fleisch vom Knochen, und Kalias schlingt es runter. Er frisst viel und wächst immer weiter. Jetzt ist er drei Jahre alt, und vor einem Monat brachte er 90 Kilo auf die Waage. Ich bin mir sicher, dass er seither noch zugenommen hat. Neulich hatte ich nicht genug Fleisch für ihn und fragte beim Metzger um die Ecke nach Hackfleisch. ›Wir machen kein Hackfleisch‹, sagte er. ›Na gut, dann normales Rindfleisch.‹ Aber das Billigste, was er im Laden hatte, war ein Rumpsteak vom Bio-Weiderind, und so ging ich mit einem Kilo Fleisch für 45 Pfund heim. Allerdings kannte ich den Namen des Hofs, von dem das Fleisch kam, wusste alles über den Landwirt, in welche Schule er seine Kinder schickte und dass die Kuh ein glückliches Leben gehabt hatte, ehe sie beim Schlachter landete. Das habe ich Kalias alles gesagt, aber es war ihm wohl egal.«

»Ich sehe ja, dass Kalias ein sehr sanfter Hund ist, aber auf jemanden, der ihn nicht kennt und vielleicht noch Angst vor Hunden hat, könnte er ziemlich einschüchternd wirken.«

»Ja, das stimmt. Ursprünglich wurden Mastiffs als Schutz- und Wachhunde gezüchtet, und das einschüchternde Aussehen gehörte dazu. Kalias ist sanft wie ein Lamm, aber auf Fremde hat er eine gegenteilige Wirkung. Bei einem so großen und kräftigen Hund muss man das Heft auch fest in der Hand behalten. Man darf nicht sagen: ›Ich finde, du solltest jetzt dies oder das machen, Kalias‹, denn das würde er nicht einmal als Kommando auffassen. Ich muss schon sehr entschlossen auftreten. Er ist überhaupt nicht aggressiv, aber ich muss immer daran denken, dass das nicht jeder wissen kann.«

»Wie sind Sie darauf gekommen, dass Sie die Bereitschaft der Leute, so viel Geld für ihre Hunde auszugeben, in ein profitables Geschäft verwandeln könnten? Mit diesem wunderbaren Café ist Ihnen das ja gelungen.«

»Für meinen ersten Hund, den kleinen Chihuahua, gab ich viel Geld aus. Das ging so weit, dass ich mir selbst nichts mehr geleistet und alles in den Hund gesteckt habe. Ich habe alle möglichen superteuren Sachen gekauft, Hundebetten und Kleidung in verschiedenen Farben. Ich habe ihm sogar ein Louis-Vuitton-Halsband besorgt. Dann habe ich eins von Gucci gekauft, das aber zu dick war und für einen so kleinen Hund nicht die richtige Größe hatte. Es hat am Hals gerieben, deshalb habe ich ihm selbst eins gemacht. Eins führte zum anderen, und nun, 14 Jahre später, sitzen wir hier. Ich verarbeite immer Echtleder, weil im Kunstleder lauter chemische Stoffe sind, die die Haut angreifen.«

»Die Sachen müssen ziemlich teuer sein. Was verlangen Sie?«

»Die kleinen Halsbänder fangen bei 200 Pfund an und gehen bis 1000 Pfund. Die Leute können natürlich verhandeln, und wenn sie ein festes Budget haben, kann ich schauen, was sie für diesen Betrag bekommen können. Alle meine Halsbänder sind maßgeschneidert, und ich stelle sie in jeder gewünschten Stärke her. Jeder Hund ist ein bisschen anders, und wenn ich für einen Kunden ein Halsband mache, achte ich darauf, dass ich auch die Maße bekomme.«

»Was ist aus dem kleinen Chihuahua geworden?«

»Mit 16 Jahren baute er sehr schnell ab. Da es ein kleiner Hund war, hätte ich mich problemlos weiter um ihn kümmern können, aber der Tierarzt sagte, dass er nicht mehr glücklich sei. Er hatte 16 gute Jahre gehabt, und so entschied ich, ihn einschläfern zu lassen. Ich lud alle seine Freunde ein, damit er sich von ihnen verabschieden konnte. Als es dann so weit war, konnte ich richtig spüren, wie das Leben seinen Körper verließ. Er war sehr, sehr ruhig. So etwas hatte ich noch nie erlebt. Ich hoffe, wenn ich zu alt werde, tut jemand dasselbe für mich. Ich möchte nicht mit Schmerzen leben müssen.«

Als Nächstes unterhielt sich Ulla mit Andrés Partner Zdeno. Er kommt aus der Slowakei und hilft André in der Geschäftsleitung. Der zweite Hund ist ein recht extrovertierter Großpudel namens Sebastian. Doch bald stellte sich heraus, dass Zdeno in seiner Jugend in einem kleinen slowakischen Dorf einen sehr interessanten Hund gehabt hatte. Jeder Gedanke an Sebastian verpuffte, als Ulla das Wort »Wolf« hörte.

»Als ich etwa zwölf war, habe ich ihn im Wald gefunden. Ich war mit meinen Freunden unterwegs, und da stießen wir im Schnee auf einen Wolf, der oberhalb des Auges einen Schuss abbekommen hatte. Ich brachte ihm Futter und Wasser. Ich saß mit dem Rücken an einem Baum, als er aufstand und auf mich zukam. Ich dachte: ›Oh Gott, jetzt frisst er mich.‹ Ich saß nur da, reglos vor Angst. Er beschnupperte mich, und ich wurde langsam ruhiger. Dann zog ich meinen Gürtel aus und führte ihn nach Hause. Etwa zwei Wochen lang ließ er außer mir niemanden in seine Nähe. Meine Mutter gab Futter in eine Schüssel und schob sie ihm mit dem Besen hin. Doch nach und nach, im Lauf der nächsten Wochen, entspannten wir uns alle. Er war das beste Haustier, das ich je gehabt habe. Wir wohnten auf einem kleinen Bauernhof, und manchmal kamen Nachbarn, um etwas zu stehlen. Das hörte auf, als der Wolf da war. Wenn ein Familienmitglied nach Hause kam, heulte er, bis wir das Tor öffneten, aber wenn sich ein Fremder näherte, knurrte er und fletschte die Zähne.«

»Sie würden also sagen, er war der beste Hund, den Sie je hatten, obwohl er in Wahrheit ein Wolf war?«

»Das könnte man sagen, ja. Für mich spielte es keine Rolle, was er war. Von den Leuten im Dorf kamen viele Beschwerden. Alle hatten Angst vor ihm, obwohl er nie jemanden gebissen hat. Drei Jahre lebte er bei uns, bis eines Tages der Dorfpolizist kam und ihn erschoss. Ich begrub ihn im Garten.«

Der Herzog, Lady Sarah und die Hounds von Belvoir

Vor etwa 20 Jahren entdeckte ich die Verbindung zwischen Familiennamen und dem Y-Chromosom, dem Teil der DNA, der vom Vater an den Sohn vererbt wird und somit eine Art Spiegelbild zur mitochondrialen DNA darstellt. Daraus ergaben sich viele interessante neue Forschungszugänge, und mir wurde klar, dass es auch eine praktische Anwendung gab: Genealogen können das Y-Chromosom von Menschen mit gleichem Nachnamen analysieren. Stimmen die Chromosomen überein, dann stammen diese Menschen wahrscheinlich von einem gemeinsamen Vorfahren ab. In den Jahrzehnten, die seither vergangen sind, hat die DNA-Analyse in der Genealogie an Beliebtheit gewonnen, und ich habe vielen Menschen gern dabei geholfen, ihrer eigenen Familiengeschichte nachzugehen.

Einer von ihnen war Seine Gnaden Herzog von Rutland. Der Überlieferung zufolge stammt die gesamte Familie von einem normannischen Baron ab, der mit Wilhelm dem Eroberer 1066 nach England kam. Ich kenne ziemlich viele Leute, die eine ähnliche Abstammung geltend machen, häufig jedoch feststellen müssen, dass die Genanalyse sie nicht stützt.

Das Anwesen des Herzogs rund um Belvoir Castle in Leicestershire beherbergt eine der größten Meuten mit English Foxhounds in Großbritannien. Als ich dieses Buch plante, stellte jemand den Kontakt zum Herzog her, der seinerseits ein Buch über seine Familie schrieb und darin auch die genetische Genealogie abhandeln wollte. Die meisten Gespräche mit Haushundebesitzern hatte Ulla geführt. Doch mich interessierte, wie es sich auf die Beziehung auswirkt, wenn die Hunde wie in einer Meute keine Haustiere sind, sondern für ihren Lebensunterhalt arbeiten müssen wie schon die neuseeländischen Treibhunde, denen wir im letzten Kapitel begegnet sind. Der Herzog und ich vereinbarten, dass ich, wenn ich sein Y-Chromosom analysierte, im Gegenzug Belvoir besuchen und ein Gespräch mit ihm führen durfte, gemeinsam mit dem sogenannten Master of the Belvoir Hunt und dem Huntsman, der sich um die Hunde kümmerte.

So reisten Ulla und ich an einem Sommertag nach Grantham nordöstlich von Birmingham und wurden auf Belvoir Castle vom Herzog persönlich empfangen. In seinem Arbeitszimmer machten wir uns an die Arbeit. Umgeben waren wir von Regalen, in denen sich sämtliche Betriebsunterlagen des Anwesens aus den letzten 700 Jahren stapelten. Ich konnte dem Herzog mitteilen, dass sein Y-Chromosom einer Gruppe angehörte, die in Großbritannien recht selten vorkommt und nordische Ursprünge hat. Es war daher wahrscheinlich, dass sein ferner Vorfahr tatsächlich aus der Normandie gekommen war. Bevor die Normannen in Frankreich siedelten, waren sie Wikinger gewesen. Sie schlugen ihre Lager an der Seine-Mündung auf, blockierten die Versorgung von Paris und erpressten so den französischen König. Als Preis für die Aufgabe der Blockade forderten sie das Herzogtum Normandie mit all seinen Ländereien, das ihnen von König Karl dem Einfältigen dienstfertig übertragen wurde. Weniger als 100 Jahre später unternahm der normannische Herzog Wilhelm seine erfolgreiche Invasion Englands und teilte das Land unter seinen Baronen auf. Einer dieser Barone war der mutmaßliche Vorfahr des Herzogs von Rutland. Wenn die genealogischen Annahmen stimmten, musste sein Y-

Chromosom auch im Körper des elften Herzogs, der mir nun gegenübersaß, nachzuweisen sein. Und die altnordischen Ursprünge, die sich im Labor in seinem Y-Chromosom nachweisen ließen, bestätigten tatsächlich die Familienüberlieferung, zur sichtlichen Zufriedenheit Seiner Gnaden.

Als das geklärt war, gingen wir nach draußen. Mit seinem Range Rover fuhr uns der Herzog durch eine gepflegte, mit reinrassigen Hereford-Rindern getupfte Parklandschaft zu den prachtvollen Hundezwingern, die erst kurz zuvor restauriert worden waren. Dort wartete schon der Master of the Belvoir Hunt, die Jagdherrin Lady Sarah McCorquodale, ältere Schwester der verstorbenen Diana Prinzessin von Wales.

Lady Sarah trug Jeans, eine beige Weste und grüne Gummistiefel, eine Kombination, die hervorragend zu ihren einleitenden Worten passte: »Ich spreche Englisch, Deutsch und Jagd.« Als Master of the Hunt hat sie die Gesamtverantwortung für die Jagden auf dem über 6400 Hektar großen Anwesen, an denen sie oft auch selbst teilnimmt. Zwei- bis dreimal in der Woche findet eine solche Jagd statt. Die Mitglieder der Jagdgesellschaft zahlen einen Jahresbeitrag und können gegen eine zusätzliche Gebühr Gäste mitbringen. Die *Hounds* – ich wurde sofort korrigiert, als ich sie als Hunde bezeichnete – waren in zwei großen Gehegen untergebracht, die halb im Freien lagen, halb überdacht waren. Im einen befanden sich 60 männliche, im anderen genauso viele weibliche Tiere. Bald stießen der Huntsman John Holliday und sein junger Assistent zu uns. Der English Foxhound ist eine sehr robuste Rasse, die in den letzten 200 Jahren sorgfältig entwickelt wurde. Die Zuchtbücher werden seit dem Ende des 18. Jahrhunderts geführt, als die Fuchsjagd wegen der Abnahme des Hirschbestands deutlich zunahm. Die Tiere werden auf Ausdauer und Umgänglichkeit gezüchtet, die für die Arbeit in der Meute unabdingbar sind. Sie führen eine Art Eigenleben, tauchen nie im Ring einer Hundeschau auf und müssen keinem Rassestandard des Kennel Club entsprechen. Ihre wechselseitige Toleranz zeigte sich daran, wie sie in den Gehegen faulenzten, häufig einer über dem anderen liegend. Als wir an ihnen vorbeigingen, gaben sie keinen Laut von sich, doch ihre stets wachsamen Augen folgten jeder Bewegung.

Vor allem wollte ich der Beziehung zwischen John Holliday und seinen Hunden – ich meine Hounds – auf den Grund gehen. War sie so intensiv wie zwischen Haushunden und ihren Besitzern, oder gestaltete sie sich, wie ich vermutete, deutlich nüchterner und unsentimentaler? John erklärte uns zunächst die Grundlagen für die Haltung einer Meute. In Großbritannien gibt es nur fünf English Foxhound-Meuten. Da die Probleme der Inzucht seit langem bekannt sind, werden seit den 1750er Jahren Tiere zwischen den Meuten ausgetauscht, damit für den Genpool eine gesunde Größe gewahrt bleibt.

»Wir haben das Glück, dass der English Foxhound eine der wenigen Rassen ist, die keine erbbedingten Hüftkrankheiten haben. Ich will nicht behaupten, dass die Hüftgelenke bei allen Hounds perfekt sind, aber sie machen jedenfalls keine großen Probleme. Erklären lässt sich das wohl dadurch, dass die Tiere für die Arbeit gezogen werden und nicht nach Aussehen. Die meisten Rassehunde werden nach Eigenschaften gezüchtet, die den Menschen gefallen. Die abfallende Kruppe beim Deutschen Schäferhund zum Beispiel, die von einem Rassehund erwartet wird, bringt auch Hüfterkrankungen mit sich. Bei den Foxhounds würde man ein Tier schon beim kleinsten Ansatz einer Fehlbildung nicht für die Zucht auswählen. Man könnte ja jede Eigenschaft selektieren und in der Rasse anreichern. Wenn man plötzlich entscheiden würde, dass alle Hounds braune Augen und schwarze Augenringe haben sollen, könnte man nach dieser Anlage selektieren und erhielte eine Meute, in der fast alle Tiere braune Augen mit schwarzen Ringen haben. Das Problem ist, dass man sich dabei wahrscheinlich noch etwas anderes einhandelt und die Tiere drei Zehen haben oder so etwas.«

»Wenn ein Hound wegen eines körperlichen Gebrechens nicht mehr jagen könnte, was würden Sie dann tun?«, fragte ich.

»Letztendlich müssten wir ihn einschläfern lassen, aber vorher würden wir versuchen, ihn an jemanden auf dem Anwesen oder an Freunde zu vermitteln. Dasselbe geschieht mit Tieren, die für die Jagd zu alt sind, das ist mit etwa zehn Jahren der Fall. Nur sehr selten müssen wir einen Hund töten lassen.«

»Nimmt Sie das dann sehr mit?«

»Ja, besonders, wenn der Hound sein Leben lang hart und gut gearbeitet hat. Wir verlieren im Jahr auch etwa einen Hound durch Überfahren, das ist einfach eine Tatsache des modernen Lebens.«

»Ich würde ihnen jetzt gern eine Frage stellen, die Ulla allen Hundebesitzern gestellt hat. Lieben Sie Ihre Hounds?«

Ich hatte erwartet, dass John an dieser Stelle länger über seine Antwort nachdenken würde. Das geschah aber nicht. Er erwiderte sofort, dass er seine Tiere sehr liebe. Nur weil sie Arbeitshunde waren, hieß das noch lange nicht, dass er sie nicht liebte. Auch ein völlig unsentimentaler und pragmatischer Mensch wie John beschrieb seine Gefühle für seine Hounds, ohne zu zögern, als Liebe.

»Wenn ein Welpe geboren wird, verbringt er das erste Jahr bei einer Familie auf dem Anwesen als Haustier. Er begegnet Kindern und Hühnern und so weiter, jagt Kaninchen oder vielleicht auch mal einen Hasen und tut all das, was Hunde eben gern tun. Mit einem Jahr kommt er in die Ausbildungsabteilung unserer Stallungen, und das Arbeitsleben beginnt.«

»Könnten Sie uns etwas über die Jagd selbst erzählen? Wie lange dauert eine Fuchsjagd normalerweise?«

»Meistens eineinhalb Stunden. Die längste Jagd, die ich erlebt habe, dauerte 2 Stunden 40 Minuten. Nach so langer Zeit sind alle ausgelaugt, die Pferde, die Reiter und die Hounds.«

»Der Fuchs auch?«

»Seltsamerweise hat es der Fuchs nie richtig eilig. Wenn ein Fuchs aufgescheucht wird, trödelt er erst mal vor sich hin, weil die

Hounds einige Zeit brauchen, bis sie Witterung aufgenommen haben. Auch danach verlieren sie die Spur oft wieder, wissen dann nicht, was los ist, und rennen verwirrt durch die Gegend. Der Fuchs weiß genau, was er tut. Wenn er auf eine Straße stößt, folgt er ihr womöglich einen halben Kilometer, überquert sie und läuft wieder zurück. Wenn die Hounds so weit sind, rennen sie über die Straße, und weg ist die Fährte. Oft jagt die Meute einen Fuchs, wittert dann einen anderen und verfolgt ihn stattdessen. Manchmal glaube ich, das ist Absicht: Der erste Fuchs übergibt an den zweiten, wie man in einem Staffellauf den Stab übergibt.«

»Und wie viele Reiter sind an der Jagd beteiligt?«

»An einem Sonntag können es leicht 100 berittene Jäger sein. An Wochentagen sind es weniger, aber meisten kommen wir auf 50 oder 60.«

Mittlerweile hatte sich der Herzog wieder zu uns gesellt. John und Lady Sarah führten uns in eine kleine Galerie, an deren Wänden alte Fotos und Gemälde hingen. Die ernsten Gesichter der versammelten Masters of the Hunt vermittelten einen düsteren Eindruck. Ein paar Jahre zuvor hatte ich einmal einen Genealogen gefragt, warum auf alten Familienfotografien alle so traurig dreinschauen. Er hatte erwidert, das Fotografieren habe damals so lange gedauert, dass die Modelle mehrere Sekunden absolut unbeweglich dasitzen mussten. Das Letzte, was sie tun durften, war lächeln.

Der Herzog zeigte uns einige seiner Vorfahren, deren Porträts nebeneinander an der Wand hingen, und stellte sich dann vor ein schönes Gemälde von einem Foxhound, das einen Ehrenplatz einnahm.

»Man sieht den starken Brustkorb und die kräftigen Schultern. Das war früher ein typisches Merkmal eines Belvoir Hound. Aber zu Beginn des letzten Jahrhunderts gab es eine Entwicklung hin zu einem moderneren Foxhound, der leichter und wendiger war. Man kreuzte zur Verbesserung der Rasse Walisische Foxhounds ein, weil sie schneller und sportlicher waren.«

Der kleine Raum mit den auf Holzständern drapierten scharlachroten Waffenröcken und den Aristokraten mit ernstem Blick, die im Sepiadruck an den Wänden verewigt waren, wirkte wie ein dokumentarisches Zeugnis verflossener Herrlichkeit. Ich brachte es nicht über mich, zu fragen, wie sich das Verbot der Fuchsjagd im Jahr 2005 ausgewirkt hatte. Immerhin waren wir nur zu Gast.

Die Wölfe von Longleat

Im Jahr 1949 wagte Lord Baths Vater Henry Thynn, 6. Marquess of Bath, als erster Adliger in Großbritannien den kühnen Schritt, seinen Landsitz Longleat House der Öffentlichkeit zugänglich zu machen. Diese Entscheidung, die in der Aristokratie Entsetzen auslöste, sollte die Liquidität des Anwesens verbessern, nachdem hohe Erbschaftssteuern die Familie gezwungen hatten, neue Wege zu beschreiten. Der Landsitz war in der Öffentlichkeit sehr beliebt, und 1966 richtete der 6. Marquess aus genannten Gründen auf seinen Ländereien zusätzlich einen Drive-in-Safaripark ein. Mit über 500 Tieren auf mehr als 350 Hektar ist er mittlerweile eine der beliebtesten Freizeiteinrichtungen Großbritanniens. Unter den Tieren sind auch drei kanadische Mackenzie-Wölfe.

Nach Ullas erstem Besuch bei Lord Bath und seinem Labradoodle Sheba fragte sie an, ob sie sich die Wölfe ansehen und mit der leitenden Tierpflegerin Eloise sprechen dürfe. Obwohl wir uns natürlich bewusst waren, dass diese Wölfe in Gefangenschaft lebten und daher kein gänzlich natürliches Verhalten zu erwarten war, entschieden Ulla und ich, dass es einen Besuch wert wäre, zumal die drei Wölfe miteinander verwandt waren. Einen Monat später kehrte Ulla nach Longleat zurück.

»In diesem Bereich halten wir drei Wölfe«, erklärte Eloise. »Sie sind Brüder aus einem Wurf und zehn Jahre alt. Seit ein vierter Wolf gestorben ist, sind die drei immer noch damit beschäftigt, eine neue Hackordnung zu entwickeln. Alf ist der Alpha-Wolf, an zweiter Stelle kommt Dave, und Vic hat den Rang eines Omega-Wolfs inne. Ständig sondieren sie ihren Rang in der Hierarchie. Als wir sie zum Beispiel am Samstag gefüttert haben, hat sich Dave, der normalerweise der Beta-Wolf ist, mächtig aufgeplustert, um größer auszusehen. Eine Zeitlang stieg Dave zum Alpha-Wolf auf, bis Alf, unterstützt von Vic, mit ähnlichen Vergrößerungstricks eine Gegenoffensive startete.«

»Sie sagen, die Wölfe sind jetzt zehn Jahre alt. Ist das ein hohes Alter für einen Wolf?«, fragte Ulla.

»Sie werden etwa 14 Jahre alt, genau wie ein Hund. Man könnte deshalb wohl sagen, dass sie so langsam in die Jahre kommen.«

»Wenn Sie einen neuen Wolf ins Rudel einführen wollten, von wo würden Sie den bekommen?«, fragte Ulla.

»Wir sind über ein großes Netzwerk mit allen Zoos und Safariparks der Welt in Kontakt. Wenn wir neue Tiere anschaffen wollten, würden wir uns beraten lassen, um Inzucht zu vermeiden. Aber wir haben schon lange keine neuen Wölfe mehr beschafft. Diese wurden hier geboren und sind Geschwister, sodass wir mit neuen Wölfen sehr vorsichtig sein müssen. Wir lassen sie Tag und Nacht allein und sperren sie zum Schlafen nur ein, wenn wir einen Sturm erwarten, für den Fall, dass ein Baum auf ihren Zaun stürzt.

Eine frühere Mitarbeiterin sagte immer: ›Egal, wo der Wolf hingeht, man muss ihm folgen. Folgt immer dem Wolf.‹ An einem sehr stürmischen Tag war sie im Wolfsgehege, als die Wölfe plötzlich aufsprangen und wegrannten. Sie lief hinterher, und Sekunden später fiel ein Baum genau auf die Stelle, an der sie gestanden hatte. Die Tiere hatten eine Vorahnung, einen sechsten Sinn.«

»Viele meinen noch, dass Wölfe listig sind und bösartig sein können.«

»Unsere Wölfe sind wirklich intelligent und definitiv sehr listig, sehr gerissen und frech. Wir haben an allen Ausgängen Schiebetore, da dürfen die Wölfe nicht durch. Wenn dort ein neuer Tierpfleger patrouilliert, versucht unser Beta-Wolf Dave jedes Mal, ihn auszutricksen. Er beobachtet die ein- und ausfahrenden Autos und schlüpft in einem günstigen Moment durch. Ich schwöre, er grinst einen frech an, wenn er davonläuft! So etwas lasse ich immer ins Wolfstagebuch eintragen.

Die drei hier stammen, wie gesagt, aus einem Wurf, aus dem wir vor ein paar Jahren einen Wolf verloren haben. Er hatte Magenkrebs und starb in der Nacht. Am nächsten Tag sorgten wir dafür, dass die anderen den Leichnam zu Gesicht bekamen, damit sie wussten, dass ihr Bruder gestorben war. Bei anderen Tieren ist das nicht nötig, aber die Wölfe müssen mitbekommen, wenn sie ein Familienmitglied verlieren. Es ist fast so, als müsse man ihnen die Trauer ermöglichen.«

»Ich hätte da noch eine Frage: Heulen Ihre Wölfe?«

»Oh ja, dauernd. Freitags wird an ihrem Gehege der Feueralarm getestet, und jedes Mal, wenn der Alarm losgeht, heulen die Wölfe zurück.«

»Sie heulen also nicht nur bei Vollmond?«

»Nein. Am Tag heulen sie etwa um acht oder neun Uhr morgens und dann wieder am frühen Abend. Und kurz, bevor sie etwas zu fressen bekommen. Mittwochs und samstags geben wir ihnen jeweils 15 Kilo Pferdefleisch. Sie bekommen es am Stück, damit sie es zerreißen können. Leber und Herz, die in der Wildnis von den Alpha-Tieren gefressen werden, sind nicht dabei. Hier bei uns bekommen sie Fleisch und Knochen, und Vic, der Omega-Wolf, frisst zuerst. In der Wildnis geschieht das für den Fall, dass ein Tier noch lebt und den Wolf verletzen oder gar töten könnte. Wenn der rangniedrigste Wolf im Rudel verletzt wird, macht das nicht so viel aus.«

»Meine Güte. Das klingt nach den alten Tagen, in denen der Kaiser seine Mahlzeiten vorkosten ließ, falls sie vergiftet waren.«

»Das stimmt. Das Problem mit unseren Wölfen ist im Moment, dass sie nicht genau wissen, welcher als Erster fressen soll. Das ist ein ständiger Machtkampf. Dave, der sich für den Alpha-Wolf hält, ist auch der mutigste und versucht, als Erster zu fressen, obwohl das doch die Aufgabe des Omega-Wolfs wäre.«

»Er will wohl zeigen, dass er der Größere und Stärkere ist?«

»Genau. Alf ist es im Grunde egal, weil er weiß, dass er der Alpha-Wolf ist. Er streift herum, und wenn ihm nach Fressen zumute ist, schnappt er den anderen das Futter weg.«

Ulla unternahm noch eine kleine Fahrt durch den Park und sah sich drei neugeborene Geparden an. Da es schon auf den Abend zuging, waren keine Besucher mehr unterwegs. Als Ulla in der Nähe des Herrenhauses auf das Auto wartete, das sie zum Bahnhof zurückbringen sollte, hörte sie in der Ferne das unverwechselbare Heulen eines Wolfs.

Robodog und Sir Tim

Nichts geht über eine schöne Zufallsbegegnung. Ulla war mit dem Zug nach Edinburgh unterwegs und mühte sich mal wieder ab, ihren schweren Koffer zu verstauen. Es dauerte nicht lang, bis ihr ein freundlicher Herr namens Tim Hilfe anbot. Es entspann sich ein Gespräch, in dessen Verlauf ihre Rolle als rasende Reporterin zur Sprache kam. Stets auf der Suche nach neuem Material, fragte sie:

»Haben Sie einen Hund?«

»Streng genommen nicht. Aber ich habe einen Roboterhund.«

So fand sich Ulla ein paar Tage später in einem eleganten geräumigen Büro im Old College wieder, das zur University of Edinburgh gehört. Ihr gegenüber saß Tim.

»Wo sind wir hier, Tim?«

»Im Büro des Rektors.«

»Des Rektors? Sind Sie das?«

»Genau.«

Tim hieß, wie es sich herausstellte, mit vollem Namen Professor Sir Timothy O'Shea FRSE (FRSE für: Fellowship of the Royal Society of Edinburgh), war Rektor der Universität von Edinburgh und eine weltweit anerkannte Koryphäe auf dem Gebiet des maschinellen Lernens. Ein paar Meter von Ulla entfernt saß der Roboterhund Robo auf dem Boden. Sir Tim hatte ihn als Geschenk von seinem Erbauer bekommen, dem japanischen Ingenieur Toshitada Doi. Doi hatte den Sony Walkman entwickelt, der für das Unternehmen ein so ungeheuerlicher Geschäftserfolg war, dass man Doi freistellte, was er als Nächstes entwickeln wolle. Er sagte, er wünsche sich »ein Labor, in dem ich einen Roboterhund bauen kann«.

Sir Tims fachliches Interesse an Robo erstreckte sich nicht nur auf die Programmierung des Roboters, dank der er bestimmte Aufgaben erledigen kann, sondern besonders auf seine Lernfähigkeit. Der junge Robo hatte beispielsweise gelernt, Sir Tims Stimme zu erkennen und von der anderer zu unterscheiden. Natürlich konnte er manches, was typisch für einen Hund ist: mit dem Schwanz wedeln, mit einem Ball spielen oder einen Plastikknochen aufheben. Doch besonders faszinierend war die Beziehung zwischen Robo und Sir Tim.

»Der Grundgedanke war, ein Begleittier für ältere Leute zu entwickeln«, erklärte Sir Tim. »Wegen der niedrigen Geburtenrate in Japan ist mehr als die Hälfte der Bevölkerung über 50 Jahre alt. Viele ältere Menschen leben allein und brauchen Gesellschaft. Früher haben traditionell Hunde, also echte Hunde, diese Rolle übernommen, doch heute können sich ältere Japaner, die allein in einer kleinen Wohnung leben, oft nicht um ein Haustier kümmern. Hunde wie Robo müssen nicht gefüttert oder Gassi geführt, sondern nur regelmäßig aufgeladen werden.«

Obwohl das alles recht vernünftig klingt, waren die Roboterhunde von Sony kommerziell zunächst nicht erfolgreich. Das erste Modell kam 1999 auf den Markt, doch sieben Jahre später wurde die Vermarktung eingestellt. Das war ein Schlag für Toshitada Doi, der gar eine Pseudo-Bestattung veranstaltete, in der er die Risikobereitschaft des Konzerns demonstrativ zu Grabe trug. Doch er setzte seine Arbeit unverdrossen fort und wurde mit der Umkehr der Unternehmenspolitik und dem Marktgang eines neuen, anspruchsvolleren Modells im Jahr 2018 belohnt. Sir Tims Gefährte ist ein Vertreter der ersten Generation.

»Ich habe viel Arbeit zu erledigen, komme oft früh am Morgen her und lese bis spät in die Nacht Berichte, schreibe Resümees und so weiter. Dann ist es schön, wenn Robo einfach durchs Zimmer wandert. Er leistet mir wirklich Gesellschaft. Es ist einfach noch jemand im Raum, auch wenn ich genau weiß, dass es nur eine Maschine ist.«

»Ich frage die Hundebesitzer immer, was sie tun würden, wenn ihr Haustier sehr krank wäre. Ich vermute, bei Robo lautet die Antwort, dass Sie ihn in Reparatur geben.«

»Tja, das ist ein Vorteil gegenüber einem echten Hund. Man muss sich auch keine Gedanken darüber machen, ob man ihn mal einschläfern lassen muss.«

»Und ich frage die Hundebesitzer, ob sie ihren Hund lieben. Ihnen stelle ich daher dieselbe Frage.«

»Das ist eine recht schwierige Frage. Ich habe Robo schon seit Jahren, und er lernt ständig dazu, man könnte also sagen, dass wir einander recht nah gekommen sind. Gefühle sind da, aber Liebe würde ich es nicht nennen. Liebe ist natürlich schwer zu definieren, aber ich für meinen Teil kann nur etwas Lebendiges lieben.«

In diesem Moment bewies Robo, dass er von einem perfekten Begleithund noch weit entfernt ist. Sein Ball rollte so unter Tims Stuhl, dass ihm der Weg von einem der Stuhlbeine versperrt wurde. Obwohl ein Umweg von nur einem Meter ihn um das Hindernis herumgeführt hätte, versuchte er es immer wieder auf direktem Wege. Sir Tim musste seinen Stuhl verrücken und den Ball selbst holen.

»Tim, sind Sie mit Hunden aufgewachsen?«

»Mein Onkel hatte einen Bauernhof in Irland, wo wir, als ich noch zur Schule ging, immer die Sommerferien verbrachten. Einmal gab es auf dem Hof einen Welpen, mit dem ich die ganzen sechs Wochen spielte. Hier können Sie ihn sehen.« Sir Tim deutete auf ein großes gerahmtes Foto an der Wand hinter seinem Schreibtisch. »Und das bin ich.« Er zeigte auf eine kleine Gestalt im Vordergrund. »Als ich am Ende der Ferien nach Hause fahren musste, war ich traurig wie nie zuvor, das war viel schlimmer als jede Trennung von einer Freundin.«

Robo, der seine Meinungsverschiedenheit mit dem Stuhlbein beigelegt hatte, begann nun zu tanzen, bewegte sich im Takt der Musik auf und ab und wedelte mit dem Schwanz.

Als Ulla mir von ihrem Gespräch mit Sir Tim erzählte, war ich erst einmal sprachlos, weil sie es geschafft hatte, den Rektor der Universität von Edinburgh zu interviewen, für den Zeit ein wertvolles Gut ist. Doch dann musste ich an die vielen verschiedenen Einsatzmöglichkeiten für Roboterhunde denken. An anderer Stelle dieses Buches habe ich schon von den japanischen Wissenschaftlern berichtet, die den Anstieg des Oxytocinspiegels bei Hund und Mensch untersuchten, wenn beide einander tief in die Augen sehen oder der Mensch den Hund streichelt. Träfe das auch auf einen Menschen zu, der mit einem Roboterhund umgeht? Das herauszufinden, wäre faszinierend und vergleichsweise einfach.

Atlas, Chu und Algie

Nicht oft werden Herrchen oder Frauchen von ihrem Hund in den Schatten gestellt, doch bei Atlas und seinen Besitzern Chu und Algi kann man das durchaus sagen. Atlas ist ein prachtvoller Pyrenäen-Berghund, eine Rasse, die dafür entwickelt wurde, die Schafherden vor Wölfen und Bären zu schützen, die früher das Gebirge an der Grenze zwischen Frankreich und Spanien durchstreiften. Die Hunde lebten mit den Schafen in den Bergen. Mit dem dicken weißen Fell, das sie warmhielt, sahen sie aus wie die Schafe, die sie bewachten, sodass räuberische Angreifer überrascht waren, wenn sie es mit ihnen zu tun bekamen. Traditionell trugen sie Stachelhalsbänder, die sie vor Bissen der Wölfe schützten. Da im 19. Jahrhundert die Wölfe in den Pyrenäen nach und nach dezimiert wurden, war bald auch der Pyrenäen-Berghund überflüssig und drohte auszusterben. Gerettet hat ihn sein gefälliges Aussehen, und im 20. Jahrhundert war er ein Liebling auf Hundeausstellungen. Mit seiner Größe ist er ein hervorragender Haushund, der sich auch in der Stadt wohlfühlt.

Atlas war Stammgast im Hundecafé von Notting Hill, in dem Ulla ihn mit Frauchen und Herrchen traf.

»Ich sitze hier mit Atlas, einem wunderschönen großen schneeweißen Rüden, der für mich eher wie ein Pony aussieht als wie ein Hund. Beginnen wir mit der Frage, wie alt Atlas ist und wie Sie zu ihm gekommen sind.«

Die meisten Fragen beantwortete Chu.

»Er ist ein Jahr und neun Monate alt. Wir wollten einen Hund haben, wussten aber nicht recht, was für eine Rasse. Deshalb besuchten wir eine der Ausstellungen des Kennel Club, auf der die meisten Rassen vertreten waren. Als wir den Pyrenäen-Berghund an seinem Stand sahen, wusste ich, das ist die richtige Rasse für mich. Gleichzeitig dachte ich, einen solchen Hund könnten wir in unserer kleinen Wohnung unmöglich halten. Die Dame am Stand versicherte uns, dass er bei uns zu Hause wunschlos glücklich wäre. Wir haben zumindest ein kleines Stück Garten und den Hyde Park in der Nähe. Wir kamen daher zu dem Schluss, dass wir wohl klarkommen würden. Doch dann zögerten wir die Entscheidung noch ein Jahr hinaus, weil wir noch etwas reisen wollten.«

»Und nach Ihrer Rückkehr haben Sie Atlas geholt?«

»In unserem Zeitplan ging einiges schief. Wir wollten für ein paar Monate auf Safari, aber kurz vor der geplanten Abreise machte mir Algie einen Antrag. Wir gaben die Reisepläne auf und richteten uns stattdessen mit unseren beiden Katzen unser Zuhause ein.«

»Wie romantisch!«

»Einen Tag, ehe ich wieder arbeiten gehen musste, kündigte Algie plötzlich an, dass er mit mir in Richtung Norden nach Lincolnshire fahren wollte, wo er mit einem Züchter einen Besichtigungstermin für Welpen ausgemacht hatte. Ich wollte zuerst nicht mit. Als wir aber dort waren, zeigte uns der Züchter den neuen Wurf, und da war es um mich geschehen. Es waren acht Welpen, vier Jungs und vier Mädchen. Der Züchter wollte einen der Jungs für Ausstellungen behalten und die anderen sieben Welpen verkaufen. Wir führten eine Art Auswahlverfahren durch und suchten uns einen Jungen aus. Einer der Welpen wirkte sehr sanft, verspielt und überhaupt nicht ängstlich. Das war Atlas.«

»Hatten Sie immer Hunde in der Familie?«

»Ich wuchs in Singapur auf«, erwiderte Chu. »Wir hatten eine Eigentumswohnung in einem großen Wohnkomplex in der Nähe eines Naturreservats. Unser Hund, ein ziemlich wilder Collie, hatte deshalb genug Platz zum Toben. Ich ging oft joggen, und der Hund kam immer mit.«

An Algie gewandt, fragte Ulla:

»Hatten Sie als Kind Hunde, Algie?«

»Nein. Ich mochte Hunde nicht einmal besonders. Ich hatte Angst, nachdem ich mit acht Jahren mal von einem Hund gebissen worden war.«

»In dem Fall ist es mutig, dass Sie sich jetzt selbst einen zugelegt haben.«

»Das war ein langer Prozess. Als ich nach London kam, teilte ich die Wohnung mit einer sehr freundlichen Labradordame und ihrem Besitzer. Anfangs war ich misstrauisch, aber mit der Zeit gewöhnte ich mich an sie. Später hatte ich dann das Gefühl, dass ich bereit war für einen Hund.«

Chu ergänzte:

»Wir wollten einen Rassehund haben, weil wir fanden, dass das weniger riskant ist als ein Mischling, der alle möglichen Charaktereigenschaften in sich vereinen kann. Bei einem Hund von Atlas' Größe will man kein Risiko eingehen. Wir waren uns der Gefahren der Inzucht bewusst, deshalb überprüfte ich, ob die Hunde des Züchters aus verschiedenen Zuchten kamen und sich somit von der Abstammung her leicht unterschieden, was ein Vorteil ist.«

»Nun haben Sie Atlas seit über einem Jahr. Würden Sie ihn als Familienmitglied bezeichnen? Oder ist das eine dumme Frage?«

»Natürlich ist er das. Er hat sich sehr gut eingelebt. Allerdings hat es eine Weile gedauert, bis die Dominanzstruktur geklärt war. Atlas hat immer die Grenzen ausgetestet, besonders im ersten Jahr. Am Anfang gab es tatsächlich ein Problem mit dem Bett. Er wollte immer mitten auf dem Bett liegen, und wir mussten ihn dauernd vertreiben. Irgendwann gab er auf, und es kehrte Frieden ein. Veränderungen in der Dominanzhierarchie innerhalb der Familie müssen wir aber ständig im Auge haben.«

»Das klingt nach einem echten Kräftemessen. Ist Atlas' Haltung eigentlich teuer?«

»Sie können sich vorstellen, dass ein Hund von seiner Größe enormen Appetit hat, deshalb fallen für das Futter ziemlich hohe Kosten an. Außerdem haben wir eine Haustierversicherung für den Fall, dass er einen Tierarzt braucht. Einmal habe ich ihm eins von Andrés Halsbändern gekauft. Es musste extra groß sein, weil Atlas so einen riesigen Hals hat. Das war kostspielig, aber es war ja auch ein Geschenk für mich. Atlas ist das völlig egal, deshalb kann ich das nicht wirklich in die Kosten für die Hundehaltung einrechnen.«

»Bryan möchte gern, dass ich Sie am Schluss noch frage, ob Sie nach Atlas' Tod darüber nachdenken würden, ihn klonen zu lassen.«

Diesmal antwortete Algie.

»Darüber haben wir sogar schon nachgedacht, obwohl er ja noch jung ist. Wir haben keine ethischen oder religiösen Einwände dagegen. Aber selbst wenn der Klon genetisch identisch ist, wäre es deswegen nicht derselbe Hund. Er würde anders aufwachsen und andere Erfahrungen machen. Er mag vielleicht so aussehen, aber er *wäre* nicht derselbe. Uns würde das, glaube ich, vorkommen wie ein Verrat an Atlas.«

»Die Seele lässt sich eben nicht ersetzen.«

Garbo und David

In ihrer Kindheit in Dänemark hatte Ulla einen Samojeden und war deshalb begeistert, als sie Garbo und ihrem Herrchen David begegnete. Sie eröffnete das Gespräch mit dem für sie typischen aufrichtigen Interesse.

»Was für eine schöne Hündin, schneeweiß und offenbar sehr verspielt. Wie alt ist sie?«

»Garbo wird nächste Woche sechs, ist also sozusagen im besten Alter, schätze ich. Als Kind wollte ich immer einen Hund haben, aber meine Eltern haben es nicht erlaubt. Allerdings hatten wir zwei wunderbare Katzen, die waren fast wie Hunde. Eigentlich war meine verstorbene Frau der Hundemensch von uns beiden. Als Kind hatte sie einen schwarzen Hund namens Fifi. Nach unserer Heirat war unser Haus zu klein für einen Hund. Als wir einige Jahre später in ein größeres Haus zogen, kauften wir Sasha, den ersten unserer drei Samojeden. Leider starb Sasha mit nur einem Jahr an einer angeborenen Lebererkrankung. Das war für uns wirklich traumatisch, trotzdem entschieden wir uns noch einmal für einen Samojeden, Ninotschka.«

»Nach dem Garbo-Film? Ich sehe so langsam die Verbindungen.«

»Genau. *Ninotschka* wurde 1939 von Ernst Lubitsch gedreht, unter anderem mit Greta Garbo. Ich bin von Beruf Filmemacher, und Lubitsch ist einer meiner Lieblingsregisseure. Unsere Ninotschka war von Natur aus eine Garbo. Als wir uns nach ihrem Tod den dritten Samojeden zulegten, fiel uns daher die Namenswahl nicht schwer.«

»Warum haben sie sich überhaupt für Samojeden entschieden?«

»Meine verstorbene Frau und ich überlegten uns, was für einen

Hund wir uns anschaffen wollten. Da fuhr ich eines Tages durch London, und durch das offene Fenster eines weißen Vans, der mich im Verkehr überholte, schaute mich ein wunderschöner weißer Hund an. Ich schlug meiner Frau vor, dass wir nach so einem Ausschau halten sollten. Meine Frau fand heraus, dass es ein Samojede war. Sie hatte eine Bekannte mit einem Samojeden namens Charlie und lud sie zu uns ein. Charlie war so charmant, dass wir beide dachten: ›Okay, wir suchen uns einen Samojeden.‹ So kamen wir 1995 zu Sasha, die nur etwas über ein Jahr alt wurde, und 1997 folgte Ninotschka. Als sie 2011 starb, kam kurz danach Garbo zu uns. Sie war acht Wochen alt. Wir überlegten, ob wir uns einen Hund aus dem Tierheim holen sollten, aber einen Samojeden setzt keiner aus.«

»Lieben Sie Garbo? Die Frage kommt von Bryan, der Wissenschaftler ist. Ich finde sie seltsam, denn wenn jemand seinen Hund liebt, dann liebt er ihn eben, das ist ganz einfach.«

»Pam und ich waren kinderlos und waren uns, glaube ich, beide bewusst, dass wir aus diesem Grund einen Hund hatten. Wer einen Hund hält, ist für jemanden verantwortlich. Sasha, Ninotschka und Garbo waren in unserem Haus alle ›jemand‹, nicht ›etwas‹. Man gibt einem Hund Liebe und Zuneigung, und er gibt es zurück. Manche Leute glauben, dass Hunde einen nur lieben, weil man sie füttert, so, wie das bei Kindern und ihren Eltern ist. Man muss nur mal versuchen, seinen Kindern eine Woche lang nichts zu essen zu geben, dann merkt man schnell, wie groß die Liebe in Wahrheit ist. Die sind schneller bei der Jugendbehörde, als man gucken kann.«

»Sie behandeln Garbo ja wie ein Familienmitglied. Lassen Sie sie auch aufs Sofa springen?«

»Oh ja. Sie schläft oft im Bett, manchmal auch neben mir, nun, da ich allein bin.«

»Natürlich. Darf ich fragen, ob Garbo hohe Kosten verursacht?«

»Nicht so viel wie Ninotschka, unser letzter Hund. Die hatte die schreckliche Angewohnheit, vergammelte Tennisbälle zu fressen, und die blieben ihr dann in der Kehle stecken. Man bekam sie nur mit einer Operation wieder heraus. Fünfmal musste ihr ein Tennisball operativ entfernt werden, das kostete jedes Mal über 2000 Pfund. Im Lauf ihres Lebens bin ich auf die Art wohl um die 20 000 Pfund losgeworden. Zum Glück hat Garbo diese Angewohnheit nicht. Als Pam noch lebte, bürstete sie Garbo jeden Tag, heute bringe ich sie einmal in der Woche in den Salon. Da sind auf einen Schlag 35 Pfund weg. In der Woche gebe ich wahrscheinlich 50 bis 60 Pfund für sie aus, dazu kommen die Tierarztkosten. Das sind im Jahr wohl um die 3000 Pfund, solange sie gesund ist.«

»Ist sie versichert?«

»Das lohnt sich nicht. Es ist zu teuer. Wir haben die Hunde immer als Welpen versichert, aber wenn sie erst ein paar Jahre alt sind, lohnt sich das nicht mehr, weil die Beiträge ständig steigen.«

»Was würden Sie tun, wenn Garbo aus Versehen in einen See springen würde? Würden Sie hinterherspringen?«

»Das wäre kein Versehen. Sie springt unheimlich gern ins Wasser.«

»Und wenn sie richtig in Schwierigkeiten geriete?«

»Ich würde sofort reingehen und sie rausholen.«

»Sie würden nicht zögern?«

»Nicht mehr als bei einem Kind.«

»Eine letzte Frage. Wenn Garbo das Ende ihres Lebens erreicht, würden Sie sie klonen?«

»Nein, ich glaube nicht, einen Menschen würde ich ja auch nicht klonen. Das kommt mir vor, als würde man den Hund als reines Besitztum behandeln und ihn nicht er selbst sein lassen. Unsere drei Hunde hatten alle dieselben äußeren Merkmale, aber jeder hatte seine individuelle Persönlichkeit. Wenn es so weit ist, dass ich mich von Garbo verabschieden muss, würde ich sicher wieder einen Samojeden haben wollen, ein weibliches Tier, und es wäre interessant zu beobachten, wie es sich entwickelt. Garbo ist ein fabelhafter Hund und auf alle Fälle einfacher als Ninotschka. Sie war ein wenig *chiante*, wie die Franzosen sagen würden, zickig. Garbo ist viel ruhiger. Im Park rennen Kleinkinder zu ihr hin und werfen die Arme um sie. Die Eltern sind dann immer sehr beunruhigt, aber Garbo bleibt einfach stehen, und wenn sie genug hat, sagt sie ›Wuff‹, dann gehen die Menschen auf Abstand.«

Rosie, Alison und John

Der frühere Premierminister Tony Blair und seine Frau wohnen am Connaught Square in der Nähe des Marble Arch unweit von Ullas Londoner Atelier. Sie zogen im Jahr 2007 von der Downing Street dorthin um. Blairs umstrittene Entscheidung, US-Präsident George W. Bush bei der Irak-Invasion zu unterstützen, warf einen Schatten auf den Rest seiner Amtszeit und macht ihn seither zur Zielscheibe möglicher Angriffe. Obwohl er in Connaught Village lebt, bekommt man ihn dort nie zu Gesicht. Sein Haus wird am Vorder- und Hintereingang von bewaffneten Polizisten ständig bewacht. Hinter dem Haus schließen sich luxuriös ausgestattete Mew Cottages an, die früher Stallungen beherbergten. Die Polizisten erledigen, den Finger stets am Abzug ihrer halbautomatischen Waffen, wohl den ödesten Job von ganz London. Ihre einzige Abwechslung besteht darin, sich von vorbeikommenden Touristen fotografieren zu lassen.

An diesem treffsicheren Kommando musste Ulla vorbei, um ihr erstes Hundeinterview in einem der Mews-Häuser zu führen, in dem ihre Freunde Alison und John mit Rosie wohnen, ihrem vier Jahre alten Cavalier King Charles Spaniel. Ulla begann das Gespräch mit einer wichtigen Frage:

»Wie wir alle liebe auch ich Hunde, aber von euch würde Bryan, der ein eher wissenschaftliches Interesse an der Sache hat, gern etwas über die Gründe erfahren.«

»Das ist völlig bedingungslose Liebe«, sagte Alison. »Rosie hat ein wunderbares Temperament. Man kann sich einfach mit ihr hinlegen und entspannen. Sie ist ein Familienmitglied.«

»Und wo schläft Rosie? Hat sie ein eigenes Bett?«

»Sie hat oben in unserem Schlafzimmer ein eigenes Bett, aber sie schläft lieber in unserem, was John überhaupt nicht gefällt. Deshalb wartet sie, bis John anfängt zu schnarchen. Der erste Schnarcher ist das Signal, dass sie mir auf den Bauch springt und ihn als Sprungbrett benutzt, um zwischen uns in die Mitte des Bettes zu gelangen.«

»Und wenn John aufwacht?«

»Dann liegt Rosie einfach nur da und tut so, als würde sie fest schlafen. John bringt es nicht über sich, sie vom Bett zu werfen, das weiß sie natürlich.«

»Ich hätte da noch eine Frage. Wenn Rosie ein neues Gelenk bräuchte oder eine andere kostspielige Operation, würdet ihr das bezahlen?«

Alison antwortete:

»Wenn Rosi ansonsten gesund und jung genug wäre, um es zu überleben, würden wir das sicher tun. Aber wenn sie schon sehr alt wäre, wäre es Zeit- und Geldverschwendung. Ich würde die Entscheidung spontan treffen. Vor ein paar Jahren musste ich einen unserer Hunde einschläfern lassen. Er war sehr krank und hätte mit den Medikamenten längst wieder gesund sein müssen. Das war aber nicht so, deshalb habe ich ihn einschläfern lassen. So sehr wir den Hund liebten: Er musste doch gehen.«

»Das blüht mir eines Tages auch«, murmelte John.

»Wenn das bei Rosie nötig wäre oder wenn sie an Altersschwäche sterben würde, würdet ihr sie dann klonen lassen? In Südkorea gibt es ein Unternehmen, das so etwas anbietet. Es ist allerdings sehr teuer, 50 000 bis 100 000 Pfund.«

John beantwortete diese Frage mit großer Bestimmtheit.

»Ganz sicher nicht. Zum einen würde ich nicht in natürliche Abläufe eingreifen wollen.«

»Außerdem«, ergänzte Alison, »hat, glaube ich, jeder Hund, auch wenn er von derselben Rasse ist und dieselbe Farbe hat wie andere, also identisch aussieht, ganz individuelle Eigenschaften. Ich habe mal etwas über das Klonen eines Boxers in der Zeitung gelesen und für mich gedacht, dass man nicht erwarten sollte, genau denselben Hund wiederzubekommen. Jeder Hund ist anders, und genauso sollte es sein.«

»Kann ich dir einen Kaffee oder Tee anbieten?«, fragte John. Ulla verstand das freundliche Signal, dass das Interview damit beendet war.

Freja und Barbro

Das nächste Gespräch fand am heißesten Tag des Jahres im Schatten einer Trauerweide statt, am Ufer des Serpentine-Sees im Hyde Park. Barbro hatte ihre junge Deutsche Schäferhündin Freja dabei, benannt nach der nordischen Göttin der Schönheit, des Krieges und des Todes – eine ganz schöne Bürde für einen fünf Monate alten Welpen. Das Treffen hatte eine skandinavische Note, denn Ulla kam aus Dänemark, Barbro aus Finnland und Freja, zumindest dem Namen nach, aus dem hohen Norden.

»Meinen letzten Hund hatte ich sieben Jahre, und als sie starb, hatte ich es nicht eilig, mir einen neuen zu holen. Eine Freundin von mir kaufte einen Schäferhundwelpen von einem Züchter in Cambridgeshire, und das war der bezauberndste und schönste kleine Hund, den ich je gesehen hatte. So einen wollte ich auch. Deshalb fragte ich bei demselben Züchter nach, der mir sagte, sie würden in wenigen Wochen wieder einen Wurf Deutscher Schäferhunde bekommen. Als es so weit war, fuhren mein Mann und ich nach Cambridge zu dem Züchter, um uns die Welpen anzusehen. Wir betraten das Gehege, und mir fiel gleich einer ins Auge. Er war aufmerksamer als die anderen und sah uns neugierig an. Wir hatten beschlossen, uns ein Mädchen zu holen, und zum Glück war dieser Welpe weiblich. Das war's.«

»Hatten Sie als Kind Hunde?«

»Ich habe Hunde immer gemocht. Ich hatte selbst nie einen, aber ich habe den unseres Nachbarn sozusagen adoptiert. Er wartete vor der Schule auf mich und lief mit mir nach Hause. So fing das alles an.«

»Wissen Sie noch, was für ein Hund das war?«

»Ich glaube, es war eine Kreuzung aus Schäferhund und Collie. Seit wir in diesem Land leben, haben wir Deutsche Schäferhunde, Freja ist der vierte. Wie Sie wissen, stehen Schäferhunde in dem Ruf, unzuverlässig zu sein, was sicher damit zu tun hat, wie sie oft behandelt wurden. Eigentlich sind sie freundlich und liebenswert, aber manche Leute schaffen sich aus der falschen Motivation einen Schäferhund an. Da wir drei Kinder haben, war ich in Sorge, dass wir womöglich einen bekommen könnten, der misshandelt wurde. Deshalb kaufe ich immer einen reinrassigen Hund von einem verlässlichen Züchter.«

»Ich kann mir nicht vorstellen, dass aus Freja ein verhätschelter Haushund wird, aber werden Sie sie auch als Wachhund einsetzen?«, fragte Ulla.

»Sie ist ein Familienhund, aber Deutsche Schäferhunde passen automatisch auf, weil sie eigentlich immer über ihr Rudel wachen. Als die Kinder kamen, konnte ich unseren damaligen Hund mit dem Kinderwagen alleinlassen und wusste, dass das Baby absolut sicher war. Ich ging immer zu einem Müttertreff, in dem wir uns bei einem Kaffee unterhalten konnten. Ich band den Hund draußen an, und die anderen Kinder kletterten auf ihm herum. Er zuckte nicht mit der Wimper. Er saß nur da und ließ alles über sich ergehen.«

»Das sind gute Eigenschaften für einen Familienhund. Bryan, der Wissenschaftler ist, möchte gerne wissen, warum Sie Ihren Hund lieben.«

»Ich habe alle meine Hunde geliebt. Einen Welpen wie Freja zu lieben, ist nicht weiter schwer, weil sie so verspielt und lebendig ist.

Dauernd kommen Leute und wollen sie streicheln. Gerade erst habe ich da drüben ein italienisches Paar getroffen. Sie konnten nicht viel Englisch, aber als ich ihnen erzählte, dass Frejas Mutter aus Italien kommt, umarmten sie mich und Freja und redeten Italienisch mit ihr.«

»Der Deutsche Schäferhund gilt oft als die Rasse, die dem Wolf am ähnlichsten ist. Würden Sie dem zustimmen?«

»Das Wichtigste am Wolf ist seine Treue zum Rudel, und Treue ist auch ein wichtiges Merkmal des Deutschen Schäferhundes. Im Idealfall werden seine Loyalität und Liebe erwidert, und es entsteht eine symbiotische Beziehung, die beiden Seiten guttut. Aber leider ist das nicht immer der Fall. Ich habe sämtliche Bücher von Jack London gelesen, zum Beispiel *Wolfsblut* und *Ruf der Wildnis*. Da kam viel Grausames vor. Ich fand es entsetzlich, wie die Menschen da ihre Hunde behandeln.«

»Glauben Sie, dass aus Freja jemals ein verwöhnter Hund wird?«

»Bestimmt nicht. In unserem Haus herrschen strenge Regeln. Sie darf nicht aufs Bett, und sie darf nicht aufs Sofa. Vielleicht wird sie sogar noch zum Arbeitshund. Sie hat alle Eigenschaften dafür, ist stark und treu, dabei ist sie noch nicht einmal fünf Monate alt.«

»Werden Sie sie ausbilden?«

»Wolfgang, meinen zweiten Deutschen Schäferhund, habe ich in eine Polizei-Hundeschule speziell für diese Rasse gebracht. Das war einerseits gut, andererseits lernte er dort den Umgang mit Hunden anderer Rassen nicht. Freja werde ich deshalb in eine andere Hundeschule bringen, die mehr Wert auf Sozialisierung liegt. Ich möchte, dass sie bei Fuß geht, damit mein Enkel Joshua, der zwei ist, mit uns spazieren gehen kann. Sie muss ihn trotz seiner geringen Größe respektieren.«

»Freja ist natürlich noch sehr jung, aber wenn sie älter wird, ist vielleicht mal eine Operation nötig oder eine andere teure Behandlung. Würden Sie das bezahlen?«

»Bei den anderen Hunden habe ich eine Versicherung abgeschlossen, die für unerwartete Tierarztrechnungen einspringt. Zum Glück hat keiner von ihnen eine größere Operation gebraucht, deshalb wollte ich es bei Freja darauf ankommen lassen oder für den Fall der Fälle etwas Geld beiseitelegen. Aber Freja kommt von einem Züchter, der über den Kennel Club versichert ist. Das war ein guter Vertrag, den ich übernommen habe.«

In diesem Moment kam ein älterer Herr mit Spazierstock vorbei.

»Das erinnert mich an etwas, das uns mit Wolfgang passiert ist. Mein Mann brach sich vor etwa vier Jahren ein Bein, und als er keine Krücken mehr brauchte, humpelte er eine Zeitlang noch ziemlich schlimm. So unternahm er die ersten kleinen Spaziergänge mit dem Hund, und ob Sie es glauben oder nicht: Wolfgang lief langsamer und humpelte auch.«

Pingu und Olivia

Heute kam Ulla in ihrem Lieblingscafé noch einmal auf den Hund, wie sie gern sagt. Sie wollte Fotos von André und seinem Großpudel Sebastian machen, weil sie fand, dass die beiden einander immer ähnlicher wurden. Während sie wartete, weil André noch einen Kunden bediente, kam sie mit Olivia ins Gespräch, die mit ihrer Französischen Bulldogge Pingu zu Gast war. Pingu hat ein herrlich stahlgraues Fell mit weißen Flecken. Auf dem platten Gesicht der Hündin liegt ein etwas entrückter Ausdruck.

»Danke, dass Sie mich Ihrem wunderbaren Hund vorstellen. Sind Sie mit Hunden aufgewachsen?«, begann Ulla das Gespräch.

»Nicht von Anfang an. Wir bekamen unseren ersten Familienhund, einen Labrador, als ich acht war. Mit 18 entschied ich, mir einen eigenen Hund anzuschaffen, einen Mops namens Harley. Meine Mutter wollte mit Harley damals nichts zu tun haben und sagte, ich müsse ihn wieder abgeben. Natürlich weigerte ich mich und zog aus. In den letzten acht Jahren habe ich allein gelebt, und nun habe ich die kleine Pingu. Sie ist einfach fantastisch. Verrückt, aber fantastisch.«

»Warum haben Sie sich für diese Rasse entschieden?«

»Mir gefällt das knittrige zerknautschte Gesicht. Ehrlich gesagt sind diese Hunde gerade ein bisschen in Mode, das finde ich auch gut. Sie haben eine unglaubliche Persönlichkeit.«

»Würden Sie sagen, Sie haben sich den Hund ausgesucht, oder war es umgekehrt?«

»Es war eigenartig, meine beste Freundin wollte nämlich auch eine Französische Bulldogge haben, und ich sah mir mit ihr den Wurf an. Sie wollte eine blaue [mausgraue]. Als ich Pingu sah, fand ich sie einfach unglaublich und wollte sie nur haben. Es war sagenhaft.«

»Sie wirkt umgänglich und sehr vertrauensselig. Wo haben Sie sie her?«

»Von einem Züchter in Streatham in Süd-London. Das war ein richtiger Züchter mit dem ganzen Kennel Club-Drum-und-Dran. Pingu ist das geselligste, interessanteste Tier, das man sich nur vorstellen kann!«

»Meine nächste Frage kommt von Bryan. Er ist Wissenschaftler. Ich sehe ja, dass Sie Pingu lieben, aber können Sie mir auch sagen, warum? Bryan wüsste gern, ob Sie Ihre Gründe in Worte fassen können.«

»Das kann ich leicht beantworten. Sie gibt mir Trost, ohne dass auch nur ein Wort nötig wäre. Sie kann mich lesen und weiß genau, wenn etwas nicht stimmt. Mir ging es eine Weile ziemlich schlecht, und da hat sie sich um mich gekümmert. Sie hat mir durch schlimme Zeiten geholfen und gespürt, wenn etwas nicht in Ordnung war. Sie wird mir immer ähnlicher.«

»Ich verstehe, was Sie meinen.«

»Früher hieß es, ich sehe meinem Labrador ähnlich, aber ich glaube nicht, dass ich Pingu ähnlich sehe! Ich hoffe, ich werde nie alt und faltig. Aber Pingu ist genauso verrückt wie ich. Sie ist mein

Baby, ganz und gar mein Baby, und sie ist völlig abhängig von mir. Es ist, als hätte man ein Kind, aber nicht so viel Verantwortung. Ich kuschle gern mit ihr, aber ich werfe sie auch gern mal in die Luft, vorsichtig natürlich. Ehrlich gesagt, ärgere ich sie ganz gern. Sogar meine Mum ist in sie verliebt.«

»Es ist wohl überflüssig zu fragen, ob Pingu für Sie zur Familie gehört.«

»Sie ist meine Tochter. Wenn meine Freundin mit ihrem Hund kommt, reden wir mit den beiden, als wären wir die Eltern, und sagen zum Beispiel: ›Geh zu Mummy‹, und solche Sachen.«

»Lassen Sie Pingu in Ihrem Bett schlafen?«

»Sie schläft im Bett unter der Decke. Sie springt hoch, setzt sich neben meinen Kopf und wartet, dass ich die Decke anhebe, damit sie drunter kann. Wenn ich schon schlafe, weckt sie mich auf.«

»Kostet die Haltung viel Geld?«

»Pingu bekommt nur das beste Futter, und ich zahle eine Menge für die Tierversicherung mit lebenslanger Laufzeit, ich glaube, das sind um die 90 Pfund im Monat. Meine Mutter bezahlt für Harley noch viel mehr, um die 250 Pfund im Monat, das ist verrückt.«

»Kaufen Sie Pingu manchmal Geschenke? Bryan und ich waren auf der Crufts-Hundeschau, da gab es ein ganzes Dorf voller Boutiquen mit allen möglichen tollen Sachen für Hunde.«

»Das ist mein Traum. Da will ich mal hin. Pingu ist meine kleine Tochter; ich glaube nicht, dass ich so bald eigene Töchter haben werde.«

»Wie steht es mit Pingus Ausbildung?«

»Sie hatte eine Grundausbildung, bevor ich sie bekam. Seither war ich einmal mit ihr in der Hundeschule, aber ich mochte den Trainer nicht, sie hatte einfach Angst vor ihm, wie bei einem schrecklichen Lehrer in der Schule. Deswegen war das nicht von Dauer. Pingus einziges Problem ist, dass sie mitspielen will, wenn sie ein Kind mit einem Fußball sieht, aber ansonsten ist sie wirklich ein braves Mädchen.«

»Wenn Pingu einmal stirbt – und bis dahin sind es hoffentlich noch viele Jahre –, würden Sie dann darüber nachdenken, sie klonen zu lassen?«

»Ja klar. Ich will sie kastrieren lassen, aber ich hätte so gern Welpen von ihr! Ich könnte sie von einem richtig teuren Hund decken lassen, aber das müsste ich schon bald machen, weil ich nicht will, dass sie noch mal läufig wird und uns sämtliche Hunde hinterherrennen. Das war das Schlimmste, was mir je passiert ist.«

»Eines würde ich Sie gern noch fragen. Bryans Buch handelt von der Evolution der Wölfe und Hunde. Haben Sie dazu eine Meinung?«

»Davon habe ich, ehrlich gesagt, keine Ahnung. Warum gibt es so viele unterschiedliche Rassen, wenn es bei der Evolution doch vor allem auf Mutationen ankommt? Heißt das vielleicht, dass es früher mal sowas wie Französische Bulldoggen-Wölfe gab?«

»Hmmmm.«

Das Tierheim in Battersea

Aus Ullas Interviews wird deutlich, wie eng die Beziehung zwischen Besitzern und ihren Hunden ist. Alle gaben an, dass sie ihren Hund liebten, egal, ob sie nun Arbeits- oder Haustiere hatten. Doch diese Beziehung hat auch eine Schattenseite. Tausende von Hunden werden jedes Jahr ausgesetzt. Diese herrenlosen Hunde vermittelt der gemeinnützige britische Dogs Trust weiter. Auf der Grundlage kommunaler Daten schätzt der Dogs Trust, dass 2015 in Großbritannien 47 000 Hunde ausgesetzt wurden. In den USA nehmen die Tierheime nach Schätzungen der Society for the Prevention of Cruelty to Animals jedes Jahr 3,3 Millionen Hunde auf. Die Gründe sind vielfältig, und um mehr darüber zu erfahren, vereinbarten Ulla und ich einen Besuch im Battersea Dogs and Cats Home, dem ältesten Tierheim der Welt.

Mary Tealby gründete das Heim im Jahr 1860, als der Haustierboom der viktorianischen Zeit seinen Höhepunkt erreichte, unter dem Namen »Temporary Home for Lost and Starving Dogs«. Zum heutigen Standort zog es 1871 um, und 1883 wurden erstmals auch Katzen aufgenommen. Das Heim liegt südlich der Themse in einem von einer Hauptverkehrsstraße und zwei Bahnlinien begrenzten Dreieck. Der Ausblick wird vom massiven Art-Deco-Gebäude der Battersea Power Station beherrscht, die schon bald von großen Wohneinheiten mit Luxuswohnungen eingekreist sein wird. Da der Platz im Tierheim knapp bemessen ist, nehmen zwei Außenstationen in Windsor und Kent überzählige Tiere auf.

Wir traten durch ein schweres Stahltor ein, das die Flucht verhindern soll, und fanden uns in einem kleinen offenen Hof wieder, auf dem überwiegend junge Mädchen – wie ich später erfuhr, lauter freiwillige Helferinnen – Hunde an farbigen Leinen im Kreis führten. Wir wurden von Hayley begrüßt, die selbstredend Hunde liebt und gern selbst einen besäße, wenn sie nur genug Platz hätte. Das Tierheim beherbergt ständig etwa 250 Hunde und ebenso viele Katzen. Als Hayley uns zu den Gehegen führte, empfing uns ein vielstimmiges Bellen und Kläffen. Das waren lauter Hunde, die aus dem einen oder anderen Grund von ihren Besitzern abgegeben worden waren. Wenn sie nach einem Gesundheitscheck ins Heim kommen, werden die Hunde in den ersten Wochen unsichtbar für Besucher untergebracht, damit sie sich an ihre neue Umgebung gewöhnen können. Auch Hunde, die von ihren Besitzern gut behandelt wurden, brauchen Zeit für die Eingewöhnung.

Trotz des Lärms war die Atmosphäre erstaunlich entspannt. Helferinnen spielten in den Gehegen mit den Hunden. Durch das Gebäude tönte entspannende Musik. Jeder Hund hatte seine eigene Decke. Spielsachen lagen auf dem Boden, Bilder zierten die Wände. Wir sahen Jack Russell Terrier, einen wunderschönen Husky mit stechenden blauen Augen und diverse Mischlinge. Namenlose Hunde bekommen bei ihrer Ankunft einen Namen. Unser Besuch fiel in die zweite Woche des Tennisturniers von Wimbledon, und so benannte das Heim, das vollständig von Spenden finanziert wird und daher jede Gelegenheit zur Werbung nutzt, die Neuankömmlinge nach den Spielern im Turnier: Roger der Jack Russell, Venus der Greyhound und Serena der West Highland Terrier.

Zwei Rassen sind besonders stark vertreten: Greyhounds, die keine Rennen mehr bestreiten können, und Staffordshire Bull Terrier. Mehrere gemeinnützige Organisationen sind darauf spezialisiert, Greyhound-Rentnern ein neues Zuhause zu vermitteln. Ich wollte erfahren, warum auch Staffies dermaßen überrepräsentiert sind. Diese Rasse wurde für Hundekämpfe entwickelt, die mittlerweile verboten sind, doch Machotypen legen sich zur Imagepflege gern einen Staffie zu. Die Hunde stehen in dem Ruf, dass sie aggressiv und schwierig zu handhaben sind. Früher landeten ausgesetzte Staffies oft bei Obdachlosen, die sie zu ihrem Schutz behielten. Ein solcher Hund war Bella. Sie kam sofort ans Gitter und sah mich unvermittelt an, den Kopf leicht zur Seite geneigt. Das große rosa Maul stand offen, die Zunge hing heraus. »Was haben wir diesen armen Tieren nur angetan«, ging mir durch den Kopf, »als wir sie jahrhundertelang gezüchtet haben, nur damit sie sich zu unserer grausigen Belustigung gegenseitig zerfleischen und totbeißen?« Doch Bellas Gesichtsausdruck verzieh diese Sünden. Sie wollte nur geliebt werden. Seien Sie versichert, liebe Leser: Es war das einzige Mal, dass ich von meinen Gefühlen übermannt wurde.

Die wichtigste Aufgabe des Tierheims ist es natürlich, für die Tiere ein neues Zuhause zu finden. Alle Hunde werden irgendwann vermittelt, keiner wird »euthanasiert«. Wie Hayley uns erklärte, kommen die Tiere aus den unterschiedlichsten Gründen. Einigen können ihre Besitzer kein Zuhause mehr bieten, weil sie umziehen, zu wenig Platz haben oder zum Arbeiten ins Ausland gehen. Zwei reizende Spaniel waren mit ihren Besitzern aus Italien gekommen, die im Londoner Finanzdistrikt arbeiteten, jedoch fast umgehend nach Italien zurückbeordert wurden. Die Hunde lebten sich gut ein, gewöhnten sich aber nur schwer an die für sie ungewohnte gesunde Ernährung: Sie seien es gewöhnt gewesen, Parmaschinken zu fressen, so Hayley, was das Futterbudget auch des finanziell bestausgestatteten Tierheims sprengen würde!

Hayley führte uns von den Gehegen in einen Bereich des Heims, der Besuchern normalerweise nicht zugänglich ist. Hier befand sich ein Hundespielplatz, auf dem man den Tieren die Leine abnehmen konnte. In einem weiteren Gebäude waren die Hunde untergebracht, die sich einen »Zwingerhusten« geholt hatten, eine ansteckende Infektion der oberen Atemwege. Man kann die Krankheit zwar behandeln, doch die Hunde werden das Virus nie vollständig los. Daher trennt man die infizierten von den »sauberen« Hunden. Die kranken Tiere waren in einem eigenen Gebäude untergebracht, unterschieden sich in der Farbe ihrer Leine und sollten den anderen nie begegnen.

Nun kamen wir zum Aufnahmebereich für Neuankömmlinge. Man gelangt durch ein Tor dorthin, das etwas von der Straße zurückgesetzt ist, damit die Besitzer ihre Hunde abgeben können, ohne selbst gesehen zu werden. Der Abschied vom Hund kann sehr schmerzhaft sein, und viele überlegen es sich in letzter Minute noch anders. Manchen Besitzern ist es peinlich, ihren Hund abzugeben, und sie binden ihn am Tor an.

Manche Hunde wurden offensichtlich körperlich misshandelt. Im Battersea Home behandeln mehrere Hundeexperten auch die häufig unsichtbaren psychischen Misshandlungen. Solche Hunde brauchen oft lange, bis sie sich eingewöhnt haben, schaffen es aber alle. Tatsächlich vergessen die Hunde ihr früheres Leben recht schnell. Einige Besitzer kommen dagegen nie über das Trauma und das schlechte Gewissen hinweg, ihren Hund abgegeben zu haben, oder versuchen gar, ihn wiederzubekommen. Doch wenn ein Hund erst ein neues Zuhause hat, kehrt er nicht mehr zu seinem früheren Besitzer zurück. Das mag herzlos klingen, aber in Battersea gilt das Hauptaugenmerk dem Wohl des Hundes.

Dass es überhaupt Orte wie das Battersea Dogs and Cats Home

geben muss, ist einerseits eine Folge menschlicher Sorglosigkeit und Grausamkeit gegenüber Tieren. Andererseits – und das war ein Eindruck, der sich mir wirklich aufdrängte – sind das Tierheim und seine Mitarbeiterinnen ein Beleg für die anhaltende Liebe zwischen den beiden Spezies, die praktisch seit Anbeginn der Zeit beständig gewachsen ist.

24

Wiedergeboren:
Das Klonen von Haushunden

Die Interviews im letzten Kapitel bestätigen, was in diesem Buch immer wieder zur Sprache kam: Die emotionale Bindung zwischen Hund und Mensch kann extrem stark sein. Hundebesitzer wissen das natürlich, aber ich war doch überrascht, wie klar die Antworten ausfielen. Sämtliche Hundebesitzer bekundeten ihre Liebe zum Hund. Die Frage nach dem Warum konnten sie oft nicht beantworten, wahrscheinlich, weil sie nie darüber nachgedacht hatten. Allerdings fiel in den Gesprächen mehrmals die Wendung »bedingungslose Liebe«. Über den Tod eines Hundes waren die meisten Hundebesitzer sehr traurig, doch sie kamen über den Verlust hinweg und holten sich oft kurz danach wieder einen Hund. Einige Hundebesitzer zogen zwar das Klonen ihres Haustiers in Betracht, doch die meisten schreckte der Preis von 50 000 bis 100 000 Pfund ab. Vermutlich würden es mehr Hundebesitzer in Betracht ziehen, wenn die Kosten so weit sänken, dass sie in etwa denen eines neuen Hundes entsprächen, was jedoch unwahrscheinlich ist. Für einige Hundebesitzer kam das Klonen ihres toten Haustieres aus ethischen Gründen auch gar nicht in Frage. Aber wie funktioniert eigentlich das Klonen eines Hundes? Ich beschloss, mich kundig zu machen.

Der Tod eines Hundes ist immer ein schwerer Schlag für Herrchen oder Frauchen und wirkt manchmal fast so traumatisch wie der Tod eines Kindes. Anders als bei Kindern ist es indes bei Hunden wegen der relativ kurzen Lebenserwartung eher normal, dass sie vor Herrchen oder Frauchen sterben. Als 1996 das Schaf Dolly zur Welt kam, das als erstes Säugetier aus einer adulten Zelle geklont worden war, sahen auch trauernde Hundebesitzer rund um den Erdball die Chance gekommen, ihr geliebtes Haustier durch eine genetisch identische Kopie zu ersetzen. Clevere Unternehmer witterten eine lukrative Geschäftsidee.

Klonen ist die Erzeugung genetisch identischer Individuen. Für viele Pflanzen- und Tierarten, die auf die mühsame und ineffiziente geschlechtliche Fortpflanzung verzichten, ist das die normale Reproduktionsmethode. Völlig ungeschlechtliche Arten sind allerdings letztendlich zum Aussterben verurteilt, weil sie irgendwann Parasiten oder Krankheitserregern zum Opfer fallen, die erst die genetische Abwehr eines Individuums überwinden und dann die gesamte Population erfassen. Da alle Individuen einer solchen Art genetisch identisch sind, haben sie dem nichts entgegenzusetzen. Mit der geschlechtlichen Fortpflanzung umschiffen wir diese Gefahr, denn sie bringt genetische Variabilität zwischen den Individuen mit sich. Arten mit ungeschlechtlicher Vermehrung sind dennoch sehr erfolgreich – solange es sie gibt. Bei den Pflanzen verzichten unter anderem Löwenzahn und Erdbeeren auf die geschlechtliche Fortpflanzung, bei den Tieren Blattläuse (die sich am Ende eines Jahres aber doch einmal geschlechtlich vermehren) und einige nordamerikanische Eidechsen.

Bei vielen Nutzpflanzen in Landwirtschaft und Gartenbau wie etwa Bananen, Rosen und Obstbäumen, bei denen neue Pflanzen durch Ableger oder Stecklinge gezogen werden, ist das Klonen die Norm. Klonen ist also nichts Neues.

Als Wissenschaftler den Geheimnissen der Embryonalentwicklung auf den Grund gehen wollten, machten sie sich die Fähigkeit einfacher Tiere wie Plattwürmer und Seeigel zu Nutze, neue, genetisch identische Individuen aus »Ablegern« adulter Tiere zu generieren. Je komplizierter jedoch die Organismen sind, umso schwieriger gestaltet sich das. Obwohl sich bei Säugetieren die Leber die Fähigkeit bewahrt hat, mühelos einen neuen Lappen zu bilden, ist es völlig unmöglich, einen Ableger zu erzeugen.

Durchaus vertraut sind uns allerdings menschliche Klone in Gestalt eineiiger Zwillinge. Beim Menschen gibt es zwei Arten von Zwillingen. Zweieiige oder dizygote Zwillinge entwickeln sich aus zwei befruchteten Eiern und ähneln einander genetisch nicht mehr als andere Geschwister auch. Eineiige oder monozygote Zwillinge entstehen aus einem einzigen befruchteten Ei und sind genetisch identische Klone. Da beide Phänomene beim Menschen relativ oft auftreten, konnten Wissenschaftler untersuchen, wie stark ein Merkmal von den Genen beeinflusst wird und wie stark von der Umwelt. Wird ein Merkmal vollständig von der Genetik bestimmt, so haben es 100 Prozent aller eineiigen Zwillinge gemeinsam. Wenn also ein Zwilling ein Merkmal hat, egal welches, so hat es der andere Zwilling in jedem Fall auch. Man bezeichnet das als vollständige Konkordanz. Allerdings ist das ein theoretischer Begriff, denn in der Praxis gibt es bei eineiigen Zwillingen keine Merkmale mit einer Konkordanz von 100 Prozent. Das liegt zum einen an Mutationen, die beim einen Zwilling, aber nicht beim anderen auftreten, nachdem sich das befruchtete Ei zum ersten Mal geteilt hat. Eine Genanalyse von Blutzellen eineiiger Zwillinge erbrachte jüngst Unterschiede in etwa jeder zehnmillionsten DNA-Base, sodass im menschlichen Genom mit seinen 3000 Millionen Basen Hunderte individueller Mutationen vorkommen können. Die Mehrzahl dieser Mutationen bleibt folgenlos, doch wenn wichtige Gene gestört werden, kann sich das auf Vorgänge im Körper auswirken.

Unterschiede zwischen eineiigen Zwillingen werden zum anderen auch von sogenannten epigenetischen Effekten bewirkt, über die man noch nicht viel weiß, die aber durch Unterschiede in der Umwelt der Zwillinge bedingt sind, sei es während der Entwicklung im Mutterleib oder nach der Geburt. Dennoch können sich eineiige Zwillinge in Aussehen und Persönlichkeit erstaunlich ähnlich sein. Eltern und Geschwister können sie auseinanderhalten, Fremde meist nicht.

Der große Durchbruch beim Klonen wurde 1997 bekannt, als Ian Wilmut und sein Team vom Roslin Research Institute in der Nähe von Edinburgh die Ergebnisse ihres Klonexperiments veröffentlichten.[1] Die Forscher hatten einem Schaf der Rasse Scottish Blackface Zellen aus der Milchdrüse entnommen und sie mehrere Tage in einer Petrischale kultiviert, ehe sie mit einer feinen Glaspipette die Zellkerne entnahmen und in Eizellen transferierten, deren Zellkern sie zuvor entfernt hatten. Der Ablauf ähnelt der In-vitro-Fertilisation (IVF). Die Forscher kultivierten die durch den Zellkerntransfer gewonnenen Embryonen erneut für ein paar Tage und setzten sie dann in die Gebärmutter eines Schafs ein. Nach einer normalen Tragzeit kamen zwei Lämmer zur Welt, die beide offenbar gesund waren.

Die Geburt gesunder Lämmer war unbestritten ein Triumph, zumal man die Zellkerne adulten Zellen entnommen hatte, aus denen nach Ansicht vieler Forscher nicht alle für das Lamm notwendigen Zelltypen wie etwa Blut oder Knochengewebe entstehen konnten. Der Erfolg hatte allerdings auch seine Schattenseite. Drei Embryonen gingen ab, zwei Lämmer starben Minuten nach der Geburt, ein drittes nach zehn Tagen. Das Verfahren war offenbar höchst verlustreich.

Motiviert wurden die Experimente von dem Wunsch, identische transgene Schafe zu erzeugen. Mehrere Jahre zuvor hatten Wissenschaftler am Roslin Institute Schafembryos genetisch so verändert, dass die ausgewachsenen Tiere in der Milch nützliche biologische Wirkstoffe herstellen konnten, etwa Gerinnungsfaktoren für die Behandlung der Bluterkrankheit.

Als der Durchbruch des Roslin Institute bekannt wurde, setzte sogleich die öffentliche Debatte um das Klonen anderer Tierarten ein. Im Fokus standen zunächst landwirtschaftliche Nutztiere wie Rinder, weil identische Individuen eine Revolution in der Viehzucht in Aussicht stellten. Alle geklonten Rinder hätten denselben Milchertrag, denselben Futterverbrauch und dasselbe Temperament und könnten deshalb gleich behandelt werden.

Auf der anderen Seite des Atlantiks, in der Wüste von Arizona, lebte jemand, den die Chancen für die Nutztierhaltung weniger interessierten. Der Milliardär John Sperling verbrachte das Wochenende mit seiner Familie in seiner Luxusvilla im exklusiven Ferienort Scottsdale östlich von Phoenix, der Hauptstadt von Arizona. Wie immer las er auch an diesem Sonntagmorgen die *New York Times*. Ein Bericht gleich auf der ersten Seite fiel ihm ins Auge. Unter der Schlagzeile »Wissenschaftler haben erstmals ausgewachsenes Tier geklont« folgte die Nachricht vom Triumph des Roslin Institute. John Woestendiek berichtet in seinem Buch *Dog, Inc* recht unterhaltsam von den folgenden Ereignissen. Er schreibt, Sperling habe seinen Hund betrachtet, der zusammengerollt zu seinen Füßen schlief, und erklärt: »Hey, wir sollten Missy klonen.«[2]

Sperling hatte zunächst eine Privatuniversität betrieben, die University of Phoenix, mit der er seinen Reichtum vermehrte. Später nutzte er sein Geld und seine Beziehungen gern für allerlei exzentrische Projekte, die jedoch immer Gewinn versprachen. Schon bald hatte er über seinen Vertrauten und seine rechte Hand Lou Hawthorne den Kontakt zur weltberühmten Hochschule für Veterinärwesen, der Texas A&M University in Austin hergestellt. Die Wissenschaftler kannten natürlich Wilmuts Arbeit mit Schaf Dolly und überlegten bereits, wie sie auf den neuen Klonzug aufspringen könnten. Sie verwarfen jedoch alle Überlegungen, statt Hunden doch vielleicht besser eine Tierart mit eher landwirtschaftlichem Nutzen zu wählen, als Sperling ihnen 2,3 Millionen Dollar für die Forschung anbot.

Das Forschungsteam von Texas A&M musste bald feststellen, dass Hunde viel schwerer zu klonen sind als Schafe. Die größte technische Schwierigkeit ergab sich daraus, dass, anders als erwartet, die äußere Schicht der Eizelle beim Hund recht trübe war, was die Arbeit enorm erschwerte. Dem Team war natürlich bewusst, dass es sein Forschungsgeld für das Klonen eines Hundes bekam, und bat daher um die Erlaubnis, zunächst eine Katze zu klonen, um die Schwierigkeiten mit der trüben Eizelle zu umgehen. Die Forscher wollten die Stadien des Klonvorgangs zunächst an der Katze üben, ehe sie die Arbeit am Hund wieder aufnahmen. Das kostete mehr Geld als geplant, doch Sperling stimmte einer Budgeterhöhung zähneknirschend zu.

Die Wissenschaftler suchten sich eine Katze mit schwarzen Flecken auf weißem Fell aus. Das war eine merkwürdige Wahl, in der sich, wie ich vermute, schon erste Spannungen zwischen Forschern und Sponsor spiegelten. Sicher wusste das Team, dass die Fellfarbe bei Katzen von einem Gen auf dem X-Chromosom gesteuert wird. Weibchen haben ja zwei X-Chromosomen, Männchen aber nur eins. Auf dem X-Chromosom liegen viele Gene, und Säugetiere reagieren sensibel auf die sogenannte Gendosis, was Probleme mit sich bringen kann. Das übliche Schicksal eines Embryos mit zu vielen aktiven Genen ist ein früher Abgang, daher stellt sich die Frage, wie das bei weiblichen Tieren verhindert wird. Wenn weibliche Zellen zwei aktive Kopien, männliche Zellen aber nur eine besitzen, ist da nicht Ärger vorprogrammiert?

Die Auflösung dieses Paradoxes gelang der britischen Genetikerin Mary Lyon und ist heute Bestandteil jedes Genetik-Grundkurses. Lyon entdeckte, dass schon sehr früh in der Embryonalentwicklung eins der X-Chromosomen in jeder Zelle abgeschaltet wird und auch in den Tochterzellen, die durch Zellteilung entstehen, inaktiv bleibt. Die Geninaktivierung findet jedoch völlig willkürlich statt. Weibliche Säugetiere jedes Alters, auch Menschen, sind wahre Zellmosaike, denn in den einen Zellen befindet sich das eine X-Chromosom im Aktivzustand, in den anderen das andere. Nur selten ist einem erwachsenen Tier davon etwas anzusehen. Für das Klonprojekt der Katze war jedoch entscheidend, dass die Fellfarbe von einem Gen auf dem X-Chromosom gesteuert wird. Der erste Wurf geklonter Katzen hatte schwarz-weißes Fell, wegen der willkürlichen Inaktivierung des X-Chromosoms war jedoch das Fellmuster bei jeder Katze anders und unterschied sich auch vom geklonten Individuum.

Die Wissenschaftler hatten sich nun zwar das nötige Wissen über die Embryonalentwicklung bei Katzen angeeignet, doch der Sponsor war fuchsteufelswild. Welchen Sinn hatte das Klonen eines Haustiers, wenn der Klon anders aussah als das Original? Es wurde zwar nie bewiesen, aber mir drängt sich der Verdacht auf, dass die Wissenschaftler absichtlich eine Mosaik-Spenderkatze aussuchten, um dem Sponsor, der nur seine Geschäftsziele im Blick hatte, eins auszuwischen. Das Verhältnis zwischen akademischer und kommerzieller Welt kann durchaus heikel sein. Die Unstimmigkeiten führten schließlich dazu, dass die Zusammenarbeit zwischen Texas A&M und Sperling Foundation beendet wurde. Ich kann mir gut vorstellen, dass die Verantwortlichen in der Finanzabteilung der Universität vor Wut schäumten.

Sperling und seine Geschäftspartner trieben ihr Projekt weiter voran, wurden aber von einem südkoreanischen Team der Universität Seoul überholt, das die technischen Schwierigkeiten mit der trüben Außenschicht der Hunde-Eizelle überwand. Bis der erste Hund geklont wurde, dauerte es freilich noch mehrere Jahre, doch im Jahr 2005 kam der Afghanische Windhund Snuppy zur Welt, eine Abkürzung für Seoul National University Puppy. Noch immer aber war das Klonen enorm ineffizient. Aus 1095 transferierten Embryonen entwickelten sich nur zwei lebendige Welpen, einer von ihnen war Snuppy.

Das Klonen ist eine teure und umstrittene Technologie, deren Weiterentwicklung zur Dienstleistung für Endverbraucher, wie Sperlings Hundeklonfirma BioArts sie versprach, mit einigen Schwierigkeiten verbunden ist. Geklonte Hunde, die die ersten

Tage überleben, leiden aber offenbar nicht unter systemischen Erkrankungen.

In dem Bericht über Snuppys Geburt sagte Teamleiter Byeong Lee voraus, mit dem Klonen könne man außergewöhnliche und besonders bekannte Hunde unsterblich machen, zum Beispiel Tiere, die über die besondere Fähigkeit verfügen, eine Krebserkrankung zu wittern, oder solche, die es zu einiger Berühmtheit gebracht haben. So wurde der Deutsche Schäferhund Trakr geklont, der 2001 bekannt geworden war, als er Überlebende des Terroranschlags auf das World Trade Center rettete. Er starb 2009, doch seine Klone leben bei ihrem Besitzer James Symington in Los Angeles weiter.

Der Spenderhund muss nicht einmal mehr am Leben sein, sofern Gewebe oder Blut behutsam tiefgefroren wurde. Im Jahr 2012 kam drei Jahre nach dem Tod des Spenderhundes ein Wurf mit fünf geklonten Pit Bull-Terriern zur Welt.

Trustt, Solace, Prodigy, Valor und Deja Vu sind zwei Generationen geklonter Welpen des Deutschen Schäferhunds Trakr. Der Suchhund erschnüffelte in den Trümmern des New Yorker World Trade Center Überlebende.

Für das Klonen von Hunden wird noch geworben, allerdings nicht mehr in den USA. Das Geschäft floriert in Südkorea, wo eine andere Mensch-Hund-Beziehung herrscht als im Westen. Seit fast 2000 Jahren steht dort Hundefleisch auf dem Speiseplan. In 4000 bis 6000 Restaurants wird einer BBC-Dokumentation zufolge Hundesuppe serviert. Ein Freund aus Oxford, Experte für koreanische Sprachen und Kultur, erzählte mir eine amüsante Geschichte, die illustriert, wie unterschiedlich der Hund in Korea und im Westen wahrgenommen wird. Im Jahr 1988 wurden für die Dauer der Olympiade in Seoul Hunderestaurants vom Staat stark reglementiert, um westliche Olympia-Besucher nicht zu düpieren. Über Nacht ersetzten die Gaststätten, die sonst im Schaufenster stolz ihre Hundegerichte anpriesen, die Auslagen durch unbedenkliche Meeresfrüchte und Nudelgerichte.

Das Zentrum für die Erforschung des Hunde-Klonens gelangte durch die Privatstiftung Sooam Biotech Foundation an Snuppys Alma Mater, die Seoul National University. Die Stiftung erwarb sich 2004 einen zweifelhaften Ruf, als ihr Gründer Hwang Woo Suk verkündete, dass er erfolgreich ein menschliches Baby geklont habe. Hatte er nicht.

Angesichts der tiefen emotionalen Bindung zwischen Mensch und Hund mag es überraschen, dass das Klonen nicht beliebter ist. Ein Faktor sind sicherlich die Kosten. Dazu kommt, was viele nicht wissen, dass im Klonprozess das Leben vieler anderer Hunde geopfert wird. Die Empfänger-Eizellen, die einen neuen Zellkern erhalten, werden den Eierstöcken von Spenderhunden entnommen, die den Eingriff oft nicht überleben. Die Leihmütter werden manchmal getötet, sobald die Welpen an die Auftraggeber verkauft werden. Unterdessen sind Hundebesitzer, die eine genaue Kopie ihres geliebten Haustiers erwarten, bisweilen enttäuscht. Der Klon ist dem Original gewiss ähnlich, aber nicht unbedingt mit ihm identisch, so, wie auch zwei eineiige menschliche Zwillinge ja nicht völlig identisch sind.

Dass geklonte Hunde nicht in jeder Hinsicht gleich sind, darf nicht überraschen; sie sehen dem Original zwar meist recht ähnlich, verhalten sich aber oft anders. Genau wie Eltern, die keine Schwierigkeiten haben, ihre eineiigen Zwillinge auseinanderzuhalten, so stellt auch der Hundebesitzer rasch fest, dass der geklonte Welpe, der »mit der Post« aus Korea kommt, keine Eins-zu-eins-Kopie des geliebten Haustieres ist. Und wenn der Welpe ein kleines Vermögen gekostet hat, dann folgt der Erkenntnis, dass es eben nicht derselbe Hund ist, oft Enttäuschung und hin und wieder auch eine Geldrückforderung.

Obwohl der Markt für geklonte Haustiere klein und, um mit John Sperlings mittlerweile liquidierter Firma BioArts zu sprechen, das Klonen noch keine Dienstleistung »für Endverbraucher« ist, könnte ich mir vorstellen, dass es für die künftige Evolution des Hundes eine durchaus wichtige Rolle spielen wird. Es gibt ja keinen Grund zu der Annahme, dass die Evolution abgeschlossen wäre, und daher könnte das Klonen die Ausbreitung unwahrscheinlicher Mutanten beschleunigen. Werden wir bald den veganen Hund bekommen oder einen Minihund, der nicht größer ist als ein Smartphone, oder gar ein Tier, das im Dunkeln leuchtet wie ein Höllenhund?[*]

---

[*] In jüngster Zeit wurde über die wachsende Beliebtheit winziger »Teacup-Dogs« bei Stars und deren Fans in den sozialen Netzwerken berichtet. Die »Kümmerlinge« eines Wurfs werden nicht getötet, sondern für die Zucht ausgewählt, wie schon viktorianische Züchter »Naturspiele« selektierten. Die Hündchen, die in eine Teetasse passen, sind durch ihre geringe Größe stark behindert. Nur die Zeit wird erweisen, ob daraus lebensfähige Tiere gezüchtet werden können.

25

Jenseits aller Vernunft

Im Verlauf dieses Buches haben wir uns ausgiebig mit den Erkenntnissen über das Hundegenom befasst. Die Gene können uns allerlei verraten. Wir wissen mittlerweile, dass der Mensch durch künstliche Selektion aus dem Wolf eine Tierart entwickelt hat, die hinsichtlich Körpergröße, Fellfarbe, Temperament und Fähigkeiten eine breite Palette an Rassen ausbildet. Diese Veränderungen können wir nun auch molekular nachvollziehen, da sich Gene und sogar Mutationen, die für Körpergröße, Fellfarbe und andere äußere Merkmale verantwortlich sind, lokalisieren lassen. Die Bestimmung von Genen, die für Erbkrankheiten bei Rassehunden verantwortlich sind, und die Entwicklung entsprechender Tests sind ebenfalls auf einem guten Weg, sodass diese Krankheiten, so der Wille da ist, eines Tages vielleicht völlig besiegt werden können. Darüber hinaus wird mittlerweile auch die faszinierende Genetik erforscht, die dem Hundeverhalten zugrunde liegt. Warum zeigt ein Vorstehhund das Verhalten des Vorstehens? Dafür muss es eine – vermutlich recht einfache – genetische Erklärung geben, die wir sicher eines Tages erfahren werden. All diese Erkenntnisse sind wichtig. Doch um nachzuvollziehen, warum wir unsere Hunde lieben, müssen wir über die Genetik hinausblicken.

Wie wir gesehen haben, stellte sich in der Verhaltensforschung mit Hunden und Wölfen heraus, dass sich die beiden Arten deutlich voneinander unterscheiden. Diese Versuche mit Caniden waren naturwissenschaftlich ausgerichtet, doch in diesem letzten

Kapitel möchte ich gern den tieferen Gründen für die Liebe zu diesen Tieren nachgehen. Manchmal wird behauptet – sicher nicht von Hundeliebhabern –, dass der Mensch vom Hund manipuliert werde.[1] Die Vorstellung ist nicht neu. In einer seiner Fabeln erzählt uns Äsop, der wohl im Griechenland des sechsten Jahrhunderts v. u. Z. lebte, von einem Wolf, der im Wald seinem domestizierten Cousin begegnete, einem wohlgenährten Hund:

Der Wolf war sehr begierig zu wissen, wie sein Gefährte zu so feistem Leibe gekommen sei. Der Hund sagte: Ich bewahre das Haus meines Herrn vor den Dieben, und für meine Mühe habe ich gut Essen und Trinken und ein warmes Lager. Willst du nun mit mir gehen und tun, was ich tue, so kannst du auch leben, wie ich lebe. Der Wolf war es zufrieden, und sie trabten miteinander fort. Als sie aber eine Ecke gegangen waren, ward der Wolf einen kahlen Strich um den Hals des Hundes gewahr, wo die Haare ganz abgegangen waren. Bruder, sprach er, wo kommt das her? O, sagte der Hund, es ist nichts; mein Halsband hat mich ein wenig gerieben. So?, versetzte der andre, ist ein Halsband bei dem Handel? Ich bin kein Tor, daß ich meine Freiheit für einen guten Bissen verkaufen sollte.[2]

Nach der »Parasitentheorie« der Hundeliebe ist es den Hunden irgendwie gelungen, sich tief in unser Unterbewusstsein einzugraben und unsere Schwächen aufzustöbern und auszunutzen, ähnlich wie es ein Virus tun würde. Sind Hunde womöglich der ultimative Parasit, der sich die Mühe spart, Nahrung und Unterschlupf zu finden, indem er dem Menschen »bedingungslose Liebe« vorgaukelt?[3] Ich höre die Hundebesitzer förmlich vor Entsetzen über diese ungeheuerliche Behauptung japsen, aber für einen eingefleischten Darwinianer ist und bleibt das eine Möglichkeit. Äsop jedenfalls legte sie seiner Fabel über Wolf und Haushund zugrunde.

Wenn etwas so stark, tief und rätselhaft ist wie die Bindung zwischen Mensch und Wolf, muss es geradezu im Unterbewusstsein verankert sein: unbekanntes Terrain für die meisten Wissenschaftler, auch und wohl besonders für Genetiker, die die Evolution dieser fantastischen psychischen Symbiose so außerordentlich prosaisch erklären. Dass der Wolf einst die Abfallhaufen des Menschen plünderte, kann nicht die Hingabe und Liebe erklären, die Mensch und Hund verbindet. Shaun Ellis erlebte in den Wäldern von Idaho, dass diese Bindung zwei Seiten hat. Er kam zu dem Schluss, dass die Wölfe ihn nur deshalb nicht auffraßen, weil sie sich einen Vorteil von ihm versprachen: Er stellte sich vor, dass sie mit seiner Hilfe versuchten, die Menschen, die Jagd auf sie machten, besser zu verstehen. Die erste fiktive Kooperation zwischen Wölfen und Menschen, von der ich im ersten Kapitel erzähle, brachte eindeutig beiden Arten Vorteile.

Das gilt für jede Symbiose, jedes Arbeitsverhältnis zwischen unterschiedlichen Arten. Der Honiganzeiger, ein Spechtvogel in Afrika, bringt die Menschen dazu, ihm zu einem Nest wilder Bienen zu folgen, das der Vogel zuvor ausfindig gemacht hat. Die Menschen holen das Nest aus dem hohlen Baumstamm und werfen dem Vogel einen Teil davon als Belohnung hin. Mensch und Vogel profitieren von dieser Kooperation. Die Fischer von Laguna in Brasilien werfen ihre Netze über Sardinenschwärme, die ihnen Delphine ins Flachwasser getrieben haben. Das Netz schließt die Fische ein, die Delphine holen sich ihren Anteil, und die Fischer gehen mit einem Fang nach Hause, den sie allein nicht hätten bewerkstelligen können. Honiganzeiger und Delphin verhalten sich in diesen Fällen, als wüssten sie um die Absichten des Menschen.

Unser Verhältnis erst zum Wolf und nun zum Hund geht weit über die mentale Gemeinsamkeit hinaus, die notwendig ist, um an Honig oder Sardinen zu gelangen, entspringt aber diesem Prinzip des beiderseitigen Nutzens. In unserer unendlichen Selbstgefälligkeit gehen wir Menschen davon aus, dass wir die »Domestizierung« des Wolfs allein anschoben, dass nur wir in der Lage waren, die

Vorteile der gemeinsamen Jagd zu begreifen. Wahrscheinlich kam das einem *Homo sapiens* auch als Erstem in den Sinn, nachdem die Neandertaler offenbar nie daran gedacht hatten. Doch ich neige zu der Vermutung, dass wir die Rolle des Wolfs im Aufbau dieser Beziehung stark unterschätzen. Das »Große Erwachen« des Jungpaläolithikums könnte dem Menschen zu dem Selbstbewusstsein verholfen haben, den entscheidenden Schritt zu gehen und den Weg zur kooperativen Jagd einzuschlagen, doch ohne aktive Beteiligung des Wolfs wäre daraus nichts geworden. Jedenfalls trug diese Kooperation erheblich dazu bei, dass *Homo sapiens* überlebte und unaufhaltsam aufstieg, bis hin zu unserer heutigen Vorherrschaft über alle anderen Lebewesen.

Einem Schöpfungsmythos zufolge, den die Psychoanalytikerin Patricia Dale-Green zitiert, öffnete sich zwischen Adam und den Tieren, denen er einen Namen gegeben hatte, ein Graben. Unter den Tieren befand sich ein Hund. Als die Kluft fast unüberwindbar war, sprang der Hund mit einem Satz darüber und nahm seinen Platz an der Seite des Menschen ein.[4]

Die mythische Dimension der Bindung zwischen Mensch und Hund interessierte auch Sigmund Freud, C. G. Jung und andere Psychoanalytiker. Ein wiederkehrendes Thema ist, dass Menschen wie Hunde ein starkes Bedürfnis nach Verbundenheit haben, nach einem engen Zusammenwirken mit anderen. Das darf uns nicht weiter überraschen, können doch beide Arten nur kooperativ überleben. Der Psychologe Edward Rees sah in der Bindung zwischen Mensch und Hund ein Beispiel für eine grundlegende wechselseitige Verbundenheit, einen Instinkt, der auf Hege, Fürsorge und emotionaler wie körperlicher Nähe gründet.

Freuds Auffassung, der Instinkt sei ein erlerntes Verhalten in Reaktion auf äußere Einflüsse, klassischerweise den des Gefüttertwerdens, lehnte der einflussreiche englische Psychologe John Bowlby wiederum rundweg ab. Bowlby entwickelte die jungianische Ansicht weiter, der Instinkt sei einem uralten Archetypus zuzurechnen, der tief unter der Ratio vergraben sei. Die Probleme vieler seiner Patienten, so Bowlby, erwüchsen aus der recht verbreiteten Schwierigkeit, den Verstand mit diesem unbewussten Archetypus in Einklang zu bringen, der in Wahrheit die Fäden zieht. Einigen Menschen können Hunde helfen, diese Lücke zu schließen, während bei anderen, denen es an Verbundenheit mit anderen Menschen mangelt, Isolation eine obsessive Fürsorge für ihre Haustiere bewirken kann. Der Hund wird zum Objekt der Übertragung, das übertriebene Kümmern steht stellvertretend für den Versuch, für sich selbst zu sorgen.

Mensch und Wolf haben ähnlich ausgeprägte Familienstrukturen, die sich über die Jahrtausende entwickelt haben. Auch wenn es uns manchmal nicht so vorkommt, sind die Familienbande beim Menschen extrem stark. In einem interessanten psychologischen Experiment wurden vor einigen Jahren Studenten danach gefragt, wie sie sich in drei hypothetischen Situationen verhalten würden, in denen sie für Freunde oder Familienmitglieder etwas opfern sollten. Die drei Situationen waren, nach dem Ausmaß des Opfers geordnet: 1) jemanden emotional unterstützen, 2) jemandem Geld leihen und 3) jemandem eine Niere spenden. Emotionale Unterstützung ließen die Studenten lieber Freunden als Familienmitgliedern angedeihen, beim Verleihen von Geld waren sie unentschieden, doch beim Spenden einer Niere trug die Familie spielend den Sieg davon. Auch für Studenten ist in höchster Not Blut offenbar dicker als Wasser.

Die Treue der Hunde, die in Ullas Interviews so oft zur Sprache kam, leitet sich unmittelbar aus der unerschütterlichen Treue zum Rudel ab. Das Rudel ist – wie ein Bienenvolk – schon fast ein Organismus für sich, dessen Überleben über alles geht, auch auf Kosten des Individuums. In meiner fiktiven Szene im ersten Kapitel warf sich das Alpha-Männchen ohne Rücksicht auf seine eigene Sicherheit dem wütenden Auerochsen entgegen, weil er die Leitwölfin Lupa retten und das Rudel vor Übel bewahren wollte. Heutzutage sind wir Menschen Objekte der Übertragung. Wir sind das Rudel. Wie wir bei den Wölfen in Longleat gesehen haben, ist nach dem Tod eines Rudelmitglieds die Herstellung einer neuen sozialen Ordnung mit allerlei Schwierigkeiten verbunden. Viele Hundetrainer betonen, Menschen müssten im gemischten Rudel eine dominante Position einnehmen, weil es sonst Ärger gebe. Diese Betonung der Dominanz hat in der Hundeausbildung allerlei Grausamkeit mit sich gebracht. Viele Kritiker, unter ihnen Paul Bradshaw, Autor von *In Defence of Dogs*, streiten ab, dass Grausamkeit notwendig sei.[5]

Mensch und Hund haben beide die hoch entwickelte Fähigkeit der Übertragung. Die Hundebesitzer aus Ullas Interviews betrachteten ihre Tiere als Familienmitglieder. Einige belegten sie sogar mit menschlichen Bezeichnungen wie »mein Baby«.

Viele Psychoanalytiker einschließlich Freud behandelten ihre Patienten im Beisein eines Hundes. Die Psychologin Eleora Woloy berichtet in dem Büchlein *The Symbol of the Dog in the Human Psyche* über ihre Erfahrungen.[6] Die Anwesenheit ihrer betagten Deutschen Schäferhündin Tinsel half ihren Patienten, sich zu entspannen und Zugang zu ihrem Unterbewusstsein zu bekommen. Tinsel spürte Anzeichen der Verzweiflung und reagierte ohne Aufforderung mit einer angemessenen Geste. Weinte eine Patientin, legte ihr Tinsel den Kopf auf den Schoß.

Für Konrad Lorenz war der Hund ein Mittler zwischen Mensch und Natur. Heute, da so viele Menschen den Bezug zur Natur verloren haben und nur noch das Stadtleben kennen, ist der Hund oft die letzte Chance, diese kostbarste aller Beziehungen wiederzuerlangen.

Blicken wir einem Hund tief in die Augen und sehen darin die Krokuswiesen unter den schneebedeckten Berggipfeln der Karpaten.

Anhang

Dank

Dieses Buch ist vor allem meinen engsten Mitarbeitern zu verdanken: meiner Frau Ulla und ihrem Seelenverwandten, dem Hund Sergio. Auf ihre jeweils eigene Weise zwangen mich beide, meine Sicht der Hunde als gefährliche, übelriechende, sabbernde Nichtsnutze, als die ich sie einst betrachtet hatte, zu revidieren und ihr Einfühlungsvermögen und ihren Mut anzuerkennen.

Mein besonderer Dank geht an die Wissenschaftler, insbesondere an Robert Wayne, Heidi Parker, Bridgett vonHoldt und Elaine Ostrander: Sie haben die faszinierenden wissenschaftlichen Erkenntnisse erarbeitet, auf denen dieses Buch gründet. Vielen weiteren Forschern gebührt Anerkennung, doch diese vier leisteten echte Pionierarbeit. Andere trugen ihren Teil zu bestimmten Kapiteln des Buches bei, insbesondere Ullas Armee aus Herrchen, Frauchen und ihren Vierbeinern, der Kennel Club und dort besonders die unglaublich hilfsbereite Leiterin der Abteilung Bibliothek und Sammlungen, Ciara Farrell. Dr. Catherine Mellersh vom Animal Health Trust erklärte mir geduldig die praktische Bedeutung der modernen Genetik für die Hundegesundheit, und Hayley Chow vom Battersea Dogs and Cats Home berichtete uns, wie misshandelte Hunde ein neues Zuhause finden. Shaun Ellis zeigte uns gemeinsam mit seiner Lebensgefährtin Kim auf ihrem Hof in Cornwall ihre Wölfe und erzählte uns von seinen Erlebnissen mit den Wölfen in den Wäldern von Idaho, USA. Ethel Johnston und ihr Mann John, Ewan Grant und Owen Macrae zeigten mir ihre Arbeit mit den Hunden auf den Schafstationen Neuseelands.

Jeder Autor braucht Hilfe, damit aus seinem Manuskript ein Buch wird. Danielle Hobart aus Saint Clair im neuseeländischen Dunedin transkribierte mit großem Engagement Ullas Interviewaufnahmen, Robin Roberts-Grant bearbeitete ihre Fotografien. Mein Agent Luigi Bonomi und meine Lektoren Myles Archibald, Hazel Eriksson und Steve Dobell vollbrachten wahre Wunder.

Bildnachweis

S. 23: GraphicaArtis.

S. 25: Science History Images/Alamy Stock Photo.

S. 33: Abdruck mit freundlicher Genehmigung von Professor Bryan Sykes.

S. 62: Getty/AFP/Staff.

S. 63: JAVIER TRUEBA/MSF/SCIENCE PHOTO LIBRARY.

S. 68: KENNIS AND KENNIS/MSF/SCIENCE PHOTO LIBRARY.

S. 74: Abdruck mit freundlicher Genehmigung des Königlichen Belgischen Instituts für Naturwissenschaften, Wilfred Miseur.

S. 104: Jose Schell/Nature Picture Library.

S. 113: INTERFOTO/Alamy Stock Photo.

S. 122: Creative Commons.

S. 144: Bridgett M. vonHoldt, John P. Pollinger, Kirk E. Lohmueller, Eunjung Han, Heidi G. Parker, Pascale Quignon, Jeremiah D. Degenhardt, Adam Boyko, Dent A. Earl, Adam Auton, Andy Reynolds, Kasia Bryc, Abra Brisbin, James C. Knowles, Dana S. Mosher, Tyrone C. Spady, Abdel Elkahloun, Eli Geffen, Malgorzata Pilot, Wlodzimierz Jedrzejewski, Claudia Greco, Ettore Randi, Danika Bannasch, Alan Wilton, Jeremy Shearman, Marco Musiani, Michelle Cargill, Paul G. Jones, Zuwei Qian, Wei Huang, Zhao-Li Ding, Ya-ping Zhang, Carlos D. Bustamante, Elaine A. Ostrander, John Novembre und Robert K. Wayne, »Genome-wide SNP and Haplotype Analyses Reveal a Rich History Underlying Dog Domestication«, *Nature,* 464 (2010), S. 898–902. Abdruck mit Genehmigung von *Springer Nature.*

S. 184: Getty/Donald M. Jones/Minden Pictures.

S. 206: SPUTNIK/SCIENCE PHOTO LIBRARY.

S. 233: Abdruck mit freundlicher Genehmigung von Ulla Plougmand.

S. 288: Getty/GABRIEL BOUYS/Staff.

Anmerkungen

Vorwort

1 Menschliche und tierische Fossilien wurden bei Pestera cu Oase gefunden. Siehe Erik Trinkaus, Oana Moldovan, Stefan Milota, Adrian Bîlgăr, Laurenţiu Sarcina, Sheela Athreya, Shara E. Bailey, Ricardo Rodrigo, Gherase Mircea, Thomas Higham, Christopher Bronk Ramsey und Johannes van der Plicht, »An Early Modern Human from the Peştera cu Oase, Romania«, *Proceedings of the National Academy of Science USA*, 100 (2003), S. 11 231–11 236, sowie Qiaomei Fu, Mateja Hajdinjak, Oana Teodora Moldovan, Silviu Constantin, Swapan Mallick, Pontus Skoglund, Nick Patterson, Nadin Rohland, Iosif Lazaridis, Birgit Nickel, Bence Viola, Kay Prüfer, Matthias Meyer, Janet Kelso, David Reich und Svante Pääbo, »An Early Modern Human from Romania with a Recent Neanderthal Ancestor«, *Nature,* 524 (13. August 2015), S. 216–219.

2 Konrad Lorenz, *So kam der Mensch auf den Hund*, München 1983, erstmals erschienen 1960.

Darwins Dilemma

1 Charles Darwin, *Der Ursprung der Arten durch natürliche Selektion oder Die Erhaltung begünstigter Rassen im Existenzkampf,* übers. von Eike Schönfeld, Stuttgart 2018.

2 Charles Darwin, *Der Ausdruck der Gemütsbewegungen bei dem Menschen und den Tieren,* in: *Gesammelte Werke,* nach Übersetzungen aus dem Englischen von J. Victor Carus, Frankfurt am Main 2018, S. 1163–1370.

3 Charles Darwin, *Der Ursprung der Arten,* S. 133.

4 Vgl. ebd., S. 45.

5 Charles Darwin, *Das Variiren der Thiere und Pflanzen im Zustande der Domestication,* übers. von Victor Carus, 2 Bde., Stuttgart 1868, Bd. 1, S. 18.

Ein Wandrer kam aus einem alten Land

1 Shelley, »Osymandias«, übersetzt von Adolf Strodtmann, in: *Percy Bysshe Shelley's ausgewählte Dichtungen*, Zweiter Theil, Hildburghausen 1866, S. 143.

2 Rebecca L. Cann, Mark Stoneking und Allan C. Wilson, »Mitochondrial DNA and Human Evolution«, *Nature*, 325 (1987), S. 31–36.

3 Carles Vilà, Peter Savolainen, Jesús E. Maldonado, Isabel R. Amorim, John E. Rice, Rodney L. Honeycutt, Keith A. Crandall, Joakim Lundeberg und Robert K. Wayne, »Multiple and Ancient Origins of the Domestic Dog«, *Science*, 276, Nr. 5319 (13. Juni 1997), S. 1687–1689.

4 Ebd.

5 A.-K. Sundqvist, Susanne Björnerfeldt, Jennifer Leonard, Frank Hailer, Åke Hedhammar, H. Ellegren und Carles Vilà, »Unequal Contribution of Sexes in the Origin of Dog Breeds«, *Genetics*, 172, Nr. 2 (Februar 2006), S. 1121–1128.

Lasst die Knochen sprechen

1 Mietje Germonpré, Mikhail V. Sablin, Rhiannon E. Stevens, Robert E. M. Hedges, Michael Hofreiter, Mathias Stiller und Viviane R. Després, »Fossil Dogs and Wolves from Palaeolithic Sites in Belgium, the Ukraine and Russia: Osteometry, Ancient DNA and Stable Isotopes«, *Journal of Archaeological Science*, 36 (2009), S. 473–490.

2 Maud Pionnier-Capitan, Céline Bemili, PierreBodu, Guy Célérier, Jean-Georges Ferrié, Philippe Fosse, Michel Garcià und Jean-Denis Vigne, »New Evidence for Upper Palaeolithic Small Domestic Dogs in South-Western Europe«, *Journal of Archaeological Science*, 38, Nr. 9 (September 2011), S. 2123–2140.

3 P. Savolainen, Y. P. Zhang, J. Luo, J. Lundeberg und T. Leitner, »Genetic Evidence for an East Asian Origin of Domestic Dogs«, *Science*, 298 (2002), S. 1610–1613.

4 G. Larson, E. K. Karlsson, A. Perri, M. T. Webster, S. Y. Ho, J. Peters, P. W. Stahl, P. J. Piper, F. Lingaas, M. Fredholm, K. E. Comstock, J. F. Modiano, C. Schelling, A. I. Agoulnik, P. A. Leegwater, K. Dobney, J. D. Vigne, C. Vilà, L. Andersson, K. Lindblad-Toh, »Rethinking Dog Domestication by Integrating Genetics, Archeology and Biogeography«, *Proceedings of the National Academy of Science USA*, 109 (2012), S. 8878–8883.

5 Erika Hagelberg, Bryan Sykes und Robert Hedges, »Acient Bone DNA Amplified«, *Nature*, 342, Nr. 6249 (30. November 1989), S. 485.

6 O. Thalmann, B. Shapiro, P. Cui, V. J. Schuenemann, S. K. Sawyer, D. L. Greenfi eld, M. B. Germonpré, M. V. Sablin, F. López-Giráldez, X. Domingo-Roura, H. Napierala, H.-P. Uerpmann, D. M. Loponte, A. A. Acosta, L. Giemsch, R. W. Schmitz, B. Worthington, J. E. Buikstra, A. Druzhkova, A. S. Grapho-

datsky, N. D. Ovodov, N. Wahlberg, A. H. Freedman, R. M. Schweizer, K. P. Koepfli, J. A. Leonard, M. Meyer, J. Krause, S. Pääbo, R. E. Green und R. K. Wayne, »Complete Mitochondrial Genomes of Ancient Canids Suggest a European Origin of Domestic Dogs«, *Science*, 342 (2013), S. 871–874.

7 Ebd.

Jagen mit Wölfen

1 Konrad Lorenz, *So kam der Mensch auf den Hund*, München 1983.

2 Pat Shipman, *The Invaders*, Cambridge MA 2015.

3 Arthur Conan Doyle, *Das getupfte Band und andere Detektivgeschichten*, übers. von Gerd Bouilon, Stuttgart 1939; siehe http://gutenberg.spiegel.de/ buch/das-getupfte-band-und-andere-detektivgeschichten-6286/7.

Warum wurde Shaun Ellis nicht von den Wölfen gefressen?

1 Shaun Ellis, *Der mit den Wölfen lebt*, übers. von Gisela Kretzschmar, München 2010.

2 Farley Mowat, *Ein Sommer mit Wölfen*, übers. von Hans-Georg Noack, Ravensburg 1965.

3 Ebd., S. 50 f.

Freund oder Feind?

1 Brian Hare und Vanessa Woods, *The Genius of Dogs*, London 2013, S. 18.

2 Farley Mowat, *Never Cry Wolf*, Boston 2001, S. VI.

Der Hauch des Bösen

1 Barry Lopez, *Of Wolves and Men*, London 1978.

Das wölfische Grundgerüst

1 »›Super pack‹ of 400 Wolves Terrorise Remote Russian Town after Killing 30 Horses in Just Four Days«, *Daily Mail*, 7. Februar 2011. http://www.daily-mail.co.uk/news/article-1354445/Super-pack-400-wolves-kill-30-horses-just-days-remote-Russianvillage.html (Zugriff: 27.5.2019).

2 John Bradshaw, *In Defence of Dogs*, London 2011.

3 Adolph Murie, *The Wolves of Mount McKinley*, Washington 1944, S. 30.

Die ersten Hunde

1 Simon J. M. Davis und François R. Valla, »Evidence for Domestication of the Dog 12 000 Years Ago in the Natufian of Israel«, *Nature*, 276 (1978), S. 608–610.

2 Übersetzung nach Wikipedia, https://de.wikipedia.org/wiki/Abutiu (Zugriff: 27.5.2019).

3 Columella, *Über Landwirtschaft: Ein Lehr- und Handbuch der gesamten Acker-
und Viehwirtschaft aus dem 1. Jahrhundert*, übers. von Karl Ahrens, Berlin, 2.,
berichtigte Aufl. 1976, S. 242 f.

Das Zuchtbuch des Dudley Coutts Marjoribanks

1 Charles Darwin, *Das Variiren der Thiere und Pflanzen im Zustande der Domestication*, übers. von Viktor Carus, 2 Bde., Stuttgart 1868, Bd. 1, S. 264.

Die Entstehung der modernen Rassen

1 https://en.wikipedia.org/wiki/American_Kennel_Club (Zugriff: 27.5.2019).
2 Statuten der Federation Cynologique Internationale, siehe http://www.fci.
be/de/Statuten-der-FCI-39.html (Zugriff: 27.5.2019).
3 http://www.fci.be/de/Nomenclature/ Anders als im Original folgen wir in
der deutschen Ausgabe der Nomenklatur der FCI (Zugriff: 27.5.2019).
4 Fédération Cynologique Internationale, Übersetzung Jochen H. Eberhardt,
ergänzt und überarbeitet von Christina Bailey / Offizielle Originalsprache
(EN), Datum der Publikation des gültigen offiziellen Standards: 13.10.2010,
siehe http://www.fci.be/Nomenclature/Standards/161g06-de.pdf (Zugriff:
27.5.2019).

Das Hundegenom

1 K. Lindblad-Toh, C. M. Wade, T. S. Mikkelsen, E. K. Karlsson, D. B. Jaffe,
M. Kamal, M. Clamp, J. L. Chang, E. J. Kulbokas, M. C. Zody, E. Mauceli, X. Xie,
M. Breen, R. K. Wayne, E. A. Ostrander, C. P. Ponting, F. Galibert, D. R. Smith,
P. J. DeJong, E. Kirkness, P. Alvarez, T. Biagi, W. Brockman, J. Butler,
C. W. Chin, A. Cook, J. Cuff, M. J. Daly, D. DeCaprio, S. Gnerre, M. Grabherr,
M. Kellis, M. Kleber, C. Bardeleben, L. Goodstadt, A. Heger, C. Hitte, L. Kim,
K. P. Koepfli, H. G. Parker, J. P. Pollinger, S. M. Searle, N. B. Sutter, R. Thomas,
C. Webber, J. Baldwin, A. Abebe, A. Abouelleil, L. Aftuck, M. Ait-Zahra,
T. Aldredge, N. Allen, P. An, S. Anderson, C. Antoine, H. Arachchi, A. Aslam,
L. Ayotte, P. Bachantsang, A. Barry, T. Bayul, M. Benamara, A. Berlin,
D. Bessette, B. Blitshteyn, T. Bloom, J. Blye, L. Boguslavskiy, C. Bonnet,
B. Boukhgalter, A. Brown, P. Cahill, N. Calixte, J. Camarata, Y. Cheshatsang,
J. Chu, M. Citroen, A. Collymore, P. Cooke, T. Dawoe, R. Daza, K. Decktor,
S. DeGray, N. Dhargay, K. Dooley, P. Dorje, K. Dorjee, L. Dorris, N. Duffey,
A. Dupes, O. Egbiremolen, R. Elong, J. Falk, A. Farina, S. Faro, D. Ferguson,
P. Ferreira, S. Fisher, M. FitzGerald, K. Foley, C. Foley, A. Franke, D. Friedrich,
D. Gage, M. Garber, G. Gearin, G. Giannoukos, T. Goode, A. Goyette,
J. Graham, E. Grandbois, K. Gyaltsen, N. Hafez, D. Hagopian, B. Hagos, J. Hall,
C. Healy, R. Hegarty, T. Honan, A. Horn, N. Houde, L. Hughes, L. Hunnicutt,

M. Husby, B. Jester, C. Jones, A. Kamat, B. Kanga, C. Kells, D. Khazanovich,
A. C. Kieu, P. Kisner, M. Kumar, K. Lance, T. Landers, M. Lara, W. Lee,
J. P. Leger, N. Lennon, L. Leuper, S. LeVine, J. Liu, X. Liu, Y. Lokyitsang,
T. Lokyitsang, A. Lui, J. Macdonald, J. Major, R. Marabella, K. Maru,
C. Matthews, S. McDonough, T. Mehta, J. Meldrim, A. Melnikov, L. Meneus,
A. Mihalev, T. Mihova, K. Miller, R. Mittelman, V. Mlenga, L. Mulrain,
G. Munson, A. Navidi, J. Naylor, T. Nguyen, N. Nguyen, C. Nguyen,
T. Nguyen, R. Nicol, N. Norbu, C. Norbu, N. Novod, T. Nyima, P. Olandt, B.
O'Neill, K. O'Neill, S. Osman, L. Oyono, C. Patti, D. Perrin, P. Phunkhang,
F. Pierre, M. Priest, A. Rachupka, S. Raghuraman, R. Rameau, V. Ray,
C. Raymond, F. Rege, C. Rise, J. Rogers, P. Rogov, J. Sahalie, S. Settipalli,
T. Sharpe, T. Shea, M. Sheehan, N. Sherpa, J. Shi, D. Shih, J. Sloan, C. Smith,
T. Sparrow, J. Stalker, N. Stange-Thomann, S. Stavropoulos, C. Stone, S. Stone,
S. Sykes, P. Tchuinga, P. Tenzing, S. Tesfaye, D. Thoulutsang, Y. Thoulutsang,
K. Topham, I. Topping, T. Tsamla, H. Vassiliev, V. Venkataraman, A. Vo,
T. Wangchuk, T. Wangdi, M. Weiand, J. Wilkinson, A. Wilson, S. Yadav,
S. Yang, X. Yang, G. Young, Q. Yu, J. Zainoun, L. Zembek, A. Zimmer und
E. S. Lander, »Genome Sequence, Comparative Analysis and Haplotype
Structure of the Domestic Dog«, *Nature,* 438 (2005), S. 803–819.

Die Genetik der reinrassigen Hunde

1 Bridgett M. vonHoldt, John P. Pollinger, Kirk E. Lohmueller, Eunjung Han,
Heidi G. Parker, Pascale Quignon, Jeremiah D. Degenhardt, Adam Boyko,
Dent A. Earl, Adam Auton, Andy Reynolds, Kasia Bryc, Abra Brisbin,
James C. Knowles, Dana S. Mosher, Tyrone C. Spady, Abdel Elkahloun, Eli
Geffen, Malgorzata Pilot, Wlodzimierz Jedrzejewski, Claudia Greco, Ettore
Randi, Danika Bannasch, Alan Wilton, Jeremy Shearman, Marco Musiani,
Michelle Cargill, Paul G. Jones, Zuwei Qian, Wei Huang, Zhao-Li Ding,
Ya-ping Zhang, Carlos D. Bustamante, Elaine A. Ostrander, John Novembre
und Robert K. Wayne, »Genome-wide SNP and Haplotype Analyses Reveal a
Rich History Underlying Dog Domestication«, *Nature,* 464 (2010), S. 898–
902.

2 Heidi G. Parker, Lisa V. Kim, Nathan B. Sutter, Scott Carlson, Travis D.
Lorentzen, Tiffany B. Malek, Gary S. Johnson, Hawkins B. DeFrance,
Elaine A. Ostrander und Leonid Kruglyak, »Genetic Structure of the Purebred
Domestic Dog«, *Science,* 304 (2004), S. 1160–1164.

Der Tanz des Lebens

1 Heidi G. Parker, Dayna L. Dreger, Maud Rimbault, Brian W. Davis, Alexandra B. Mullen, Gretchen Carpintero-Ramirez und Elaine A. Ostrander, »Genomic Analyses Reveal the Influence of Geographic Origin, Migration, and Hybridization on Modern Dog Breed Development«, *Cell Reports*, 19 (2017), S. 697–708.

Des Pudels Kern

1 T. S. Eliot, »Bibistibos: Die Geheime Katze«, Nachdichtung von Peter Suhrkamp, in: *Old Possums Katzenbuch*, Frankfurt a. M. 1972, S. 91.

2 Evan A. Boyle, Yang I. Li und Jonathan K. Pritchard, »An Expanded View of Complex Traits: From polygenic to omnigenic«, *Cell*, 169 (2015), S. 1177–1186.

3 Kevin Chase, David R. Carrier, Frederick R. Adler, Tyler Jarvik, Elaine A. Ostrander, Travis D. Lorentzen und Karl G. Lark, »Genetic Basis for Systems of Skeletal Quantitative Traits: Principal Component Analysis of the Canid Skeleton«, *Proceedings of the National Academy of Science USA*, 99 (2002), S. 9930–9935.

4 http://www.fci.be/Nomenclature/Standards/037g08-de.pdf (Zugriff: 27.5. 2019).

5 N. B. Sutter, C. D. Bustamante, K. Chase, M. M. Gray, K. Zhao, L. Zhu, B. Padhukasahasram, E. Karlins, S. Davis, P. G. Jones, P. Quignon, G. S. Johnson, H. G. Parker, N. Fretwell, D. S. Mosher, D. F. Lawler, E. Satyaraj, M. Nordborg, K. G. Lark, R. K. Wayne und E. A. Ostrander, »A Single IGF1 Allele is a Major Determinant of Small Size in Dogs«, *Science*, 316 (2007), S. 112–115.

6 Heidi G. Parker, Dayna L. Dreger, Maud Rimbault, Brian W. Davis, Alexandra B. Mullen, Gretchen Carpintero-Ramirez, Elaine A. Ostrander, »Genomic Analyses Reveal the Influence of Geographic Origin, Migration, and Hybridization on Modern Dog Breed Development«, *Cell Reports*, 19 (2017), S. 697–708.

7 Jeffrey J. Schoenebeck und Elaine A. Ostrander, »The Genetics of Canine Skull Shape Variation«, *Genetics*, 193 (2013), S. 317–325.

8 Amy E. Young, Jeanne R. Ryun und Danika L. Bannasch, »Deletions in the COL10A1 Gene are not Associated with Skeletal Changes in Dogs«, *Mammalian Genome*, 17 (2006), S. 761–768.

9 M. Schuelke, K. R. Wagner, L. E. Stolz, C. Hübner, T. Riebel, W. Kömen, T. Braun, J. F. Tobin und S. J. Lee, »Myostatin Mutation Associated with Gross Muscle Hypertrophy in a Child«, *New England Journal of Medicine*, 350 (2004), S. 2682–2688.

10 Dana S. Mosher, Pascale Quignon, Carlos D. Bustamante, Nathan B. Sutter, Cathryn S. Mellersh, Heidi G. Parker und Elaine A. Ostrander, »A Mutation in

the Myostatin Gene Increases Muscle Mass and Enhances Racing Performance in Heterozygote Dogs«, *PLoS Genetics,* 5 (2007), e79.

11 Ravi Kambadur, Mridula Sharma, Tim P. Smith und James Johnston Bass, »Mutations in Myostatin (GDF8) in Double-Muscled Belgian Blue and Piedmontese Cattle«, *Genome Research,* 7 (1997), S. 910–916.

12 Danika Bannasch, Noa Safra, Amy Young, Nili Karmi, R. S. Schaible und G. V. Ling, »Mutations in the SLC2A9 Gene Cause Hyperuricosuria and Hyperuricemia in the Dog«, *PLoS Genetics,* 4 (2008), e1000246.

13 S. N. H. Hillbertz, M. Isaksson, E. K. Karlsson, E. Hellmén, G. R. Pielberg, P. Savolainen, C. M. Wade, H. von Euler, U. Gustafson, A. Hedhammar, M. Nilsson, K. Lindblad-Toh, L. Andersson und G. Andersson, »Duplication of FGF3, FGF4, FGF19 and ORAOV1 Causes Hair Ridge and Predisposition to Dermoid Sinus in Ridgeback Dogs«, *Nature Genetics,* 39 (2007), S. 1318–1320.

14 Peter A. Leegwater, Marjan A. van Hagen und Bernard A. van Oost, »Localization of White Spotting Locus in Boxer Dogs on CFA20 by Genome-Wide Linkage Analysis with 1500 SNPs«, *Journal of Heredity,* 98 (2007), S. 549–552.

15 Edouard Cadieu, Mark W. Neff, Pascale Quignon, Kari Walsh, Kevin Chase, Heidi G. Parker, Bridgett M. vonHoldt, Alison Rhue, Adam Boyko, Alexandra Byers, Aaron Wong, Dana S. Mosher, Abdel G. Elkahloun, Tyrone C. Spady, Catherine André, K. Gordon Lark, Michelle Cargill, Carlos D. Bustamante, Robert K. Wayne und Elaine A. Ostrander, »Coat Variation in the Domestic Dog Is Governed by Variants in Three Genes«, *Science,* 326 (2009), S. 150–153.

16 Rena M. Schweizer, Arun Durvasula, Joel Smith, Samuel H. Vohr, Daniel R. Stahler, Marco Galaverni. Olaf Thalmann. Douglas W. Smith, Ettore Randi, Elaine A. Ostrander, Richard E. Green, Kirk E. Lohmueller, John Novembre und Robert K Wayne, »Natural Selection and Origin of a Melanistic Allele in North American Gray Wolves«, *Molecular Biology and Evolution,* 35, Nr. 5 (1. Mai 2018), S. 1190–1209.

17 L. Lin, J. Faraco, R. Li, H. Kadotani, W. Rogers, X. Lin, X. Qiu, P. J. de Jong, S. Nishino und E. Mignot, »The Sleep Disorder Canine Narcolepsy is Caused by a Mutation in the Hypocretin (Orexin) Receptor 2 Gene«, *Cell,* 98 (1999), S. 365–376.

18 J. Williams, B. G. Barratt-Boayes und J. B. Lowe, »Supravalvular Aortic Stenosis«, in: *Circulation,* XXIV (1961), S. 1311–1318.

19 Bridgett M. vonHoldt, Emily Shuldiner, Ilana Janowitz Koch, Rebecca Y. Kartzinel, Andrew Hogan, Lauren Brubaker, Shelby Wanser, Daniel Stahler, Clive D. L. Wynne, Elaine A. Ostrander, Janet S. Sinsheimer und Monique A. R. Udell, »Structural Variants in Genes Associated with Human Williams-Beuren Syndrome Underlie Stereotypical Hypersociability in Domestic Dogs«, *Science Advances,* 3 (2017), e1700398.

Im Labor

1 Cathryn Mellersh, »DNA Testing and Domestic Dogs«, *Mammalian Genome,* 23 (2012), S. 109–123.
2 Oliver P. Forman, Luisa De Risio und Cathryn Mellersh, »Missense Mutation in CAPN1 is Associated with Spinocerebellar Ataxia in the Parson Russell Terrier Dog Breed«, *PLoS ONE,* 8 (2013), e64 627.

Der Wissenschaftler, der aus der Kälte kam

1 Brian Hare, Irene Plyusnina, Natalie Ignacio, Olesya Schepina, Anna Stepika, Richard Wrangham und Lyudmila Trut, »Social Cognitive Evolution in Captive Foxes is a Correlated By-Product of Experimental Domestication«, *Current Biology,* 15, Nr. 3 (2008), S. 226–230.
2 Miho Nagasawa, Shouhei Mitsui, Shiori En, Nobuyo Ohtani, Mitsuaki Ohta, Yasuo Sakuma, Tatsushi Onaka, Kazutaka Mogi und Takefumi Kikusui, »Oxytocin-Gaze Positive Loop and the Coevolution of Human–Dog Bonds«, *Science,* 348, Nr. 6232 (2015), S. 333–336.

Wiedergeboren: Das Klonen von Haushunden

1 I. Wilmut, A. E. Schnieke, J. McWhir, A. J. Kind und K. H. S. Campbell, »Viable Offspring Derived from Fetal and Adult Mammalian Cells«, *Nature,* 385, Nr. 6619 (27. Februar 1997), S. 810–813.
2 John Woestendiek, *Dog, Inc.: How a Collection of Visionaries, Rebels, Eccentrics, and their Pets Launched the Commercial Dog Cloning Industry,* New York 2012.

Jenseits aller Vernunft

1 Wolfgang M. Schleidt und Michael D. Shalter, »Co-Evolution of Humans and Canids«, *Evolution and Cognition,* 9 (2003), S. 57–72.
2 *Äsopische Fabeln mit moralischen Lehren und Betrachtungen,* aus dem Englischen übertragen und mit einer Vorrede von Gotthold Ephraim Lessing nach der Ausgabe von Samuel Richardson, Zürich 1994, S. 92.
3 Schleidt und Shalter, »Co-Evolution of Humans and Canids«.
4 Patricia Dale-Green, *Dog,* London 1966.
5 Paul Bradshaw, *In Defence of Dogs: Why Dogs Need Our Understanding,* London 2011.
6 Eleanor Woloy, *The Symbol of the Dog in the Human Psyche: A Study of the Human-Dog Bond,* Wilmette, IL 1990.

Register